JN023704

# 新編 基礎解析

岩瀬謙一 編

学術図書出版社

# はじめに

　本書の目的は，微分積分を学ぶために必要な基礎知識を解説することである．内容は，高等学校の数学と重複する部分が多いが，必要な知識を1冊の教科書にまとめてあるので，微分積分を高校の数学レベルから学ぼうとする学生がテキストとして用いたり，微分積分を必要とする人が自習する上で役立つ内容であると考える．

　本書は，『基礎解析』(大阪電気通信大学　数理科学研究センター　数学教室編，2017年) の改訂版であり，今まで学んできた解析学の基礎となる内容の振り返りや，より専門的に微分積分を学んでいくための準備を行うことができるように，今まで以上に例題・問などを数多く取り入れ，演習を通して概念や計算方法の理解を深めることを目指したものである．

　第1章は「式の計算」，第2章は「基本的な関数」となっている．小学校と中学校で学ぶ比例関係は関数の考え方の基礎であり，微分係数は各点ごとの比例定数と考えればよい．したがって，比例関係が微分積分すべての基礎であるといっても過言ではない．

　第3章「指数・対数関数」，第4章「三角関数」．これらの計算は，大学で学ぶ微積分の計算の中心である．微分積分を学ぶ上で，これらの関数の計算，特に指数法則と対数の性質，三角関数の周期性や加法定理は欠かせない．

　今回の改訂において，第5章と第6章を大きく変更した．

　第5章「複素数の数学」では，複素数は，電気分野のみならず多くの工学系分野と関わっており，十分に学習しておく必要があるため，前著での内容をもう少し丁寧に解説することを目指した．

　第6章「微分」では，高校まで学習した微分の基礎について，多項式関数を用いて十分な振り返りと微分の基本的な理解を目指して，演習を中心とした組み立てを考えた．この章が，この先の微分積分を学んでいくための本格的な入口である．

　微分積分の起源は，エウドクソスとアルキメデスが，錐の体積，放物線の切片の面積，渦巻き線の接線などを論じたことに始まるが，これらのことが互いに関連がある (らしい) と認識されたのは，ガリレイが「速度が時間に比例する直線運動では，走行距離は時間の2乗に比例する．」ことを発見したことからであろう．それ以来，数学と力学両方の研究が進み，ニュートンとライプニッツにより微分積分の基礎がつくられた．しかし，「極限」の考え方が厳密になることにより，「微分」と「積分」の意味が明確になり，ある程度の基礎知識があれば，誰でも微分積分が理解できるようになったのは，19世紀になってからである．

　読者の中には，中学校と高等学校ですでに本書の内容を学んできた人も多いであろうが，ここで改めて今まで学んできたことを振り返り，整理して，大学数学の土台を築いてほしいと考える．この『新編　基礎解析』は，演習を通してより理解を深めることを目指した内容となった．皆さんには，本書の解説を丁

寧に読み，例題で計算方法や定義の意味を理解した上で，さらに理解を深める意味において，すべての問や練習問題を積極的に手を動かして計算してくれることを強く望むものである．

　最後に，本書の執筆に参加していただいた先生方，ならびに本書刊行に際して大変お世話になった発田孝夫氏，杉浦幹男氏をはじめとして学術図書出版社の皆様に心よりお礼を申し上げます．

2021 年 9 月

岩瀬謙一

---

**注**

　本書においては $=$ または $<$ を示す不等号として $\leq$ の記法を用いている．

---

# 目　　次

# 1

## 式の計算

この章では文字についての式の計算の基礎について学ぶ. 確実に計算を実行できることが大事であるので, 知っているからといっておろそかにしないことを望む.

# 1.1　文字の役割

私たちは数量の関係を式で表すときなど，数字の代わりに $a, b$ のような文字を用いて計算を行ってきた．数学において，このような文字の役割は，基本的には次の 2 つであろう．

1. ある数の集まり (集合) のなかの任意の数を表す
2. 未知数を表す

上記以外に，円周率を表す $\pi$ のように，ある特定の数を小数や分数で表現せずに示すのに用いられるが，これは 1 つの数と同じなので，ここでは除外している．1 の中には変数と定数がある．例えば，次章で学ぶ比例関係は文字 $a, x, y$ を用いて

$$y = ax$$

と表される．ここで，$x, y$ は変化する実数を表し**変数**と呼ぶ．$a$ は任意の実数であるが，1 つの比例関係を考えるときは $a = 1$ とか $a = \dfrac{1}{2}$ に固定されるので，**定数**と呼ぶ．また，2 次方程式は未知数 $x$ を用いて

$$ax^2 + bx + c = 0$$

と表される．ここでも，1 つの方程式を考えるときには，$a, b, c$ は固定されている定数である．

中学校，高等学校で学んできたように，変数と未知数を主に $x, y, z, \ldots$ のような文字で表し，定数を主に $a, b, c, \ldots$ のような文字で表す．この章ではこれらの文字を含んだ式の加減乗除を学ぶ．

# 1.2　指数

文字 $a$ をいくつかかけた $a^1 = a$, $a^2 = a \times a$, $a^3 = a \times a \times a$, $\cdots$ を $a$ の**累乗**という．$a$ の $n$ 個の積

$$\overbrace{a \times \cdots \times a}^{n \text{ 個}}$$

を $a$ の $n$ 乗といい，$a^n$ と書く．$n$ を $a^n$ の**指数**という．累乗については，次のように計算される．これらの積に関しては交換法則や結合法則が成り立っている．

**例 1.1**　次のように計算する．

$$a^4 \times a^3 = (a \times a \times a \times a) \times (a \times a \times a) = a^{4+3} = a^7$$

$$(a^4)^3 = (a \times a \times a \times a) \times (a \times a \times a \times a) \times (a \times a \times a \times a)$$

$$= a^{4 \times 3} = a^{12}$$

$$(ab)^4 = ab \times ab \times ab \times ab = a^4 b^4$$

一般に，次の**指数法則**が成り立つ

> **公式 1.1 (指数法則)**　$a \neq 0$, $b \neq 0$ で，$m, n$ は正の整数とする.
>
> (1)　$a^m \times a^n = a^{m+n}$
>
> (2)　$\dfrac{a^m}{a^n} = \begin{cases} a^{m-n} & (m > n) \\ 1 & (m = n) \\ \dfrac{1}{a^{n-m}} & (m < n) \end{cases}$
>
> (3)　$(a^m)^n = a^{mn}$
>
> (4)　$(ab)^n = a^n b^n$

---

**例題 1.1**　次の式を簡単にせよ.

(1)　$a^4 \times a^2$ 　　　　(2)　$a^{13} \div a^7$ 　　　　(3)　$(a^2 b^7)^2$

(4)　$a^2 \times a^7 \times a^3 \div a^9$ 　　(5)　$a^3 \div a^5 \times a^2$ 　　(6)　$a^2 b \times a^3 b^2 \div (ab)^2$

---

解答

(1)　$a^4 \times a^2 = a^{4+2} = a^6$

(2)　$a^{13} \div a^7 = a^{13-7} = a^6$

(3)　$(a^2 b^7)^2 = a^{2 \times 2} b^{7 \times 2} = a^4 b^{14}$

(4)　$a^2 \times a^7 \times a^3 \div a^9 = \dfrac{a^2 \times a^7 \times a^3}{a^9} = \dfrac{a^{12}}{a^9} = a^3$

(5)　$a^3 \div a^5 \times a^2 = \dfrac{a^3}{a^5} \times a^2 = \dfrac{a^3 \times a^2}{a^5} = \dfrac{a^5}{a^5} = 1$

(6)　$a^2 b \times a^3 b^2 \div (ab)^2 = \dfrac{a^2 b \times a^3 b^2}{(ab)^2} = \dfrac{a^5 b^3}{a^2 b^2} = a^3 b$

解説

(1)　指数法則 (1) を利用する.

(2)　指数法則 (4) を利用する.

(3)　指数法則 (2), (3) を利用する.

(4)　指数法則 (1) と (4) を利用する.

(5)　指数法則 (4) と (1) を利用する.

(6)　指数法則と通常の計算規則を組合わせる.

---

**問 1.1**　次の式を簡単にせよ.

(1)　$a^8 \times a^{11}$ 　　(2)　$a^{12} \div a^7$ 　　(3)　$a^6 \div a^{14}$

(4)　$(a^4 b^7)^5$ 　　(5)　$a^4 \times a^3 \div a^5$ 　　(6)　$a^3 b^2 \times a^2 b \div ab^2$

## 1.3　整式

$3x^2$ や $-2x^3$ のように数と文字いくつかの積でできた式を $x$ についての**単項式**といい，数の部分を**係数**，かけ合わされている文字 $x$ の個数をその単項式の**次数**という.　一般に数 $a$ といくつかの文字 $x_1, \cdots, x_n$ の積 $a x_1^{\alpha_1} \cdots x_n^{\alpha_n}$ $(\alpha_i \geq 0)$ を**単項式**という.　また，かけ合わされている文字の個数 $\alpha_1 + \cdots + \alpha_n$ を，単項式の **(全) 次数** という.

$x^3 + 2x^2 + 3x - 5$ や $3x^2 y^3 + 2xy^2 + x - 5y$ のように，単項式の和として表される式を**多項式**といい，

それぞれの単項式を，その多項式の**項**という．多項式を単項式を合わせて，**整式**という．整式の係数が $0$ でない項の次数のうち最大であるものを**整式の次数**と呼び，定数だけからなる項を**定数項**と呼ぶ．$0$ でない定数項は $0$ 次と考える．

　文字が $1$ 種類のとき，次数 $n$ の整式を次数の大きい項から順 (降べきの順という) に並べ，

$$a_n x^n + a_{n-1} x^{n-1} + \cdots + a_1 x + a_0 \quad (a_n \neq 0)$$

と書くことが多い．

　例えば整式 $2x^3 + 4x^2 - x + 5x^3 + 2$ における $2x^3$ と $5x^3$ や，整式 $4x^2 y + 3xy^2 - x^2 y + x + 2y$ における $4x^2 y$ と $-x^2 y$ などのように，文字の部分が同じである項を**同類項**という．同類項は

$$2x^3 + 5x^3 = (2 + 5)x^3 = 7x^3 \quad や \quad 4x^2 y - x^2 y = (4 - 1)x^2 y = 3x^2 y$$

のようにまとめることができる．

　整式の和，差の計算は同類項をまとめることで得られる．また，整式の定数倍は分配法則

$$A(B + C) = AB + AC, \qquad (A + B)C = AC + BC \tag{1.1}$$

を使って計算される．

**例 1.2**　$A = x^2 - 2x + 5, B = 3x^2 + 4x - 2$ とするとき，

$$\begin{aligned}
A + B &= (x^2 - 2x + 5) + (3x^2 + 4x - 2) \\
&= (1 + 3)x^2 + (-2 + 4)x + (5 - 2) \\
&= 4x^2 + 2x + 3,
\end{aligned}$$

$$\begin{aligned}
A - B &= (x^2 - 2x + 5) - (3x^2 + 4x - 2) \\
&= (1 - 3)x^2 + (-2 - 4)x + (5 - (-2)) \\
&= -2x^2 - 6x + 7,
\end{aligned}$$

$$\begin{aligned}
2A &= 2(x^2 - 2x + 5) \\
&= 2 \times x^2 + 2 \times (-2x) + 2 \times 5 \\
&= 2x^2 - 4x + 10
\end{aligned}$$

である．

例題 **1.2**　$A = 2x^3 - 4x^2 + 5x - 3, B = 3x^3 - 2x + 5$ とするとき，次の式を計算せよ．

(1)　$A + B$　　(2)　$A - B$　　(3)　$2A + B$　　(4)　$3A + 2B - (A - B)$

解答

(1)　$A + B$

$= (2x^3 - 4x^2 + 5x - 3) + (3x^3 - 2x + 5)$

$= 5x^3 - 4x^2 + 3x + 2$

(2)　$A - B$

$= (2x^3 - 4x^2 + 5x - 3) - (3x^3 - 2x + 5)$

$= 2x^3 - 4x^2 + 5x - 3 - 3x^3 + 2x - 5$

$= -x^3 - 4x^2 + 7x - 8$

(3)　$2A + B$

$= 2(2x^3 - 4x^2 + 5x - 3) + (3x^3 - 2x + 5)$

$= 4x^3 - 8x^2 + 10x - 6 + 3x^3 - 2x + 5$

$= 7x^3 - 8x^2 + 8x - 1$

(4)　$3A + 2B - (A - B)$

$= 3A + 2B - A + B = 2A + 3B$

$= 2(2x^3 - 4x^2 + 5x - 3) + 3(3x^3 - 2x + 5)$

$= 4x^3 - 8x^2 + 10x - 6 + 9x^3 - 6x + 15$

$= 13x^3 - 8x^2 + 4x + 9$

解説

(1)　整式を代入するときには必ず括弧をつける．

(2)　後ろの括弧を外すときの符号の変化に注意する．

(4)　先に $A$ と $B$ の整式と考え，整理してから代入する．

問 **1.2**　$A = 3x^3 - 2x^2 - 6x - 1, B = 2x^3 + x^2 - 3x + 7$ とするとき，次の式を計算せよ．

(1)　$A + B$　　(2)　$B - A$　　(3)　$A - 2B$　　(4)　$2A - 3B - 2(2A - B)$

# 1.4　整式の展開，因数分解

整式の乗法において，分配法則 (1.1) を用いて，単項式の和の形に表すことを**展開する**という．

---

**例題 1.3**　次の式を展開せよ．

(1) $3x(x^2 - 2xy)$　　　(2) $(a + 3b)(2x - 3y)$　　　(3) $(x^2 + 2x - 3)(x - 3)$

(4) $(x - y)(y - z)(z - x)$

---

[解答]

(1)　$3x(x^2 - 2xy) = 3x \cdot x^2 + 3x \cdot (-2xy)$

$= 3x^3 - 6x^2 y$

(2)　$(a + 3b)(2x - 3y)$

$= a(2x - 3y) + 3b(2x - 3y)$

$= 2ax - 3ay + 6bx - 9by$

(3)　$(x^2 + 2x - 3)(x - 3)$

$= x^2(x - 3) + 2x(x - 3) - 3(x - 3)$

$= x^3 - 3x^2 + 2x^2 - 6x - 3x + 9$

$= x^3 - x^2 - 9x + 9$

(4)　$(x - y)(y - z)(z - x)$

$= x(y - z)(z - x) - y(y - z)(z - x)$

$= x\{y(z - x) - z(z - x)\}$

$\qquad -y\{y(z - x) - z(z - x)\}$

$= x(yz - yx - z^2 + zx) - y(yz - yx - z^2 + zx)$

$= xyz - x^2 y - xz^2 + x^2 z$

$\qquad -y^2 z + y^2 x + yz^2 - xyz$

$= -x^2 y + x^2 z + xy^2 - xz^2 - y^2 z + yz^2$

[解説]

(2)　$2x - 3y$ を一つの固まりと思って分配法則を使う．さらにもう一度分配法則で展開する．

(4)　括弧を一つずつ丁寧に分配法則ではずしていく．

---

**問 1.3**　次の式を展開せよ．

(1) $3x(x - 2y)$　　　　(2) $(3x - 2y)(2a + b)$

(3) $(y + 2)(y^2 - 2y - 2)$　　　(4) $(a + b)(b + c)(c - a)$

---

整式の展開によく用いられる乗法公式は，どれも分配法則から導かれる．これらを利用すると計算が素早く実行できる．また，これらは後の因数分解にも利用される．

**公式 1.2 (乗法公式 1)**

(1) $(x+y)^2 = x^2 + 2xy + y^2, \quad (x-y)^2 = x^2 - 2xy + y^2$

(2) $(x+y)(x-y) = x^2 - y^2$

(3) $(x+a)(x+b) = x^2 + (a+b)x + ab, \quad (ax+b)(cx+d) = acx^2 + (ad+bc)x + bd$

---

**例題 1.4**　次の式を展開せよ.

(1) $(x+3y)^2$　　(2) $(2x-3y)^2$　　(3) $(x-3y)(x+3y)$　　(4) $(x+2y)(x-3y)$

[解答]

(1) $(x+3y)^2 = x^2 + 6xy + 9y^2$

(2) $(2x-3y)^2 = 4x^2 - 12xy + 9y^2$

(3) $(x-3y)(x+3y) = x^2 - 9y^2$

(4) $(x+2y)(x-3y) = x^2 - xy - 6y^2$

[解説]　それぞれ丁寧に乗法公式 (1) – (3) を適用する.

**問 1.4**　次の式を展開せよ.

(1) $(2x+y)^2$　　(2) $(3x-5y)^2$　　(3) $(2y+z)(2y-z)$

(4) $(x-2y)(x-4y)$　　(5) $(2x-3y)(3x+y)$

乗法公式 (1), (2), (3) は 2 つの項からなる整式の積に関するものであるが，3 つの項からなる整式や，3 次式に関するものも利用したい.

**公式 1.3 (乗法公式 2)**

(4) $(x+y+z)^2 = x^2 + y^2 + z^2 + 2xy + 2yz + 2zx$

(5) $(x+y)^3 = x^3 + 3x^2y + 3xy^2 + y^3, \quad (x-y)^3 = x^3 - 3x^2y + 3xy^2 - y^3$

(6) $(x+y)(x^2-xy+y^2) = x^3 + y^3, \quad (x-y)(x^2+xy+y^2) = x^3 - y^3$

---

**例題 1.5**　次の式を展開せよ.

(1) $(a-b+c)^2$　　(2) $(2x-y)^3$　　(3) $(2x+3y)(4x^2-6xy+9y^2)$

[解答]

(1) $(a-b+c)^2 = a^2 + b^2 + c^2 - 2ab - 2bc + 2ca$

(2) $(2x-y)^3$
$= (2x)^3 - 3(2x)^2(y) + 3(2x)(y)^2 - (y)^3$
$= 8x^3 - 12x^2y + 6xy^2 - y^3$

(3) $(2x+3y)(4x^2-6xy+9y^2)$
$= (2x+3y)((2x)^2 - (2x)(3y) + (3y)^2)$
$= 8x^3 + 27y^3$

[解説]　それぞれ丁寧に乗法公式 (4) – (6) を適用する.

**問 1.5**　次の式を展開せよ.

(1)　$(x + y + 2z)^2$　　　(2)　$(x + 2y)^3$　　　(3)　$(3x - y)(9x^2 + 3xy + y^2)$

　展開とは逆に整式をいくつかの整式の積の形に表すことを**因数分解**という. このとき, 積をつくるそれぞれの整式をもとの整式の**因数**という.

　基本は分配法則 $AB + AC = A(B + C)$ で, 整式の各項に共通な因数をくくりだすことである.

**例題 1.6**　次の式を因数分解せよ.

(1)　$3x^2 - 6x$　　(2)　$4xy + 3y^2$　　(3)　$x(y + 2) - 5(y + 2)$　　(4)　$(2a - b)x + (b - 2a)y$

**解答**

(1)　$3x^2 - 6x = 3x(x - 2)$

(2)　$4xy + 3y^2 = y(4x + 3y)$

(3)　$x(y + 2) - 5(y + 2) = (y + 2)(x - 5)$

(4)　$(2a - b)x + (b - 2a)y$
　　　$= (2a - b)x - (2a - b)y = (2a - b)(x - y)$

**解説**

(1)　$3x^2 - 6x = \underline{3x} \times x - \underline{3x} \times 2$ なので, $3x$ が共通因数である.

**問 1.6**　次の式を因数分解せよ.

(1)　$4x^2 + 12xy$　　　　　(2)　$16x^2y - 8xy^2$

(3)　$2x(y - 1) - 3(y - 1)$　　(4)　$3xy - 2y + 2(3x - 2)$

　展開の乗法公式を利用すると因数分解の公式となる.

**例題 1.7**　次の式を因数分解せよ.

(1)　$x^2 + 6x + 9$　　　(2)　$x^2 - 4xy + 4y^2$　　　(3)　$9x^2 - 1$

(4)　$x^2 - xy - 2y^2$　　(5)　$2x^2 - 5x - 3$　　　(6)　$x^3 + 1$

**解答**

(1)　$x^2 + 6x + 9 = (x + 3)^2$

(2)　$x^2 - 4xy + 4y^2 = (x - 2y)^2$

(3)　$9x^2 - 1 = (3x - 1)(3x + 1)$

(4)　$x^2 - xy - 2y^2 = (x - 2y)(x + y)$

(5)　$2x^2 - 5x - 3 = (2x + 1)(x - 3)$

(6)　$x^3 + 1 = (x + 1)(x^2 - x + 1)$

**解説**

(1)　乗法公式 (1) を利用する.

(2)　乗法公式 (1) を利用する.

(3)　乗法公式 (2) を利用する.

(4)　乗法公式 (3) を利用する.

(5)　乗法公式 (3) を利用する.

(6)　乗法公式 (6) を利用する.

**問 1.7**　次の式を因数分解せよ.

(1)　$4x^2 + 12xy + 9y^2$　　(2)　$16x^2 - 8xy + y^2$　　(3)　$4x^2 - 9y^2$

(4)　$x^2 + 8x + 15$　　　　(5)　$x^2 - 10xy + 24y^2$　　(6)　$2x^2 - 9xy + 9y^2$

(7)　$x^3 + 8$

# 1.5 和の記号 $\sum$

文字 $x$ に対して，$x + x^2 + x^3 + x^4 + \cdots + x^{100}$ のように $x^i$ という形の項の和で表された数式を「$\cdots$」というあいまいさを残さずに記述する記号がある．それが和の記号 $\sum$ (シグマ記号という) である．上の例の場合

$$x + x^2 + x^3 + x^4 + \cdots + x^{100} = \sum_{i=1}^{100} x^i$$

と表す．これは $i = 1, 2, 3, \ldots$ というように，$i = 1$ から $i = 100$ まで変わるときの $x^i$ という形の項をすべて加えるという意味の記号である．

実数の列 $a_1, a_2, \ldots, a_n$ の和も

$$a_1 + a_2 + a_3 + \cdots + a_n = \sum_{i=1}^{n} a_i$$

と表す．例えば，$1$ から $n$ までの自然数の総和は

$$1 + 2 + 3 + \cdots + n = \sum_{i=1}^{n} i$$

と表す．

$x$ についての $n$ 次の多項式で，$x^0 = 1$ とし，$x^i$ の係数を $a_i$ と書くとき，この多項式は

$$a_0 + a_1 x + a_2 x^2 + a_3 x^3 + \cdots + a_n x^n = \sum_{i=0}^{n} a_i x^i$$

と表される．

例 1.3    $x^i$ の係数が $i$ であるような多項式 $x + 2x^2 + 3x^3 + \cdots + nx^n$ は

$$x + 2x^2 + 3x^3 + \cdots + nx^n = \sum_{i=1}^{n} ix^i$$

である．

---

**例題 1.8**    次の各問いに答えよ．

(1) 和 $\displaystyle\sum_{i=1}^{5}(2i - 3)$ を $\sum$ を用いずに表せ．

(2) $f(x) = 1 + 3x + 5x^2 + \cdots + (2n + 1)x^n$ を $\sum$ を用いて表せ．

---

解答

(1) $\displaystyle\sum_{i=1}^{5}(2i - 3) = (-1) + 1 + 3 + 5 + 7 = 15$

(2) $f(x) = 1 + 3x + 5x^2 + \cdots + (2n + 1)x^n$

$\displaystyle = \sum_{i=0}^{n}(2i + 1)x^i$

解説

(1) $2i - 3$ の $i = 1, 2, 3, 4, 5$ と代入したもののすべての和をとる．

**問 1.8**　(1)　和 $\displaystyle\sum_{i=2}^{7}(3i+1)$ を $\sum$ を用いずに表せ.

　　　　(2)　$f(x) = 1 + 2x + 3x^2 + \cdots + (n+1)x^n$ を $\sum$ を用いて表せ.

## 1.6　整式の除法

　1 つの文字 $x$ の整式を考え, それらを $A(x), B(x)$ などと表す. 整数と同じように, $A(x)$ を $B(x)$ で割ることができる. つまり

$$A(x) = Q(x)B(x) + R(x) \tag{1.2}$$

をみたす $Q(x)$ と $R(x)$ で, $R(x) = 0$ または $R(x)$ の次数は $B(x)$ の次数より小さいものが, ただ一通りに定まる. この $Q(x)$ を, $A(x)$ を $B(x)$ で割ったときの商[1], $R(x)$ を余りと呼ぶ.

**例 1.4**　(1)　$A(x) = x^2 - 3x - 4$ とすると, $x^2 - 3x - 4 = (x-4)(x+1)$ であるから, $A(x)$ を $B(x) = x - 4$ で割ったときの商は $x - 1$ であり, 余りは 0 である.

　　　　(2)　$A(x) = x^2 - 3x - 2$ とすると, $A(x) = x^2 - 3x - 4 + 2 = (x-4)(x+1) + 2$ であるから, $A(x)$ を $B(x) = x - 4$ で割ったときの商は $x - 1$ であり, 余りは 2 である.

　この例では因数分解することを利用したが, 整数の割り算に似た計算方法で商と余りを求めることができる. 例えば, $(2x^2 + 3x - 1) \div (x - 2)$ なら

$$x-2 \overline{\smash{\big)}\ 2x^2\ +3x\ -1}$$

として, 割られる式の最大次数の項を揃えるように $2x$ を立て, 割る式にかけた式を下に書き, 引き算をする.

$$\begin{array}{r} 2x\phantom{00000000} \\ x-2\ \overline{\smash{\big)}\ 2x^2\ +3x\ -1} \\ \underline{2x^2\ -4x\phantom{00}} \\ 7x\ -1 \end{array}$$

に対して, 次に $7x$ をそろえるために $+7$ を立て, 同様に計算する.

$$\begin{array}{r} 2x\ +7\phantom{000} \\ x-2\ \overline{\smash{\big)}\ 2x^2\ +3x\ -1} \\ \underline{2x^2\ -4x\phantom{00}} \\ 7x\ -1 \\ \underline{7x\ -14} \\ 13 \end{array}$$

と

なり, 商 $2x + 7$, 余り 13 を得る.

---

[1] 分数式と区別するために **整商** ということがある.

**例題 1.9**  次の割り算をして商と余りを求めよ.

(1) $(x^3 - 3x^2 + 6x + 8) \div (x + 1)$    (2) $(x^4 + 2x^3 + x^2 + 1) \div (x^2 - 2x - 1)$

(3) $(x^4 + 4x^2 + 16) \div (x^2 - 2x + 4)$

解答

(1)

$$
\begin{array}{r}
x^2 \quad -4x \quad +10 \\
x+1 \overline{)\; x^3 \quad -3x^2 \quad +6x \quad +8} \\
x^3 \quad +x^2 \\
\overline{\phantom{x^3}\; -4x^2 \quad +6x} \\
-4x^2 \quad -4x \\
\overline{\phantom{-4x^2}\; 10x \quad +8} \\
10x \quad +10 \\
\overline{\phantom{10x}\; -2}
\end{array}
$$

商は $x^2 - 4x + 10$, 余りは $-2$ である.

(2)

$$
\begin{array}{r}
x^2 \quad +4x \quad +10 \\
x^2-2x-1 \overline{)\; x^4 \quad +2x^3 \quad +x^2 \qquad\qquad +1} \\
x^4 \quad -2x^3 \quad -x^2 \\
\overline{\phantom{x^4}\; 4x^3 \quad +2x^2} \\
4x^3 \quad -8x^2 \quad -4x \\
\overline{\phantom{4x^3}\; 10x^2 \quad +4x \quad +1} \\
10x^2 \quad -20x \quad -10 \\
\overline{\phantom{10x^2}\; 24x \quad +11}
\end{array}
$$

商は $x^2 + 4x + 10$, 余りは $24x + 11$ である.

(3)

$$
\begin{array}{r}
x^2 \quad +2x \quad +4 \\
x^2-2x+4 \overline{)\; x^4 \qquad\qquad +4x^2 \qquad\qquad +16} \\
x^4 \quad -2x^3 \quad +4x^2 \\
\overline{\phantom{x^4}\; 2x^3} \\
2x^3 \quad -4x^2 \quad +8x \\
\overline{\phantom{2x^3}\; 4x^2 \quad -8x \quad +16} \\
4x^2 \quad -8x \quad +16 \\
\overline{\phantom{4x^2}\; 0}
\end{array}
$$

商は $x^2 + 2x + 4$, 余りは $0$ である.

解説

(1) 割られる式の最大次数の項を揃えるように $x^2$ を立て, $x^2$ を割る式にかけた式を同類項をそろえて下に書き, 引き算をする. 次の最大次数の項は $-4x^2$ なので $-4x$ を立て, 同様に計算する. 最後に $10$ を立て, 計算する.

(2) 割られる式は $1$ 次の項がないので, 少し間をあけて (1) と同様に計算する.

(3) 割られる式は $1$ 次の項と $3$ 次の項がないので $2$ か所間をあけておく.

---

例題 **1.10**　次のような整式を求めなさい.

　(1)　$x^2 - 1$ で割ると，商が $2x + 1$，余りが $x - 4$ となる整式 $P_1(x)$

　(2)　$1 - x$ で割ると，商が $2x^2 + 2x - 1$，余りが $0$ となる整式 $P_2(x)$

---

解答

　(1)　$P_1(x) = (2x + 1)(x^2 - 1) + (x - 4)$

　　　　　　$= 2x^3 + x^2 - x - 5$

　(2)　$P_2(x) = (2x^2 + 2x - 1)(1 - x)$

　　　　　　$= -2x^3 + 3x - 1$

解説　それぞれ式 (1.2) の形にする.

問 **1.9**　次の割り算をして，商と余りを求め，式 (1.2) の形に表せ.

　(1)　$(9x^2 + 18x + 15) \div (3x + 4)$

　(2)　$(3x^3 - 3x^2 - 11x + 12) \div (x - 2)$

　(3)　$(2x^3 + 10x^2 + 15x + 6) \div (x^2 + 3x + 1)$

　整式 $A(x)$ を整式 $B(x)$ で割る除法 $A(x) = Q(x)B(x) + R(x)$ に関して，特に，$B(x) = x - c$ なら

$$A(x) = Q(x)(x - c) + r \quad (r \text{ は定数}) \tag{1.3}$$

である.　$x = c$ を代入すると $r = A(c)$ なので，

$$A(x) = Q(x)(x - c) + A(c) \tag{1.4}$$

と表せる.　すなわち，$A(x)$ を $x - c$ で割ったときの余りは $A(c)$ であり (**剰余定理**)，$A(c) = 0$ なら $A(x)$ は $x - c$ で割り切れる (**因数定理**).

## 1.7　有理式の計算

　2つの整式 $A$, $B$ (ただし $B$ は定数でない) に対して，$\dfrac{A}{B}$ で表される式を**分数式**という.　整式と分数式を合わせて**有理式** という.　有理式では，分母，分子に $0$ 以外の同じ整式をかけても，共通な因数で割ってもよいので

$$\frac{A}{B} = \frac{AC}{BC} \quad (C \neq 0), \qquad \frac{A}{B} = \frac{A \div D}{B \div D}$$

が成り立ち，数の分数と同じように約分ができる.　$\dfrac{x + 1}{x + 2}$ のように分子，分母に共通な因数がなく，これ以上約分できない分数式を**既約分数式**という.

　有理式の積や商，和などの計算は，数の分数の計算と同じで，

　(1)　$\dfrac{A}{B} \cdot \dfrac{C}{D} = \dfrac{AC}{BD}$,　$\dfrac{A}{B} \div \dfrac{C}{D} = \dfrac{A}{B} \times \dfrac{D}{C} = \dfrac{AD}{BC}$　　(2)　$\dfrac{A}{B} + \dfrac{C}{D} = \dfrac{AD + BC}{BD}$

などの法則が成り立つ.　2つ以上の分数式の分母を同じ整式にすることを，数の分数と同じように**通分**という.

例題 1.11 次の有理式を約分せよ.

(1) $\dfrac{2a^2x^3}{8ax}$    (2) $\dfrac{4x^2+x}{2x^2}$    (3) $\dfrac{x+1}{x^2-1}$    (4) $\dfrac{x^2+3x+2}{x^2-x-6}$

解答

(1) $\dfrac{2a^2x^3}{8ax} = \dfrac{ax^2}{4}$

(2) $\dfrac{4x^2+x}{2x^2} = \dfrac{x(4x+1)}{2x^2} = \dfrac{4x+1}{2x}$

(3) $\dfrac{x+1}{x^2-1} = \dfrac{x+1}{(x+1)(x-1)} = \dfrac{1}{x-1}$

(4) $\dfrac{x^2+3x+2}{x^2-x-6} = \dfrac{(x+1)(x+2)}{(x-3)(x+2)}$

$\quad = \dfrac{x+1}{x-3}$

解説

(2) このあと $\dfrac{2+1}{2x}$ などとしてはいけない! 分母, 分子が互いに共通な因数を持たないときは約分できない.

問 1.10 次の有理式を約分せよ.

(1) $\dfrac{6x^3y^2}{2xy^5}$    (2) $\dfrac{2x^5}{4x^3+6x^2}$    (3) $\dfrac{x^2+4xy+4y^2}{x^2+xy-2y^2}$    (4) $\dfrac{3x^2-2x-1}{2x^2-5x+3}$

例題 1.12 次の計算をせよ.

(1) $\dfrac{1}{x-2} \times \dfrac{x^2-4}{x+3}$    (2) $\dfrac{2x-1}{x+1} \div \dfrac{x-2}{x^2+2x+1}$

解答

(1) $\dfrac{1}{x-2} \times \dfrac{x^2-4}{x+3}$

$\quad = \dfrac{1 \times (x-2)(x+2)}{(x-2) \times (x+3)} = \dfrac{x+2}{x+3}$

(2) $\dfrac{2x-1}{x+1} \div \dfrac{x-2}{x^2+2x+1}$

$\quad = \dfrac{2x-1}{x+1} \times \dfrac{x^2+2x+1}{x-2}$

$\quad = \dfrac{(2x-1) \times (x+1)^2}{(x+1) \times (x-2)}$

$\quad = \dfrac{(2x-1)(x+1)}{x-2}$

解説

(1) 分母, 分子を因数分解して共通な因数を見つけて約分する.

(2) $\div \dfrac{A}{B}$ は $\times \dfrac{B}{A}$ として計算できる.

問 1.11 次の計算をせよ.

(1) $\dfrac{1}{x+3} \times \dfrac{x^2+2x-3}{x+1}$    (2) $\dfrac{x-1}{x+2} \div \dfrac{x-2}{x^2+3x+2}$

---

例題 **1.13**　次の計算をせよ.

(1) $\dfrac{1}{x-2} + \dfrac{x}{x+3}$　　(2) $\dfrac{2x-1}{x+3} - \dfrac{x-2}{x+1}$　　(3) $\dfrac{2x-5}{x^2+3x+2} + \dfrac{3x+4}{x^2-x-6}$

---

**解答**

(1)
$$\frac{1}{x-2} + \frac{x}{x+3}$$
$$= \frac{1 \times (x+3)}{(x-2)(x+3)} + \frac{x \times (x-2)}{(x-2)(x+3)}$$
$$= \frac{x^2 - x + 3}{(x-2)(x+3)}$$

(2)
$$\frac{2x-1}{x+3} - \frac{x-2}{x+1}$$
$$= \frac{(2x-1)(x+1)}{(x+3)(x+1)} - \frac{(x+3)(x-2)}{(x+3)(x+1)}$$
$$= \frac{(2x^2 + x - 1) - (x^2 + x - 6)}{(x+3)(x+1)}$$
$$= \frac{x^2 + 5}{(x+3)(x+1)}$$

(3)
$$\frac{2x-5}{x^2+3x+2} + \frac{3x+4}{x^2-x-6}$$
$$= \frac{2x-5}{(x+1)(x+2)} + \frac{3x+4}{(x+2)(x-3)}$$
$$= \frac{(2x-5)(x-3)}{(x+1)(x+2)(x-3)}$$
$$\quad + \frac{(x+1)(3x+4)}{(x+1)(x+2)(x-3)}$$
$$= \frac{(2x^2 - 11x + 15) + (3x^2 + 7x + 4)}{(x+1)(x+2)(x-3)}$$
$$= \frac{5x^2 - 4x + 19}{(x+1)(x+2)(x-3)}$$

**解説**

(1)　分母をそろえるため, 左側の分数式の分子分母に $(x+3)$ を, 右側の分数式の分子分母に $(x-2)$ をかける.

(2)　分母をそろえるため, 左側の分数式の分子分母に $(x+1)$ を, 右側の分数式の分子分母に $(x+3)$ をかける.

(3)　まず, それぞれ分母を因数分解して, 共通因数があるかどうかを確認する. この場合 $(x+2)$ が共通因数なので, それ以外の因数を揃えるように通分する.

---

**問 1.12**　次の式の計算をせよ.

(1) $\dfrac{3}{x-4} + \dfrac{4}{x+6}$　　　　(2) $\dfrac{x+5}{x+3} + \dfrac{x+3}{x+4}$

(3) $\dfrac{7}{(x-8)(x-1)} + \dfrac{2}{(x-1)(x+3)}$　　(4) $\dfrac{x-1}{x^2-5x+6} - \dfrac{x-3}{x^2-3x+2}$

---

分数式 $\dfrac{A(x)}{B(x)}$ において, 分子 $A(x)$ を分母 $B(x)$ で割り算すると, (1.2) より $A(x) = B(x)Q(x) + R(x)$ であるから

$$\frac{A(x)}{B(x)} = Q(x) + \frac{R(x)}{B(x)} \tag{1.5}$$

ただし, $R(x) = 0$ または $R(x)$ の次数は $B(x)$ の次数より小さい, と表すことができる.

---

**例題 1.14**　次の有理式を $Q(x) + \dfrac{R(x)}{B(x)}$ の形で表せ. ただし $R(x)$ の次数は $B(x)$ の次数より小さい.

(1) $\dfrac{2x^2 - x - 1}{x^2 - x - 2}$ 　　(2) $\dfrac{x^2 - x + 1}{x - 1}$ 　　(3) $\dfrac{2x^3 - 3x^2 + 2x + 1}{x^2 + x + 1}$

---

**解答**

(1)
$$
\begin{array}{r}
2 \\
x^2 - x - 2 \enclose{longdiv}{\;2x^2 \quad -x \quad -1} \\
\underline{2x^2 \quad -2x \quad -4} \\
x \quad +3
\end{array}
$$

よって, $\dfrac{2x^2 - x - 1}{x^2 - x - 2} = 2 + \dfrac{x + 3}{x^2 - x - 2}$ である.

(2)
$$
\begin{array}{r}
x \\
x - 1 \enclose{longdiv}{\;x^2 \quad -x \quad +1} \\
\underline{x^2 \quad -x} \\
+1
\end{array}
$$

よって, $\dfrac{x^2 - x + 1}{x - 1} = x + \dfrac{1}{x - 1}$ である.

(3)
$$
\begin{array}{r}
2x \quad -5 \\
x^2 + x + 1 \enclose{longdiv}{\;2x^3 \quad -3x^2 \quad +2x \quad +1} \\
\underline{2x^3 \quad +2x^2 \quad +2x} \\
-5x^2 \qquad\quad +1 \\
\underline{-5x^2 \quad -5x \quad -5} \\
5x \quad +6
\end{array}
$$

よって,

$$\frac{2x^3 - 3x^2 + 2x + 1}{x^2 + x + 1} = 2x - 5 + \frac{5x + 6}{x^2 + x + 1} \text{ である.} \;\blacksquare$$

**解説**

(1) 分子を分母で割り算して商と余りを求めると, $(2x^2 - x - 1) \div (x^2 - x - 2) = 2 \cdots x + 3$. この式は $2x^2 - x - 1 = 2(x^2 - x - 2) + (x + 3)$ と変形できるので, $\dfrac{2x^2 - x - 1}{x^2 - x - 2} =$
$\dfrac{2(x^2 - x - 2) + x + 3}{x^2 - x - 2} =$
$\dfrac{2(x^2 - x - 2)}{x^2 - x - 2} + \dfrac{x + 3}{x^2 - x - 2} =$
$2 + \dfrac{x + 3}{x^2 - x - 2}$ としてもよい.

(2) 分子を分母で割り算することによって $x^2 - x + 1 = x(x - 1) + 1$ と変形できる.

(3) 分子を分母で割り算することによって $2x^3 - 3x^2 + 2x + 1 = (2x - 5)(x^2 + x + 1) + (5x + 6)$ と変形できる.

**問 1.13**　次の有理式を (1.5) の右辺の形にせよ.

(1) $\dfrac{4x - 1}{x + 2}$ 　　(2) $\dfrac{x^2}{x - 1}$ 　　(3) $\dfrac{2x^2 + 6x + 14}{x + 2}$ 　　(4) $\dfrac{2x^3 - 7x^2 + 8x + 4}{x^2 - 4x + 5}$

1つの分数式の分母がいくつかの多項式に因数分解されるときに, それらの多項式を分母にもつ分数式の和に分解できる. これを分数式の**部分分数分解**という.

**例 1.5**　(1) $\dfrac{6}{(x - 3)(x + 3)} = \dfrac{1}{x - 3} - \dfrac{1}{x + 3}$

(2) $\dfrac{5x + 3}{(x - 3)(x + 3)} = \dfrac{3}{x - 3} + \dfrac{2}{x + 3}$

例題 **1.15**　次の等式をみたす定数 $a$, $b$, $c$ をそれぞれ求めよ.

(1)　$\dfrac{2x+5}{(x-2)(x+1)} = \dfrac{a}{x-2} + \dfrac{b}{x+1}$　　(2)　$\dfrac{1}{(x-2)(x+4)} = \dfrac{a}{x-2} + \dfrac{b}{x+4}$

(3)　$\dfrac{1}{(x-1)(x+1)(x-3)} = \dfrac{a}{x-1} + \dfrac{b}{x+1} + \dfrac{c}{x-3}$

**解答**

(1)　右辺 $= \dfrac{a(x+1)}{(x-2)(x+1)} + \dfrac{b(x-2)}{(x-2)(x+1)}$

$= \dfrac{(a+b)x+(a-2b)}{(x-2)(x+1)}$

左辺と比較すると $\begin{cases} a+b=2 \\ a-2b=5 \end{cases}$

これより $a=3$, $b=-1$ である.

(2)　右辺 $= \dfrac{a(x+4)}{(x-2)(x+4)} + \dfrac{b(x-2)}{(x-2)(x+4)}$

$= \dfrac{(a+b)x+(4a-2b)}{(x-2)(x+4)}$

左辺と比較すると $\begin{cases} a+b=0 \\ 4a-2b=1 \end{cases}$

これより $a=\dfrac{1}{6}$, $b=-\dfrac{1}{6}$ である.

(3)　右辺 $= \dfrac{a(x+1)(x-3)}{(x-1)(x+1)(x-3)}$

$+ \dfrac{b(x-1)(x-3)}{(x-1)(x+1)(x-3)}$

$+ \dfrac{c(x+1)(x-1)}{(x-1)(x+1)(x-3)}$

$= \dfrac{a(x^2-2x-3)+b(x^2-4x+3)+c(x^2-1)}{(x-1)(x+1)(x-3)}$

$= \dfrac{(a+b+c)x^2+(-2a-4b)x+(-3a+3b-c)}{(x-1)(x+1)(x-3)}$

左辺と比較すると $\begin{cases} a+b+c=0 \\ -2a-4b=0 \\ -3a+3b-c=1 \end{cases}$

これより $a=-\dfrac{1}{4}$, $b=\dfrac{1}{8}$, $c=\dfrac{1}{8}$ である.

**解説**

(1) (2)　右辺を通分し, 1 つの分数式にまとめてから, 文字 $x$ について整理して分子の係数を比較する. $a, b$ に関する 2 元連立 1 次方程式を解く.

(3)　未知数が 3 つの連立方程式 (3 元連立方程式) を解くには, 2 組の式からそれぞれ同じ文字を消去して, 2 元連立 1 次方程式を作ることによって求められる.

**問 1.14** 次の等式をみたす定数 $a, b, c$ をそれぞれ求めよ.

(1) $\dfrac{1}{(x-1)(x+1)} = \dfrac{a}{x-1} + \dfrac{b}{x+1}$

(2) $\dfrac{x-1}{(x+2)(x+1)} = \dfrac{a}{x+2} + \dfrac{b}{x+1}$

(3) $\dfrac{-x-6}{(x^2+2x+4)(x+2)} = \dfrac{ax+b}{x^2+2x+4} + \dfrac{c}{x+2}$

(4) $\dfrac{6}{(x+1)(x+2)(x+3)} = \dfrac{a}{x+1} + \dfrac{b}{x+2} + \dfrac{c}{x+3}$

## 1.8 等式の変形

今後, さまざまな場面でたくさんの文字を含んだ等式の変形が必要になる. その際は次の性質が基本である.

数の場合と同様, 文字を含んだ式 $A, B, C$ に対しても, $A = B$ であるとき,

- $A + C = B + C$
- $AC = BC$
- $C \neq 0$ のとき, $\dfrac{A}{C} = \dfrac{B}{C}$

が成り立つ.

これを利用して, 等式を望み通りの形に変形することが重要である.

**例題 1.16** 次の等式を [ ] で指定された文字について解け.

(1) $x - y = 4x - 3y$ 　　$[y]$ 　(2) $ta - 3b = a$ 　　$[t]$

(3) $Ma - F = -ma$ 　$[a]$ 　(4) $\dfrac{a+b}{x} = \dfrac{2}{y}$ 　　$[x]$

解答

(1)
$$x - y = 4x - 3y$$
$$-y + 3y = 4x - x$$
$$2y = 3x$$
$$y = \frac{3}{2}x$$

(2)
$$ta - 3b = a$$
$$ta = a + 3b$$
$$t = \frac{a+3b}{a}$$

解説

(1) $y$ がある項を左辺に移行し, まとめてから解く.

(2) $t = \dfrac{a+3b}{a} = \dfrac{a}{a} + \dfrac{3b}{a} = 1 + \dfrac{3b}{a}$ としてもよい. ※ $t = \dfrac{1+3b}{a}$ としないように注意せよ.

(3)　　　$Ma - F = -ma$

$(M + m)a = F$

$$a = \frac{F}{M + m}$$

(4)　　$\dfrac{a + b}{x} = \dfrac{2}{y}$

$(a + b)y = 2x$

$$x = \frac{(a + b)y}{2}$$

(3)　$a$ がある項を左辺に移行し，$(M+m)a$ とまとめてから両辺を $M + m$ で割る．

(4)　両辺に $xy$ をかけてから，両辺を $2$ で割る．

**問 1.15**　次の等式を [ ] で指定された文字について解け．

(1)　$3x - 5y + 2 = x - 3y - 4$　　　$[x]$　　　(2)　$3x + y = xy + 1$　　　$[y]$

(3)　$t = a(1 - t)$　　　$[t]$　　　(4)　$a(b - cx) = d(x - e)$　　　$[x]$

## 1.9　補足

§1.4 では整式の展開として，乗法公式

$$(x + y)^2 = x^2 + 2xy + y^2, \qquad (x + y)^3 = x^3 + 3x^2y + 3xy^2 + y^3$$

を学んだ．それでは，4 乗や 5 乗，もっと一般に $n$ 乗ではどんな式になるのだろうか．これは $n$ 個のものから $r$ 個とる組合せの総数 ${}_n\mathrm{C}_r = \dfrac{n!}{r!(n - r)!}$ を用いて次のように書かれる．これを**二項定理**という．

---

**公式 1.4 (二項定理)**

$$(x + y)^n = {}_n\mathrm{C}_0 x^n + {}_n\mathrm{C}_1 x^{n-1}y^1 + {}_n\mathrm{C}_2 x^{n-2}y^2 + \cdots$$

$$+ {}_n\mathrm{C}_r x^{n-r}y^r + \cdots + {}_n\mathrm{C}_{n-1} x^1 y^{n-1} + {}_n\mathrm{C}_n y^n = \sum_{i=0}^{n} {}_n\mathrm{C}_i x^{n-i}y^i$$

---

**例 1.6**　$(x + y)^5 = (x + y)(x + y)(x + y)(x + y)(x + y)$ で展開したときに現れる $x^3y^2$ という形をした項は 5 個の $(x + y)$ から $x$ を 3 個，$y$ を 2 個となるように取り出すことで得られる．5 個の $(x + y)$ の中から 2 個の $y$ を選ぶ選び方となるので，$x^3y^2$ の係数は ${}_5\mathrm{C}_2 = \dfrac{5!}{2!(5 - 2)!} = 10$ である．同様に，$x^{5-i}y^i$ の係数は ${}_5\mathrm{C}_i$ であることがわかるので，

$$(x + y)^5 = {}_5\mathrm{C}_0 x^5 + {}_5\mathrm{C}_1 x^4 y + {}_5\mathrm{C}_2 x^3 y^2 + {}_5\mathrm{C}_3 x^2 y^3 + {}_5\mathrm{C}_4 xy^4 + {}_5\mathrm{C}_5 y^5$$

$$= x^5 + 5x^4 y + 10x^3 y^2 + 10x^2 y^3 + 5xy^4 + y^5$$

## ◆第 1 章の演習問題◆

# A

**1.1**　次の式を展開せよ.

(1)　$(x - y - 2z)^2$　　　　　　(2)　$(x - 3y)^3$

(3)　$(x^2 + xy + y^2)(x^2 - xy + y^2)$　　(4)　$(y + z)(z + x)(x + y)$

(5)　$(y - z)(z - x)(x - y)$　　　(6)　$(x - y)(x^3 + x^2 y + xy^2 + y^3)$

(7)　$(x + y)^3 + (x - y)^3$

**1.2**　次の式を因数分解せよ.

(1)　$8x^3 + 27$　　　　(2)　$x^6 - 1$　　　　(3)　$x^2 + 2xy + y^2 - z^2$

(4)　$x^4 - y^4$　　　　(5)　$(x + y)^2 + (x + y) - 2$　　(6)　$8x^2 - 10xy + 3y^2$

(7)　$x^3 + xy - xz^2 + yz$　　(8)　$(x^2 - x)^2 - 8(x^2 - x) + 12$

**1.3**　次の計算をせよ.

(1)　$(x^5 + 1) \div (x + 1)$　　(2)　$(x^3 - 3a^2 x + a^3) \div (x + a)$　　(3)　$(x^8 - 1) \div (x - 1)$

**1.4**　次の計算をせよ.

(1)　$\dfrac{1}{x + 3} - \dfrac{x - 3}{x^2 + 3x + 9}$　　(2)　$\dfrac{1}{x} + \dfrac{1}{x^2 + x} + \dfrac{1}{x^2 - 1}$　　(3)　$\left(1 + \dfrac{1}{x + 2}\right)\left(1 - \dfrac{1}{x + 2}\right)$

**1.5**　次の式を簡単にせよ.

(1)　$\dfrac{2 - \dfrac{x - 1}{x + 1}}{2 + \dfrac{x - 1}{x + 1}}$　　(2)　$1 - \dfrac{1}{1 - \dfrac{1}{1 - \dfrac{1}{x}}}$

**1.6**　次の等式をみたす定数 $a, b, c$ をそれぞれ求めよ.

(1)　$\dfrac{1}{(x - 2)(x + 3)} = \dfrac{a}{x - 2} + \dfrac{b}{x + 3}$

(2)　$\dfrac{x - 7}{(x^2 + 4x + 7)(x + 1)} = \dfrac{ax + b}{x^2 + 4x + 7} + \dfrac{c}{x + 1}$

(3)　$\dfrac{7x + 4}{(x + 1)^2 (x - 2)} = \dfrac{a}{x + 1} + \dfrac{b}{(x + 1)^2} + \dfrac{c}{x - 2}$

## B

**1.1**　次の乗法公式を示せ.

$$(a+b+c)(a^2+b^2+c^2-ab-bc-ca)=a^3+b^3+c^3-3abc$$

**1.2**　次の式を因数分解せよ.

(1)　$a^2b+ab^2+b^2c+bc^2+c^2a+ca^2+2abc$

(2)　$a^2b-ab^2+b^2c-bc^2+c^2a-ca^2$

**1.3**　次の計算をせよ.

(1)　$\dfrac{y-z}{(x+y)(x+z)}+\dfrac{z-x}{(y+z)(y+x)}+\dfrac{x-y}{(z+x)(z+y)}$

(2)　$\dfrac{1+\dfrac{1-x}{1+x}}{1-\dfrac{1-x}{1+x}}+\dfrac{1-\dfrac{1-x}{1+x}}{1+\dfrac{1-x}{1+x}}$

**2**

関
数

この章では基本的な関数として 1 次関数と 2 次関数につい
て学ぶ．様々な現象の解析やデータの分析などでは，関数
に当てはめた議論やグラフによる可視化が重要である．

本章ではまず，関数を学ぶ上での一般的な事柄について説明する．続いて，1 次関数と 2 次関数について説明し，それらと密接に関係する方程式や不等式についても解説する．本章で扱う定数や変数は基本的にすべて実数とするが，一部では補足的に複素数の場合について言及している．複素数については第 5 章で学習する．

## 2.1    関数

様々な値を取り得る 2 つの**変数** (例えば) $x$ と $y$ の間に対応関係があり，$x$ の値が定まると，それに対応して $y$ の値がただ 1 つ定まるとき，$y$ は $x$ の**関数**であるという．一般に，$y$ が $x$ の関数であることを

$$y = f(x),\ g(x),\ h(x)\ \text{など} \tag{2.1}$$

と表す．$f(x)$，$g(x)$，$h(x)$ などは，各関数 (数学のモデルや物理現象など) に応じて様々な $x$ の式を表す．

**注意 2.1**　関数は英語で function であり，象徴的に $f(x)$ と表現することが多いが，定義することで，$f(x)$ をはじめ，$y = g(x)$，$y = h(x)$ などの表現も可能である．

例 2.1 　ある生物は分速 20 cm で一定の速度で歩いている．この生物は，1 分後には 20 cm 進み，2 分後には 40 cm 進み ... と，時間の経過とともに進む距離は大きくなる．このような関係は関数により表わすことができ，経過時間を $x$ [分]，進んだ距離を $y$ [cm] とすると $y = 20x$ となる．ここで $f(x) = 20x$ とおくと，$f(1) = 20 \times 1 = 20$ は「1 分後に 20 cm 進むこと」を意味し，$f(2) = 20 \times 2 = 40$ は「2 分後に 40 cm 進むこと」を意味する．

もう一つ別の例を挙げておく．

例 2.2 　水道の蛇口からコップに毎秒 20 cc の水を注ぐとき，経過時間を $x$ [秒]，コップの水量を $y$ [cc] とすると $y = 20x$ である．

以上の例は全く違う現象ながら数学的には同じモデルとして議論できる．

### 2.1.1    変数のとり得る値の範囲

例 2.1，例 2.2 では，$x$ は経過時間であるので，"$x \geq 0$" という $x$ の範囲に関する約束が必要となる．変数のとりうる値の範囲をその変数の**変域**といい，関数 $y = f(x)$ について，変数 $x$ の変域を関数の**定義域**，変数 $y$ の変域を関数の**値域**という．定義域として $s \leq x \leq t$ が与えられた関数は，

$$y = f(x) \qquad (s \leq x \leq t) \tag{2.2}$$

などと表わす．ここで，$s$ を**左端**，$t$ を**右端**という．

**注意 2.2**　定義域は本来明記すべきものである．例えば，$y = 20x\ (1 \leq x \leq 2)$ とあれば，特定の範囲 $1 \leq x \leq 2$ のみ考えているのであり，$\{x \in \boldsymbol{R} \mid 1 \leq x \leq 2\}$ が定義域である．ここで，$\boldsymbol{R}$ は実数 (Real) 全体の集合を表わしている．明記されていないときは，式が意味をもつもっとも広い範囲を定義域と考えるのが暗黙の了解である．値域は関数と定義域から定まるので，明記する必要はない．また，関数 $y = \dfrac{1}{x}$ などの場合，定義域は $\{x \in \boldsymbol{R} \mid x \neq 0\}$，値域も $\{y \in \boldsymbol{R} \mid y \neq 0\}$ である．これらは「0 以外の実数全体の集合」を表わしている．

例 2.3 例 2.1 では，関数 $y = 20x$ の定義域は $0 \leq x$ であり，値域は $0 \leq y$ であるが，特に範囲を制限しない場合は，定義域も値域も実数全体である．

▓最大値・最小値▓ 関数の値域に最大の値があるとき，その値を関数の**最大値**といい，最小の値があるとき，その値を関数の**最小値**という．

▓単調増加・単調減少▓ ある変域内の任意の実数 $x_1$，$x_2$ に対し，$x_1 < x_2$ ならば $f(x_1) < f(x_2)$ のとき，その変域で $f(x)$ は**単調増加**であるといい，グラフは右上がりである．$x_1 < x_2$ ならば $f(x_1) > f(x_2)$ のとき，その変域で $f(x)$ は**単調減少**であるといい，グラフは右下がりである．単調増加または単調減少であるときは**単調**であるという．

### 2.1.2 座標平面とグラフ

例 2.1，例 2.2 のように，関数で表現すると現象の特徴や性質を数学的に把握できるが，関数の各々の点を視覚的に記述すれば，その関数の特徴などを把握し易い．

平面上の原点 O で直交する 2 つの数直線を $x$ 軸，$y$ 軸と定める (これらを**座標軸**ともいう)．$x$ の値と $y$ の値の組 $(x, y)$ を**座標**といい，このように座標が定められた平面を**座標平面**という．座標平面上で $x$ の値とそれに対して定まる $y$ の値を座標とする点 $(x, y)$ の集まりをその関数 $y = f(x)$ の**グラフ**という (図 2.1)．

座標軸によって分けられた 4 つの部分を**象限**といい，図 2.1 に示したとおり，第 1 象限 $(x > 0, y > 0)$，第 2 象限 $(x < 0, y > 0)$，第 3 象限 $(x < 0, y < 0)$，第 4 象限 $(x > 0, y < 0)$ という．ただし，座標軸上の点はどの象限にも属さないとする．

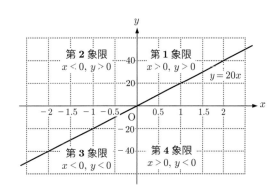

**図 2.1** 座標平面と座標軸

## 2.2 1次関数

変数 $y$ が変数 $x$ の 1 次式

$$y = ax + b \qquad (a, b \text{ は定数}) \tag{2.3}$$

で表されるとき，$y$ は $x$ の **1 次関数**であるという．$x$ 軸に垂直な直線以外のすべての直線は，ある 1 次関数 (2.3) のグラフになる．このとき $y = ax + b$ をこの**直線の方程式**という．定数 $a$ を直線の**傾き**といい，$a > 0$ ならば傾きは正で単調増加，$a < 0$ ならば傾きは負で単調減少である．また，$a$ の絶対値 $|a|$ はグラフの「傾きの程度」を表している．定数 $b$ の値は $x = 0$ のときの $y$ の値であるから，グラフと $y$ 軸との**共有点**の $y$ 座標である．これをこのグラフの **$y$ 切片**，または，単に**切片**という．また，$y = 0$ となる $x$ の値は関数 (2.3) のグラフと $x$ 軸との交点の $x$ 座標である．

例 **2.4** 例 2.1, 例 2.2 はともに $y = f(x) = 20x$ であり, 変数 $x$ に対する 1 次関数である. 1 次関数の**変化の割合**は一定であり, そのグラフの傾き ($a = 20$) に等しい. ここで, 変化の割合とは, $x$ の増加量 $x_2 - x_1$ に対する $y$ の増加量 $y_2 - y_1$ の割合であるので, 図 2.2 では, $x_1 = \dfrac{1}{2}$, $x_2 = \dfrac{3}{2}$, $y_1 = 10$, $y_2 = 30$ より, $\dfrac{y_2 - y_1}{x_2 - x_1} = \dfrac{30 - 10}{\frac{3}{2} - \frac{1}{2}} = 20$ である.

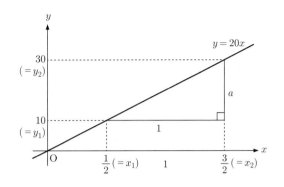

**図 2.2** 1 次関数の変化の割合

**注意 2.3** 1 次関数 (2.3) で $a = 0$ のときは 1 次関数といわず**定数関数**ということもあるが, ここでは $a = 0$ の場合も含めておく. また, $b = 0$ であれば, $x$ と $y$ との**比例関**係を表わしてもおり, このとき $a$ は**比例定数**というが, 本章では 1 次関数として説明する.

**注意 2.4** 変化の割合は第 6 章の微分では**平均変化率**という.

### 2.2.1 1 次関数における最大値・最小値

1 次関数 $y = ax$ (定義域を $s \le x \le t$ とする) について, $a$ が正であれば単調増加であり, $y$ は $x = s$ のとき**最小値**をとり, $x = t$ のとき**最大値**をとる. $a$ が負であれば単調減少であり, $y$ は $x = s$ のとき最大値をとり, $x = t$ のとき最小値をとる.

例 **2.5** 1 次関数 $y = 20x$ の定義域を $\dfrac{1}{2} \le x \le \dfrac{3}{2}$ とする. この関数のグラフの傾きは正なので, 最小値は $f\left(\dfrac{1}{2}\right) = 10$, 最大値は $f\left(\dfrac{3}{2}\right) = 30$ である (図 2.2). もし, 定義域が $\dfrac{1}{2} \le x < \dfrac{3}{2}$ ならば, $x \ne \dfrac{3}{2}$ であるため最大値はない.

例 **2.6** 定義域を $-3 \le x \le 3$ とした各々の関数の最大値と最小値, およびグラフは次のとおり求められる.

(1) $y = x$     (2) $y = 2x$     (3) $y = \dfrac{2}{3}x$

(4) $y = -x$     (5) $y = -2x$     (6) $y = -\dfrac{2}{3}x$

1 次関数の場合, 定義域の両端に対応する点を直線で結べば, その関数のグラフを描ける. また, 傾きの符号が正であれば単調増加, 負であれば単調減少する.

● (1) 〜 (3) のグラフは傾きが正である.

|     | $x$ | $-3$ | $0$ | $3$ |
|-----|-----|------|-----|-----|
| (1) | $y = x$ | $-3$ | $0$ | $3$ |
| (2) | $y = 2x$ | $-6$ | $0$ | $6$ |
| (3) | $y = \dfrac{2}{3}x$ | $-2$ | $0$ | $2$ |

したがって,

  (1) 最大値は $3$ ($x = 3$ のとき), 最小値は $-3$ ($x = -3$ のとき).

  (2) 最大値は $6$ ($x = 3$ のとき), 最小値は $-6$ ($x = -3$ のとき).

  (3) 最大値は $2$ ($x = 3$ のとき), 最小値は $-2$ ($x = -3$ のとき).

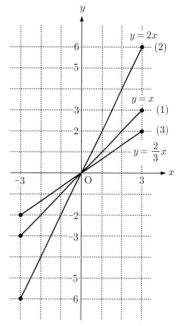

● (4) 〜 (6) のグラフは傾きが負である.

|     | $x$ | $-3$ | $0$ | $3$ |
|-----|-----|------|-----|-----|
| (4) | $y = -x$ | $3$ | $0$ | $-3$ |
| (5) | $y = -2x$ | $6$ | $0$ | $-6$ |
| (6) | $y = -\dfrac{2}{3}x$ | $2$ | $0$ | $-2$ |

したがって,

  (4) 最大値は $3$ ($x = -3$ のとき), 最小値は $-3$ ($x = 3$ のとき).

  (5) 最大値は $6$ ($x = -3$ のとき), 最小値は $-6$ ($x = 3$ のとき).

  (6) 最大値は $2$ ($x = -3$ のとき), 最小値は $-2$ ($x = 3$ のとき).

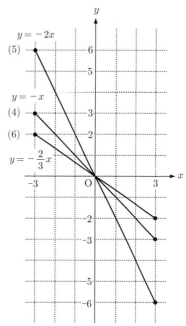

### 2.2.2　1 次関数のグラフと平行移動

1 次関数 $y = ax$ のグラフを $x$ 軸方向に $p$, $y$ 軸方向に $q$ だけ平行移動するとき, その直線をグラフとする関数は $y - q = a(x - p)$ つまり $y = a(x - p) + q$ である.

例 **2.7**　関数 $y = 20x$ のグラフを $y$ 軸方向に $+10$ 平行移動しよう. この直線をグラフとする関数は $y = 20x + 10$ である (図 2.3). この関数のグラフは, $y = 20x + 10 = 20\left\{x - \left(-\dfrac{1}{2}\right)\right\}$ により, $y = 20x$ のグラフを $x$ 軸方向に $-\dfrac{1}{2}$ 平行移動したグラフであると考えられる.

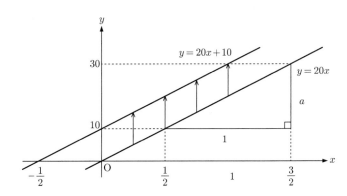

図 **2.3**　1 次関数のグラフと平行移動

例 **2.8**　次の (2) (3) の 1 次関数は (1) の $y = 2x$ のグラフを $y$ 軸方向, $x$ 軸方向に平行移動したものである. 各々のグラフを $-2 \le x \le 2$ の範囲で描くと右図のようになる.

(1)　$y = 2x$　　　(2)　$y = 2x - 1$　　　(3)　$y = 2(x - 1)$

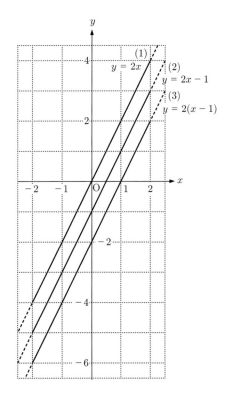

| | $x$ | $-2$ | $0$ | $2$ |
|---|---|---|---|---|
| (1) | $y = 2x$ | $-4$ | $0$ | $4$ |
| (2) | $y = 2x - 1$ | $-5$ | $-1$ | $3$ |
| (3) | $y = 2(x - 1)$ | $-6$ | $-2$ | $2$ |

(1) の $y = 2x$ を基準として (2) (3) について説明する.

(2) $y = 2x - 1$ のグラフは $y = 2x$ のグラフを $y$ 軸方向に $-1$ 平行移動したものである.

(3) $y = 2(x - 1)$ のグラフは $y = 2x$ のグラフを $x$ 軸方向に $+1$ 平行移動したものである.

### 2.2.3 1次関数の決定

次のいずれかが成り立てばその直線をグラフとする1次関数が決定する.

Ⓐ　直線の傾きと$y$切片が与えられている場合:

　傾き$a$と$y$切片$b$を与えれば1次関数$y = ax + b$が求まる.

Ⓑ　直線の傾きと1点の座標$(x_1, y_1)$が与えられている場合:

　傾き$a$の直線をグラフとする1次関数$y = ax + b$に$x = x_1, y = y_1$を代入すれば$b$が求まり, この1次関数を求めることができる. ※$y = a(x - x_1) + y_1$としてもよい.

Ⓒ　直線上の2点の座標$(x_1, y_1), (x_2, y_2)$が与えられている場合:

　1次関数$y = ax + b$に$x = x_1, y = y_1$および$x = x_2, y = y_2$を代入すれば, $a$と$b$を未知数とする2元連立1次方程式が得られ, これを解いて$a, b$を求めることにより, この1次関数を求めることができる.

---

**例題 2.1**　次をみたす直線をグラフとする1次関数を求め, それらのグラフを$-2 \leq x \leq 2$で描け.

(1)　直線の傾きが$\dfrac{1}{2}$で, $y$切片が1である.

(2)　直線が$y = \dfrac{1}{2}x$のグラフと平行で, 点$(-2, 1)$を通る.

(3)　直線が2点$(-1, 2), (1, 1)$を通る.

---

**解答**　求める関数は以下$(1) \sim (3)$のとおり, これらのグラフはまとめて描いた.

(1)　$y = \dfrac{1}{2}x + 1$

(2)　直線が$y = \dfrac{1}{2}x$のグラフと平行だから傾きが$\dfrac{1}{2}$である. つまり, $1 = \dfrac{1}{2} \times (-2) + b = -1 + b$. よって, $y = \dfrac{1}{2}x + 2$

(3)　求める1次関数を$y = ax + b$とおくと, $x = -1, y = 2$を代入すると

$$2 = a \times (-1) + b = -a + b \cdots ①$$

$x = 1, y = 1$を代入すると

$$1 = a \times 1 + b = a + b \cdots ②$$

である. ① + ② より, $2b = 3$, $b = \dfrac{3}{2}$. ①より, $a = -\dfrac{1}{2}$. よって, $y = -\dfrac{1}{2}x + \dfrac{3}{2}$

**解説**　一般に1次関数は$y = ax + b$と表すことができ, そのグラフの傾き$a$と$y$切片$b$を求めればよい.

(1)　本問は1次関数の決定Ⓐに対応しているが, 「$y$切片が1」とは「点$(0, 1)$を通る」ということでもあり, 本問は1点の座標が与えられた場合の1次関数の決定Ⓑにも相当する.

(2)　1次関数の決定Ⓑに対応している.

(3)　1次関数の決定Ⓒに対応している.

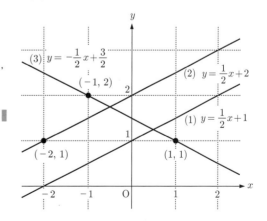

**問 2.1**　次をみたす直線をグラフとする 1 次関数を求めよ.

(1)　直線が $y = \dfrac{2}{3}x$ と平行で,点 $(3, -1)$ を通る.

(2)　直線が 2 点 $(1, -4)$,$(4, 2)$ を通る.

---

**例題 2.2**　関数 $y = 2x - 1 \; (-1 \leq x < 3)$ について,次の各問いに答えよ.

(1)　この関数の値域を求めよ.

(2)　この関数の最大値と最小値を求めよ.

(3)　この関数のグラフを描き,$x$ 軸,$y$ 軸との交点の座標も示せ.

(4)　グラフ上の $x$ 座標と $y$ 座標がともに整数である点のうち,第 1 象限にある点の座標をすべて答えよ.

---

**解答**

(1)　$f(x) = 2x - 1$ とし,定義域の両端において,$f(-1) = -3$,$f(3) = 5$ である.よって,値域は $-3 \leq y < 5$ である.

(2)　最小値は $-3$ ($x = -1$ のとき),最大値はなし.

(3)　右のグラフのとおり.$x$ 軸との交点の座標は $\left(\dfrac{1}{2}, 0\right)$,$y$ 軸との交点の座標は $(0, -1)$.

(4)　$(1, 1)$,$(2, 3)$ の 2 点.

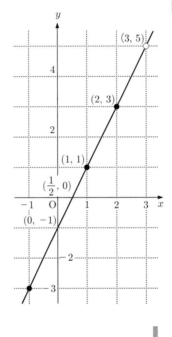

**解説**

(1)　$-1 \leq x < 3$ より,定義域に $x = 3$ は含まれないが,値域は $f(3) = 5$ により $-3 \leq y < 5$ とする.

(2)　傾きが正で単調増加だから,定義域の左端にて最小値をとり,定義域の右端にて最大値をとるが,この例題では右端の $x = 3$ は定義域に含まれないため,最大値はない.

(3)　ここでは (2) (4) の点も記したが,解答としてのグラフには $x$ 軸,$y$ 軸との交点の座標のみを記せばよい.

(4)　原点はどの象限にも属さない.また,座標 $(3, 5)$ は含まれない(グラフ中では ○ で表記).

---

**問 2.2**　次の 1 次関数の最大値と最小値を求め,それぞれのグラフの $x$ 軸との交点の座標および $y$ 軸との交点の座標を求めよ.

(1)　$y = 2x - 6 \; (-1 \leq x \leq 4)$　　　(2)　$y = -3x - 12 \; (-5 < x \leq 1)$

### 2.2.4 1次方程式，1次不等式，連立不等式

1次関数 $y = ax + b$ にて $y = 0$ とすると，**1次方程式** $ax + b = 0$ が得られる．この方程式をみたす $x$ を，この**1次方程式の解**という．

**例 2.9** (1) $2x - 1 = 0$　　(2) $3x - 1 = -2x - 9$

(1) $2x = 1$. よって，$x = \dfrac{1}{2}$

【参考】これにより1次関数 $y = 2x - 1$ のグラフと $x$ 軸との交点は $\left(\dfrac{1}{2}, 0\right)$ であるとわかる．

(2) $3x + 2x = -9 + 1$ より $5x = -8$. よって，$x = -\dfrac{8}{5}$

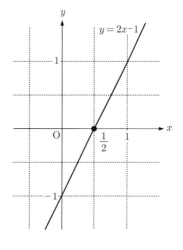

また，$f(x) = ax + b$ とするとき，**1次不等式** $f(x) \geq 0$, $f(x) > 0$, $f(x) \leq 0$, $f(x) < 0$ をみたす $x$ の値をそれぞれの**1次不等式の解**という．1次不等式の解をすべて求めることを**1次不等式を解く**という．さらに，2つ以上の不等式を組にしたものを**連立不等式**といい，それらの不等式を同時にみたす $x$ の値の範囲を，その**連立不等式の解**という．

**例 2.10** (1) $-x + 8 > -2$　　(2) $3x - 1 \leq -2x - 9$　　(3) $\begin{cases} -5x < 2(x - 5) \\ 2(x - 5) < x - 7 \end{cases}$

不等式では式変形による不等号の向きに注意すること．

(1) $-x > -10$ より，両辺に $-1$ をかけると $x < 10$ である．
別解として，$8 + 2 > x$. よって，$x < 10$

【参考】1次関数 $y = -x + 8$ のグラフをみると，$y > -2$ となるのは $x < 10$ のときであることがわかる．
また，別解として，$-x + 8 + 2 = -x + 10$ より1次関数 $y = -x + 10$ のグラフをみると，$y > 0$ となるのは $x < 10$ のときであるとしてもよい．

(2) $3x + 2x \leq -9 + 1$ より $5x \leq -8$. よって，$x \leq -\dfrac{8}{5}$

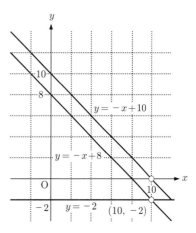

(3)
$$\begin{cases} -5x < 2(x-5) & \cdots \;\; ① \\ 2(x-5) < x-7 & \cdots \;\; ② \end{cases}$$

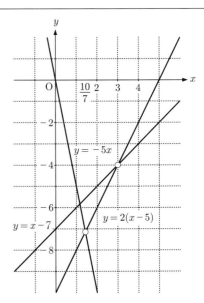

① より $\dfrac{10}{7} < x$. ② より $x < 3$. よって，この連立不等式の

解は $\dfrac{10}{7} < x < 3$

【参考】2 つの不等式 ①，② では $2(x-5)$ が共通であるた

め，$-5x < 2(x-5) < x-7$ とも表せる．ここで，$y = -5x$,

$y = 2(x-5)$, $y = x-7$ とおいて $\begin{cases} y > -5x \\ y < \quad x-7 \end{cases}$ をみたす領

域にある $y = 2(x-5)$ のグラフをみると定義域が $\dfrac{10}{7} < x < 3$

であることが確認できる．

---

例題 **2.3** 次の連立不等式を解け.

(1) $\begin{cases} 2x-1 \;\; \leq \;\; \dfrac{1}{3}(x+7) \\ 2x+5 \;\; \geq \;\; 3x+4 \end{cases}$ 　　(2) $3x-1 \leq 2x+4 \leq 5x+8$

---

[解答] 　(1) 与式から，

$$\begin{cases} 3(2x-1) \;\; \leq \;\; x+7 & \cdots \;\; ① \\ 2x+5 \;\; \geq \;\; 3x+4 & \cdots \;\; ② \end{cases}$$

① より $5x \leq 10$. したがって，$x \leq 2$. ② より $x \leq 1$.

以上より，この連立不等式の解は $x \leq 1$

[解説] 　(1) $x \leq 2$ かつ $x \leq 1$ なので，連立不等式の解としては $x \leq 1$. 次のグラフも参照.

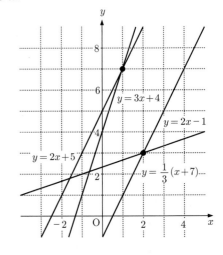

(2) 与式は次の連立不等式として表せる.

$$\begin{cases} 3x - 1 \leq 2x + 4 & \cdots \ ① \\ 2x + 4 \leq 5x + 8 & \cdots \ ② \end{cases}$$

① より $x \leq 5$. ② より $-4 \leq 3x$. したがって, $-\dfrac{4}{3} \leq x$.

以上より, この連立不等式の解は $-\dfrac{4}{3} \leq x \leq 5$

(2) 次のグラフも参照.

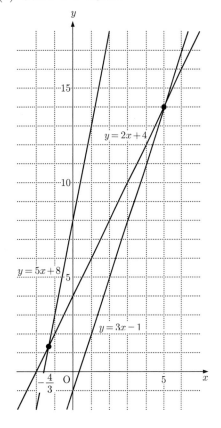

問 **2.3** 次の連立不等式を解け.

(1) $\begin{cases} 2x - 8 \leq 0 \\ 4x + 5 > 2x + 1 \end{cases}$
(2) $6 - \dfrac{x}{2} \leq 2x + 1 \leq \dfrac{x + 13}{3}$

## 2.3 2次関数

変数 $y$ が変数 $x$ の2次式

$$y = ax^2 + bx + c \qquad (a, b, c \text{ は定数}, \ a \neq 0) \tag{2.4}$$

で表されるとき, $y$ は $x$ の **2次関数** であるという.

もっとも簡単な場合である

$$y = ax^2 \qquad (a \neq 0) \tag{2.5}$$

のグラフは図 2.4 のとおりであり, このような曲線を **放物線** という.

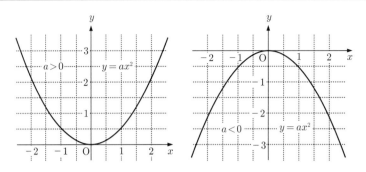

図 2.4　左：下に凸の放物線，右：上に凸の放物線

$$a > 0 \text{ のとき，グラフは下に凸}$$
$$a < 0 \text{ のとき，グラフは上に凸}$$

であるという．つまり，図 2.4 左が下に凸で，図 2.4 右が上に凸である．また，$|a|$ はグラフの「開きの程度」を表している．

$y = ax^2$ のグラフは $y$ 軸に関して対称な曲線である．その**対称軸**（一般に**軸**という）$x = 0$ とこの放物線との共有点を**頂点**という．(2.5) 式の放物線の頂点は原点 $(0, 0)$ である．

**例 2.11**　次の 2 次関数のグラフを定義域 $-2 \leq x \leq 2$ の範囲で描け．

(1) $y = x^2$　　(2) $y = 2x^2$　　(3) $y = \dfrac{1}{2}x^2$　　(4) $y = -x^2$　　(5) $y = -\dfrac{1}{2}x^2$

各々の 2 次関数の $x = -2, -1, 0, 1, 2$ における $y$ の値を表にすると，次のようになる．

| $x$ | $-2$ | $-1$ | $0$ | $1$ | $2$ |
|-----|------|------|-----|-----|-----|
| (1) | 4 | 1 | 0 | 1 | 4 |
| (2) | 8 | 2 | 0 | 2 | 8 |
| (3) | 2 | $\dfrac{1}{2}$ | 0 | $\dfrac{1}{2}$ | 2 |

| $x$ | $-2$ | $-1$ | $0$ | $1$ | $2$ |
|-----|------|------|-----|-----|-----|
| (4) | $-4$ | $-1$ | $0$ | $-1$ | $-4$ |
| (5) | $-2$ | $-\dfrac{1}{2}$ | $0$ | $-\dfrac{1}{2}$ | $-2$ |

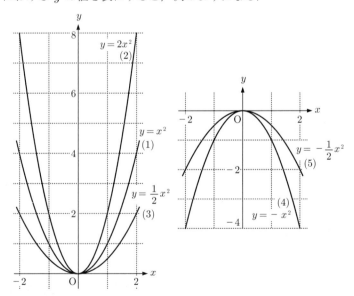

この表をもとにグラフを描くと，それぞれ図のようなグラフになる．ここで，$y = ax^2$ の $|a|$ の値と開きの程度（同じ $y$ の値に対する 2 点間の距離）に注目すると，(1) 〜 (3) は $a > 0$ で下に凸のグラフであ

り, (1) の $y = x^2$ のグラフを基準とすると, (2) の $a = 2$ の場合は開きが狭く, (3) の $a = \dfrac{1}{2}$ の場合は開きが広い. 一方, (4) $y = -x^2$ のグラフを基準とし, (5) のグラフをみると開きが広い. このように, $|a|$ の値に応じてグラフの開きの程度が異なる.

### 2.3.1 2次関数の標準形と平行移動 — 平方完成, 軸, 頂点 —

2次関数の一般形 $y = ax^2 + bx + c$ を変形し, $y = a(x - p)^2 + q$ の形で表したものを**2次関数の標準形**という. 一般形の右辺を $a(x - p)^2 + q$ へ変形することを**平方完成する**という.

このとき, 2次関数 $y = a(x - p)^2 + q$ のグラフの軸の方程式は $x = p$, 頂点の座標は $(p, q)$ である. ($p, q$ は負の場合もあることに注意せよ.)

$y = ax^2 + bx + c$ を標準形に変形すると,

$$y = a\left(x + \frac{b}{2a}\right)^2 - \frac{b^2 - 4ac}{4a} \qquad (2.6)$$

であり, この軸の方程式は $x = -\dfrac{b}{2a}$, 頂点の座標は $\left(-\dfrac{b}{2a}, -\dfrac{b^2 - 4ac}{4a}\right)$ である. つまり, $y = ax^2 + bx + c$ のグラフは $y = ax^2$ のグラフを $x$ 軸方向に $p = -\dfrac{b}{2a}$, $y$ 軸方向に $q = -\dfrac{b^2 - 4ac}{4a}$ だけ平行移動したものであることがわかる.

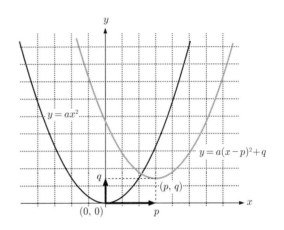

**図 2.5** 2次関数のグラフと平行移動

2次式 $ax^2 + bx + c$ は以下のように平方完成することができる.

$$
\begin{aligned}
ax^2 + bx + c &= a\left(x^2 + \frac{b}{a}x\right) + c = a\left\{x^2 + \frac{b}{a}x + \left(\frac{b}{2a}\right)^2 - \left(\frac{b}{2a}\right)^2\right\} + c \\
&= a\left\{\left(x + \frac{b}{2a}\right)^2 - \frac{b^2}{4a^2}\right\} + \frac{4ac}{4a} = a\left(x + \frac{b}{2a}\right)^2 - \frac{b^2 - 4ac}{4a}
\end{aligned}
$$

例 **2.12**　次の2次関数

(1) $y = x^2 - 2$　　　(2) $y = (x-1)^2$　　　(3) $y = (x-1)^2 - 2$

について考えよう．これらは標準形で表されているので，グラフを描く際には，軸を表わす直線の方程式と頂点の座標に注目する．

(1) $y = x^2 - 2$ のグラフは $y = x^2$ のグラフを $y$ 軸方向に $-2$ だけ平行移動したものである．軸を表わす直線 $x = 0$ ($y$ 軸) に関して対称で，頂点の座標は $(0, -2)$ である．

(2) $y = (x-1)^2$ のグラフは $y = x^2$ のグラフを $x$ 軸方向に $+1$ だけ平行移動したものである．軸を表わす直線 $x = 1$ に関して対称で，頂点の座標は $(1, 0)$ である．

(3) $y = (x-1)^2 - 2$ のグラフは $y = x^2$ のグラフを $x$ 軸方向に $+1$，$y$ 軸方向に $-2$ だけ平行移動したものである．軸を表わす直線 $x = 1$ に関して対称で，頂点の座標は $(1, -2)$ である．

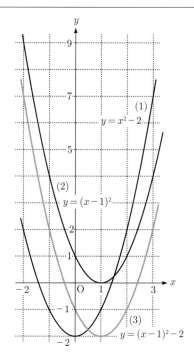

---

例題 **2.4**　次の2次関数を標準形に変形し，グラフの軸の方程式と頂点の座標を求めよ．また，(1), (2) のグラフを定義域 $0 \leq x \leq 4$ の範囲で，(3), (4) のグラフを定義域 $-5 \leq x \leq 1$ の範囲で，それぞれ同じ座標平面上に描け．

(1) $y = x^2 - 4x + 3$　　　(2) $y = 2x^2 - 8x + 7$　　　(3) $y = x^2 + 3x$

(4) $y = \dfrac{1}{2}x^2 + 3x + 3$

---

[解答]　(1) $y = x^2 - 4x + 3 = (x^2 - 4x + 2^2) - 2^2 + 3 = (x-2)^2 - 1$．よって，軸の方程式は $x = 2$，頂点の座標は $(2, -1)$．

(2) $y = 2x^2 - 8x + 7 = 2(x^2 - 4x) + 7 = 2(x^2 - 4x + 2^2) - 2 \times 2^2 + 7 = 2(x-2)^2 - 1$．よって，軸の方程式は $x = 2$，頂点の座標は $(2, -1)$．

(3) $y = x^2 + 3x = x^2 + 3x + \left(\dfrac{3}{2}\right)^2 - \left(\dfrac{3}{2}\right)^2 = \left(x + \dfrac{3}{2}\right)^2 - \dfrac{9}{4}$．よって，軸の方程式は $x = -\dfrac{3}{2}$，頂点の座標は $\left(-\dfrac{3}{2}, -\dfrac{9}{4}\right)$．

[解説]　(1) $x^2$ の係数が 1 であるので，式変形中の $(x^2 - 4x + 2^2) - 2^2 + 3$ は ( ) を明記せず，$x^2 - 4x + 2^2 - 2^2 + 3$ としてもよい．(1) と (2) は異なる関数だが，標準形へ変形することで，軸の方程式と頂点の座標は一致しており，単にグラフの開きの程度が違うだけということがわかる．

(1) と (3) のグラフは $y = x^2$ のグラフ (頂点 $(0, 0)$) を平行移動したものであり，標準形の $y = (x-p)^2 + q$ と頂点の座標 $(p, q)$ の対応関係にも注目して欲しい．(1) は頂点を $(2, -1)$ へ平行移動したものであり，(3) は頂点を $\left(-\dfrac{3}{2}, -\dfrac{9}{4}\right)$ へ平行移動したものである．

(4) $y = \dfrac{1}{2}x^2 + 3x + 3 = \dfrac{1}{2}(x^2 + 6x) + 3$

$= \dfrac{1}{2}(x^2 + 2 \times 3x + 3^2) - \dfrac{1}{2} \times 3^2 + 3 = \dfrac{1}{2}(x+3)^2 - \dfrac{3}{2}.$

よって, 軸の方程式は $x = -3$, 頂点の座標は $\left(-3, -\dfrac{3}{2}\right)$.

グラフは図 2.6 となる.

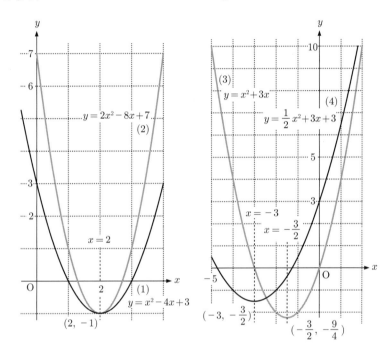

図 **2.6** 例題 2.4

**問 2.4** 次の 2 次関数を標準形に変形し, それぞれのグラフの軸の方程式と頂点の座標を求めよ.

(1) $y = x^2 + 2x$         (2) $y = -2x^2 - 4x + 2$

(3) $y = -2x^2 - 2x + 2$     (4) $y = \dfrac{1}{4}x^2 - x + 1$

### 2.3.2 2次関数の決定

次のいずれかが成り立てばその放物線をグラフとする 2 次関数が決定する.

Ⓐ 放物線の頂点の座標と頂点以外の 1 点の座標 $(x_1, y_1)$ が与えられている場合:

頂点の座標が $(p, q)$ である放物線は $y = a(x-p)^2 + q$ で表され, これに $x = x_1$, $y = y_1$ を代入すれば $a$ が求まり, この 2 次関数を求めることができる.

Ⓑ 放物線の軸の方程式と 2 点の座標 $(x_1, y_1)$, $(x_2, y_2)$ が与えられている場合:

軸の方程式が $x = p$ である放物線は $y = a(x-p)^2 + q$ で表され, これに $x = x_1$, $y = y_1$ および

$x = x_2$, $y = y_2$ を代入すれば $a$, $q$ を未知数とする 2 元連立 1 次方程式となり，これを解いて，$a$, $q$ を求めることにより，この 2 次関数を求めることができる．

Ⓒ　放物線上の 3 点の座標 $(x_1, y_1)$, $(x_2, y_2)$, $(x_3, y_3)$ が与えられている場合：

放物線を $y = ax^2 + bx + c$ と表し，これに $x = x_1$, $y = y_1$, $x = x_2$, $y = y_2$ および $x = x_3$, $y = y_3$ を代入すれば $a, b, c$ を未知数とする 3 元連立 1 次方程式となり，これを解いて $a, b, c$ を求めれば，この 2 次関数を求めることができる．

---

**例題 2.5**　次をみたす放物線をグラフとする 2 次関数を求めよ．

(1)　放物線の頂点の座標が $(1, -7)$ で，点 $(4, 2)$ を通る．

(2)　放物線の軸の方程式が $x = -3$ であり，2 点 $(-2, -1)$, $(-5, -4)$ を通る．

(3)　放物線が 3 点 $(-2, 4)$, $(0, -8)$, $(1, -11)$ を通る．

---

**解答**　(1)　未知数を $a$ とすると $y = a(x-1)^2 - 7$ である．$x = 4, y = 2$ を代入し $a = 1$．

よって，$y = (x-1)^2 - 7 = x^2 - 2x - 6$

(2)　未知数を $\alpha$, $\beta$ とすると，$y = \alpha\{x - (-3)\}^2 + \beta$ である．$x = -2, y = -1$ および $x = -5, y = -4$ を代入し，

$$\begin{cases} -1 = \alpha(-2+3)^2 + \beta \\ -4 = \alpha(-5+3)^2 + \beta \end{cases}$$

つまり，

$$\begin{cases} -1 = \alpha + \beta & \cdots ① \\ -4 = 4\alpha + \beta & \cdots ② \end{cases}$$

を解き，$\alpha = -1$, $\beta = 0$．

よって，$y = -(x+3)^2 = -x^2 - 6x - 9$

(3)　$y = ax^2 + bx + c$ に $x = -2, y = 4$, $x = 0, y = -8$ および $x = 1, y = -11$ を代入し，

$$\begin{cases} 4 = a(-2)^2 + b(-2) + c & \cdots ① \\ -8 = a \times 0^2 + b \times 0 + c & \cdots ② \\ -11 = a \times 1^2 + b \times 1 + c & \cdots ③ \end{cases}$$

② より，$c = -8$．これを ①，③ に代入すると，

$$\begin{cases} 12 = 4a - 2b & \cdots ①' \\ -3 = a + b & \cdots ③' \end{cases}$$

これを解き $a = 1$, $b = -4$．

よって，$y = x^2 - 4x - 8$

**解説**　(1)　2 次関数の決定 Ⓐ に対応している．

頂点の座標が $(1, -7)$ だから，未知数 $a$ とした $y = ax^2$ のグラフの頂点を平行移動して，$y = a(x-1)^2 - 7$ である．

また，このグラフは点 $(4, 2)$ を通るから，$2 + 7 = a(4-1)^2 = 9a$ より $a = 1$．

(2)　2 次関数の決定 Ⓑ に対応しており，$\alpha = a$, $\beta = q$ ということである．未知数の記号として $a$, $q$ を用いてもよいが，ここでは $\alpha$, $\beta$ を用いてみた．

放物線の軸の方程式が $x = -3$ だから，未知数を $\alpha$, $\beta$ とすると，$y = \alpha\{x - (-3)\}^2 + \beta$ である．

(3)　2 次関数の決定 Ⓒ に対応している．一般には，3 元連立 1 次方程式は 2 組の式からそれぞれ同じ文字を消去して，2 元連立 1 次方程式を作ることによって求められることを確認せよ．

**問 2.5**　次をみたす放物線をグラフとする 2 次関数をそれぞれ求めよ.

(1) 放物線の頂点の座標が $(-1,1)$ で,点 $(0,2)$ を通る.

(2) 放物線の軸の方程式が $x = -2$ であり,2 点 $(0,3)$,$(-3,0)$ を通る.

(3) 放物線が 3 点 $(-1,-11)$,$(0,-6)$,$(-4,-2)$ を通る.

### 2.3.3　2 次関数における最大値・最小値

2 次関数 $y = ax^2 + bx + c$ において,定義域を実数全体とするとき次のことがわかる.

● $a > 0$ のとき (図 2.7 は $a = 1$):グラフの軸より左側では $x$ の増加に伴い $y$ の値は単調減少し,頂点において**最小値**をとる.軸より右側では $x$ の増加に伴い $y$ の値は単調増加する.

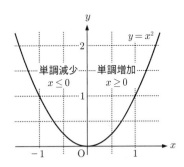

**図 2.7**　下に凸の放物線

● $a < 0$ のとき (図 2.8 は $a = -1$):グラフの軸より左側では $x$ の増加に伴い $y$ の値は単調増加し,頂点において**最大値**をとる.軸より右側では $x$ の増加に伴い $y$ の値は単調減少する.

ただし,定義域に制限がある場合,関数の最大値・最小値は,**定義域に応じて定まる**.

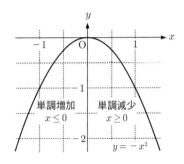

**図 2.8**　上に凸の放物線

---

**例題 2.6**　次の2次関数のグラフの軸の方程式と頂点の座標を求め，最大値と最小値である点の座標を記載したグラフを描け.

(1)　$y = (x-3)(x+1)$　$(-2 \leq x \leq 3)$　　(2)　$y = -x^2 - 2x + 3$　$(-3 \leq x \leq 2)$

(3)　$y = -x^2 - 2x + 3$　$(-3 \leq x \leq -2)$

---

**解答**　(1)　$y = (x-3)(x+1) = x^2 - 2x - 3$
$= (x-1)^2 - 4.$

したがって，軸の方程式は $x = 1$, 頂点の座標は $(1, -4)$.

最大値は5 $(x = -2$ のとき), 最小値は $-4$ $(x = 1$ のとき).

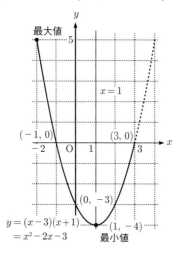

(2)　$y = -x^2 - 2x + 3 = -(x+1)^2 + 4.$

したがって，軸の方程式は $x = -1$, 頂点の座標は $(-1, 4)$.

最大値は4 $(x = -1$ のとき), 最小値は $-5$ $(x = 2$ のとき).

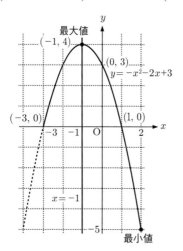

**解説**　**考え方**：$x^2$ の係数の符号から，与えられた2次関数は上に凸か，下に凸かを判断する.

軸の方程式と頂点の座標は，与えられた2次関数を展開し標準形にすれば求まる. 各グラフの $x$ 軸との共有点の座標については，この後の2.3.4節に出てくる例2.14を参照.

また，最大値，最小値をもとめるとき軸と定義域の位置関係にも着目してほしい.

(1)　$x^2$ の係数は正より，下に凸の関数である. 平方完成して，頂点，軸，頂点以外の1点を求める. さらに定義域の両端の点も取ることによってグラフを描く.

(2)　$x^2$ の係数は負より，上に凸の関数である. $-x^2 - 2x + 3 = -(x+1)^2 + 4$ のように，平方完成において，マイナスでくくるとカッコの中が $x+1$ となることに注意する.

定義域の範囲の中で軸の位置をみることで $x = 2$ の方が $x = -3$ より軸の $x = -1$ から離れているので，$x = 2$ のとき最小値 $y = -5$ をとることがわかる.

(3) 関数は (2) と同じで定義域のみ異なる.
最大値は 3 ($x = -2$ のとき), 最小値は 0 ($x = -3$ のとき).

(3) グラフが頂点を含まず, 定義域が端点を含む場合は, それらの端点の $y$ 座標が最大値もしくは最小値となる.

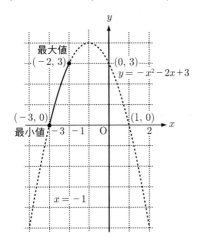

**問 2.6** 次の 2 次関数を標準形で表し, それぞれの最大値と最小値を求めよ. ただし, 定義域を $-2 \leq x \leq 2$ とする.

(1) $y = x^2 + 2x$

(2) $y = -2x^2 - 4x + 2$

(3) $y = -2x^2 - 2x + 2$

(4) $y = \dfrac{1}{4}x^2 - x + 1$

(5) $y = x^2 - 3x + 2$

(6) $y = -\dfrac{1}{3}x^2 + 2x - 1$

### 2.3.4 2次関数と2次方程式

▎**$x$ 軸との共有点, 判別式 $D$, 解の公式**▎ 2次関数 $y = ax^2 + bx + c$ のグラフと $x$ 軸との共有点 (図 2.9 の $x$ 軸との**交点**や**接点**) の個数は, グラフの頂点の $y$ 座標 $-\dfrac{b^2 - 4ac}{4a}$ の分子を

$$D = b^2 - 4ac \tag{2.7}$$

とおくと, $D$ の符号により次のように確認できる.

- $D > 0$ なら 2 個.
- $D = 0$ なら 1 個 (このとき, $x$ 軸と**接する**という)
- $D < 0$ なら 0 個.

この (2.7) を 2 次式 $ax^2 + bx + c$ の**判別式** (Discriminant) という. また, $D \geq 0$ の場合の共有点の $x$ 座標は, 2 次関数の標準形 $y = a\left(x + \dfrac{b}{2a}\right)^2 - \dfrac{b^2 - 4ac}{4a}$ において $y = 0$ のとき, $\left(x + \dfrac{b}{2a}\right)^2 = \dfrac{D}{4a^2}$ を $x$ について解いて,

$$x = \dfrac{-b \pm \sqrt{D}}{2a} \tag{2.8}$$

となる. これは **2 次方程式** $ax^2 + bx + c = 0$ の**解の公式**である.

2 次関数 $y = f(x) = ax^2 + bx + c$ のグラフと $x$ 軸 (すなわち $y = 0$) との共有点の $x$ 座標の値が, 2 次

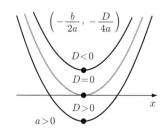 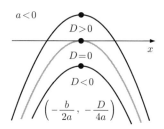

図 2.9　2 次関数 $y = ax^2 + bx + c$ のグラフと $x$ 軸との共有点

方程式 $f(x) = 0$ の実数解である. このことは, 例題 2.8 であらためて確認する.

**注意 2.5**　(2.7) は「2 次方程式 $ax^2 + bx + c = 0$ の判別式」「2 次関数 $y = ax^2 + bx + c$ の判別式」ともいう.

**例 2.13**　次の 2 次方程式に対して判別式を計算し, 解の個数を確認した上で解こう.

(1) $x^2 - 4x + 4 = 0$ 　　(2) $x^2 - 4x + 3 = 0$ 　　(3) $x^2 - 4x + 5 = 0$

(1) 判別式 $D = (-4)^2 - 4 \times 1 \times 4 = 0$ である. したがって, 実数解は 1 個である (**重解**という). $x^2 - 4x + 4 = (x - 2)^2 = 0$ より, $x = 2$ である.

(2) 判別式 $D = (-4)^2 - 4 \times 1 \times 3 = 4 > 0$ である. したがって, 異なる 2 個の実数解をもつ. $x^2 - 4x + 3 = (x - 1)(x - 3) = 0$ より, $x = 1, 3$ である.

(3) 判別式 $D = (-4)^2 - 4 \times 1 \times 5 = -4 < 0$ である. したがって, $x$ は実数解をもたない.

**注意 2.6**　解を複素数の範囲 (第 5 章で学習) で求めるならば, (3) は異なる 2 つの虚数解をもち $x = 2 \pm 2i$ ($i = \sqrt{-1}$ は**虚数単位**) である. 虚数単位 $i$ は, $i^2 = -1$ をみたす. 虚数解を求める手順は, $x = 2 \pm \sqrt{-4} = 2 \pm \sqrt{-1 \times 2^2} = 2 \pm 2\sqrt{-1} = 2 \pm 2i$ である. ただし, 第 2 章の中で扱う定数や変数は実数として説明している.

**例題 2.7**　2 次方程式 $2x^2 - 3x - c = 0$ が異なる 2 つの実数解をもつとき, 定数 $c$ の値の範囲を求めよ.

**解答**　2 次方程式が異なる 2 つの実数解をもつのは, 判別式 $D = (-3)^2 - 4 \times 2 \times (-c) = 9 + 8c > 0$ のときである. よって, $c > -\dfrac{9}{8}$

**解説**　$y = 2x^2 - 3x - c$ のグラフは $c > -\dfrac{9}{8}$ のとき $x$ 軸 ($y = 0$) と 2 個の共有点をもつ.

**問 2.7**　2 次方程式 $\dfrac{1}{3}x^2 + 2x + c = 0$ が実数解をもたないとき, 定数 $c$ の値の範囲を求めよ.

**例 2.14**　次の 2 次関数のグラフと $x$ 軸および $y$ 軸との共有点の座標を求めよう.

(1) $y = (x - 3)(x + 1)$ 　$(-2 \le x \le 3)$ 　　(2) $y = -x^2 - 2x + 3$ 　$(-3 \le x \le 2)$

**考え方**：これらの 2 次関数は例題 2.6 と同じものである. $x$ 軸との共有点は, $y = 0$ における $x$ の値を求めればよい. $y$ 軸との共有点は, $x = 0$ における $y$ の値を求めればよい.

(1) $x$ 軸との共有点は, $y = 0$ として $(x - 3)(x + 1) = 0$ より 2 点あり, 座標は $(-1, 0)$ と $(3, 0)$. $y$ 軸との共有点は, $x = 0$ として $y = (0 - 3)(0 + 1) = -3$ より座標は $(0, -3)$.

(2) $x$ 軸との共有点は，$y = 0$ として $x^2 + 2x - 3 = (x+3)(x-1) = 0$ より 2 点あり，座標は $(1, 0)$ と $(-3, 0)$. $y$ 軸との共有点は，$x = 0$ として $y = -0^2 - 2 \cdot 0 + 3 = 3$ より座標は $(0, 3)$.

**解と係数の関係**  2次方程式 $ax^2 + bx + c = 0$ の解を $\alpha, \beta$ とすると，$ax^2 + bx + c = a(x - \alpha)(x - \beta) = 0$ となる．このとき，解と 2 次方程式の係数との間には，$\alpha + \beta = -\dfrac{b}{a}$, $\alpha\beta = \dfrac{c}{a}$ という関係がある．このことは，$a(x - \alpha)(x - \beta) = a\{x^2 - (\alpha + \beta)x + \alpha\beta\} = ax^2 - a(\alpha + \beta)x + a\alpha\beta = ax^2 + bx + c$ により確認できる．

---

**例題 2.8**  次の 2 次関数のグラフと $x$ 軸との共有点の座標および頂点の座標を求めよ．
また，各々のグラフを定義域 $0 \leq x \leq 4$ にて同じ座標平面上に描け．
(1) $y = x^2 - 4x + 4$    (2) $y = x^2 - 4x + 3$    (3) $y = x^2 - 4x + 5$

---

**解答**  (1) $y = x^2 - 4x + 4 = (x - 2)^2$ より，$x$ 軸との共有点の座標は $(2, 0)$. 頂点の座標も $(2, 0)$.

(2) $y = x^2 - 4x + 3 = (x - 1)(x - 3) = (x - 2)^2 - 1$ より，$x$ 軸との共有点の座標は $(1, 0)$, $(3, 0)$. 頂点の座標は $(2, -1)$.

(3) $y = x^2 - 4x + 5 = (x - 2)^2 + 1$ より，頂点の座標は $(2, 1)$.

**解説**  (1) ～ (3) の放物線の頂点の座標 $(p, q)$ と，$y = x^2$ を $x$ 軸方向に $p$, $y$ 軸方向に $q$ だけ平行移動した関数 $y = (x - p)^2 + q$ との対応関係にも注目してほしい．これら (1) ～ (3) の 2 次関数は例 2.13 と同じである．

(1) 判別式 $D = 0$ より，$x$ 軸との共有点は 1 点のみ (**接する**).

(2) 判別式 $D = 4 > 0$ より，$x$ 軸との共有点は異なる 2 点.

(3) 判別式 $D = -4 < 0$ より，$x$ 軸との共有点はない．ただし，共有点はなくとも，2 次関数のグラフの頂点は存在することに注意.

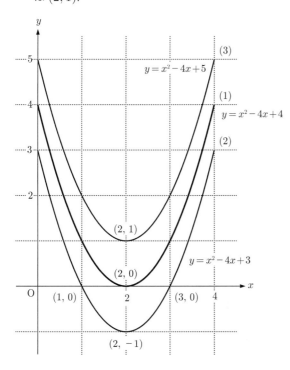

> **問 2.8**　次の 2 次関数のグラフと $x$ 軸との共有点および頂点の座標を求めよ.
>
> (1) $y = x^2 - 3x$　　　　(2) $y = 2x^2 - 8x + 8$　　(3) $y = \dfrac{1}{2}x^2 + 3x + 3$
>
> (4) $y = 2x^2 - 3x + 2$

### 2.3.5　放物線と直線との共有点

放物線 $y = ax^2 + bx + c$ と $x$ 軸 $(y = 0)$ の共有点の $x$ 座標とは, 放物線において $y = 0$ としたときの **2 次方程式** $ax^2 + bx + c = 0$ の解である. つまり, 次の連立方程式を解くことと同じである.

$$\begin{cases} y = ax^2 + bx + c & \cdots \quad \text{①} \\ y = 0 & \cdots \quad \text{②} \end{cases}$$

ここで, ② を一般的な直線

$$y = mx + n \quad \cdots \quad \text{③}$$

へ変えると, ① と ③ の連立方程式の解は放物線 ① と直線 ③ の共有点の $x$ 座標である.

**例 2.15**　放物線 $y = x^2$ と直線 $y = 1$ の共有点の座標は, こ
れらの連立方程式から $x^2 = 1$, すなわち, $x^2 - 1 = 0$ を解く
ことにより求まる. 2 次方程式 $x^2 - 1 = (x - 1)(x + 1) = 0$ よ
り, $x = \pm 1$. よって, この放物線 $y = x^2$ と直線 $y = 1$ との共
有点の座標は $(-1, 1)$, $(1, 1)$ である.

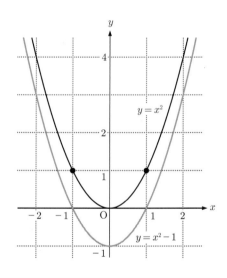

> **例題 2.9**　次の放物線 ① と直線 ② は共有点をもつか. もつときは, その座標を求めよ.
>
> (1) $\begin{cases} y = x^2 & \cdots \text{①} \\ y = 4x - 4 & \cdots \text{②} \end{cases}$　　(2) $\begin{cases} y = x^2 - 2 & \cdots \text{①} \\ y = 2x + 1 & \cdots \text{②} \end{cases}$　　(3) $\begin{cases} y = x^2 & \cdots \text{①} \\ y = 4x - 5 & \cdots \text{②} \end{cases}$

**解答**　(1) $x^2 = 4x - 4$ であり, $x^2 - 4x + 4 = (x - 2)^2 = 0$
よりその座標は $(2, 4)$.

(2) $x^2 - 2 = 2x + 1$ であり, $x^2 - 2x - 3 = (x - 3)(x + 1) = 0$
より各々の座標は $(3, 7)$, $(-1, -1)$.

(3) $x^2 = 4x - 5$ であり, $x^2 - 4x + 5 = 0$ の判別式 $D < 0$
より共有点をもたない.

**解説**　① = ② から得られた, $x$ に関する
方程式の解が共有点の $x$ 座標である (次ペー
ジの図参照).

(1) 共有点を 1 個もつとき "① と ② は**接す
る**" という.

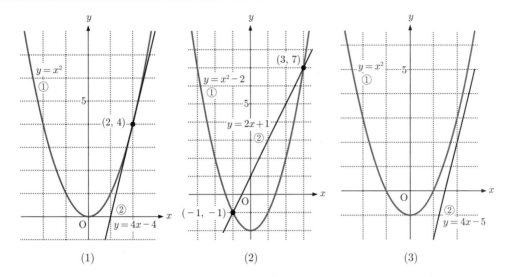

(1)　　　　　　　　　(2)　　　　　　　　　(3)

**問 2.9**　次の放物線 ① と直線 ② について，共有点の個数を調べよ．また，共有点がある場合はその座標を求めよ．

(1) $\begin{cases} y = x^2 + 1 & \cdots ① \\ y = 4x - 5 & \cdots ② \end{cases}$　　　(2) $\begin{cases} y - 2x^2 - 1 & \cdots ① \\ y = -4x - 3 & \cdots ② \end{cases}$

(3) $\begin{cases} y = \dfrac{1}{2}x^2 & \cdots ① \\ y = -3x - 4 & \cdots ② \end{cases}$

### 2.3.6　2次関数と2次不等式

$f(x) = ax^2 + bx + c$ に対し，$f(x) \geq 0$, $f(x) > 0$, $f(x) \leq 0$, $f(x) < 0$ を **2次不等式**という．これらの不等式の解は，2次関数 $y = ax^2 + bx + c$ のグラフと $x$ 軸 (すなわち $y = 0$) との関係から求められる．

**例 2.16**　2次不等式 $x^2 - 4x + 3 \leq 0$ を解くためには，2次関数

$$y = x^2 - 4x + 3 \quad \cdots ①$$

のグラフを描き，$y \leq 0$ をみたす $x$ の範囲を考えればよい．

① のグラフと $x$ 軸との共有点の $x$ 座標は，2次方程式 $x^2 - 4x + 3 = 0$ の解であり，$(x-1)(x-3) = 0$ より，$x = 1, 3$ である．

① のグラフは次ページ図 (1) のとおりであり，$y \leq 0$ をみたす $x$ の範囲，すなわち，$x^2 - 4x + 3 \leq 0$ の解は $1 \leq x \leq 3$ である．

2次不等式 $x^2 - 4x + 3 > 0$ の解は $x < 1, 3 < x$ である．これも，2次関数 $y = x^2 - 4x + 3$ のグラフ (次ページ図 (2)) を描き，$y > 0$ をみたす $x$ の範囲を考えればよい．

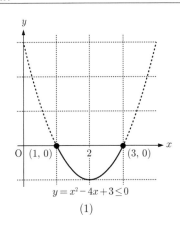

$y = x^2 - 4x + 3 \leq 0$

(1)

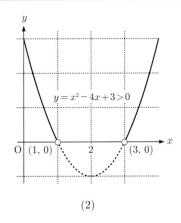

$y = x^2 - 4x + 3 > 0$

(2)

---

**例題 2.10**　次の 2 次不等式を解け.

(1)　$(x-3)(x+1) \geq 0$　　(2)　$x^2 + 2 < -3x$

(3)　$-x^2 - 4x - 3 \leq 0$　　(4)　$-x^2 - 6x + 3 \geq 0$

---

**[解答]**　(1)　$(x-3)(x+1) \geq 0$ より,

$x \leq -1, \ 3 \leq x$

(2)　$x^2 + 3x + 2 = (x+1)(x+2) < 0$ より,

$-1 < x < -2$

(3)　与式の両辺に $-1$ をかけると, $x^2 + 4x + 3 \geq 0$.

$x^2 + 4x + 3 = (x+3)(x+1) \geq 0$ より,

$x \leq -3, \ -1 \leq x$

(4)　与式の両辺に $-1$ をかけると, $x^2 + 6x - 3 \leq 0$.

$x^2 + 6x - 3 = 0$ を解くと, $x = -3 \pm \sqrt{3^2 - 1 \cdot (-3)} =$

$-3 \pm \sqrt{12} = -3 \pm 2\sqrt{3}$.

よって, $-3 - 2\sqrt{3} \leq x \leq -3 + 2\sqrt{3}$

**[解説]**　(1)　次ページ図 (1) 参照.

(2)　次ページ図 (2) 参照.

(3)　次ページ図 (3a) (3b) のとおり,

$y = -x^2 - 4x - 3 \leq 0$ と $y = x^2 + 4x + 3 \geq 0$

をみたす $x$ の範囲は同じである.

(4)　次ページ図 (4) 参照. 考え方は (3) と
同じ

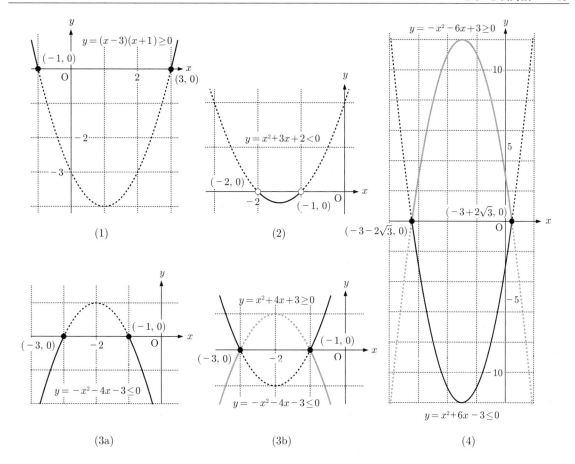

(1)　　　　　　　　　(2)

(3a)　　　　　　　　(3b)　　　　　　　　(4)

**問 2.10**　次の 2 次不等式を解け.

(1)　$(x+2)(x-4)<0$　　　(2)　$2x^2-3x+1>0$

(3)　$x^2-6x\leq-1$　　　　　(4)　$-x^2-x+6\geq0$

## ◆第 2 章の演習問題◆

## *A*

**2.1**　次をみたす直線をグラフにもつ 1 次関数を求め，それらの最大値と最小値も求めよ．ただし，定義域を $-5 \leq x \leq 5$ とする．

(1)　直線が 2 点 $(-1, -2)$, $(3, 4)$ を通る．

(2)　直線が $y = -2x$ と平行で点 $(3, 5)$ を通る．

**2.2**　次の連立不等式を解け．

(1)　$\begin{cases} 6x - 1 & > & 2x + 4 \\ 4x - 5 & \leq & 2x + 1 \end{cases}$　　(2)　$\dfrac{1}{3} - x < 2x + 1 \leq \dfrac{2}{3}x + 2$

**2.3**　次の 2 次関数について，グラフの軸の方程式と頂点の座標を求め，最大値と最小値の座標を記載したグラフを描け．

(1)　$y = -x^2 - 2x + 2$ $(-2 \leq x \leq 1)$　　(2)　$y = 2x^2 - 8x + 3$ $(0 \leq x \leq 4)$

**2.4**　次をみたす放物線をグラフとする 2 次関数を求めよ．

(1)　放物線の頂点の座標が $(-1, -3)$ で，点 $(-2, -1)$ を通る．

(2)　放物線の軸の方程式が $x = 1$ であり，2 点 $(0, 2)$, $(3, 5)$ を通る．

(3)　放物線が 3 点 $(-1, 14)$, $(1, -2)$, $(0, 5)$ を通る．

**2.5**　関数 $y = x^2 - 2x - (k + 1)$ のグラフが $x$ 軸と 2 個の共有点をもつような定数 $k$ の値の範囲を求めよ．

**2.6**　次の放物線 ① と直線 ② とは共有点をもつか．もつときは，その座標を求めよ．

(1)　$\begin{cases} y = x^2 & \cdots & ① \\ y = 3x - 2 & \cdots & ② \end{cases}$　　(2)　$\begin{cases} y = x^2 & \cdots & ① \\ y = 5 & \cdots & ② \end{cases}$

(3)　$\begin{cases} y = x^2 + 2x - 3 & \cdots & ① \\ y = 3x - 1 & \cdots & ② \end{cases}$

**2.7**　次の 2 次不等式を解け．

(1)　$(x - 2)(x + 5) \geq 0$　　(2)　$x^2 + x - 5 > 0$

(3)　$x^2 + 2 < -3x$　　(4)　$x^2 + 2x < 4x + 3$

## B

**2.1**　次の 1 次関数に関する各問に答えよ.

(1)　グラフの 3 点 $(1,1)$, $(3,0)$, $(-1,k)$ が一直線上にあるときの $k$ の値を求めよ.

(2)　直線 $y = \dfrac{1}{2}x$ を $x$ 軸方向に $-1$ だけ平行移動した直線をグラフとする 1 次関数を求めよ.

**2.2**　放物線が 3 点 $(1,1)$, $(2,3)$, $(-1,9)$ を通る 2 次関数を求めよ.

**2.3**　放物線 $y = x^2 + 2ax + b$ が点 $(-1,1)$ を通り, その頂点が直線 $y = -x - 2$ 上にあるとき, 定数 $a$, $b$ を求めよ.

**2.4**　放物線 $y = x^2 - 4x - 1$ と直線 $y = -2x + k$ が接するときの $k$ の値を求めよ.

**2.5**　放物線 $y = x^2 + 2x + 3$ と直線 $y = kx - 1$ が接するときの $k$ の値を定め, そのときの接点の座標を求めよ.

**2.6**　2 次不等式 $ax^2 + bx - 2 > 0$ の解が $x < -1$, $2 < x$ であるとき, 定数 $a$, $b$ の値を求めよ.

**3**

# 指数関数と対数関数

バクテリアの増殖の様子，放射性物質の崩壊過程の詳細を調べたり，電子計算機の基本的な情報単位であるビットや，大きな数字や小さな数字の浮動小数点表示などの数量の表示を理解したりするためには，指数関数や対数関数による計算が必要になる．この章では，指数関数および対数関数について学ぶ．

## 3.1　指数関数

　バクテリアの増殖の様子は，昔から「ネズミ算」の名前で知られるように，繁殖していくスピード (単位時間に増加する個体数) が現在量に比例して増殖する．一方，ウラン $U_{235}$ や放射性炭素 $C_{14}$ などの放射性物質は，放置しているだけで自然に減少していく．その減少の様子も，上と同様に現在量に比例するスピード (崩壊速度という) で減少していく．このことから，現在量に対して半分になる時間は一定となる．これをその放射性物質の半減期という．$U_{235}$ の半減期は 7 億年で，$C_{14}$ は 5700 年である．$U_{235}$ が兵器や発電に利用されたり，$C_{14}$ が発掘物の年代測定に用いられたりすることはよく知られたことである．これらのことを詳しく調べるためには指数関数や対数関数が必要となってくる．上の例のように人間生活に重要な関わりのある現象を理解するためにも，これらの関数のことをよく知らねばならない．

　すでに説明したように，実数 $a$ と正の整数 $n$ に対して $a$ の累乗，すなわち $a$ を $n$ 回かけたもの $\overbrace{a \times a \times \cdots \times a}^{n 個}$ を $a^n$ と表し，$n$ のことを**指数**と呼ぶ．この節では，$a$ を正の数として，一般の実数 $x$ に対して定まる数 $a^x$ を考える．また，$a^x$ を $x$ の関数と考えたのが **指数関数** である．

### 3.1.1　一般の指数
　はじめに，指数が正の整数 $n$ のときの累乗 $a^n$ の性質をまとめておこう．

**公式 3.1 (指数法則 – 正の整数の場合 –)**　$a, b$ は実数で，$m, n$ は正の整数とする．

(1) $a^m \times a^n = a^{m+n}$　　(2) $\dfrac{a^m}{a^n} = \begin{cases} a^{m-n} & (m > n) \\ 1 & (m = n) \\ \dfrac{1}{a^{n-m}} & (m < n) \end{cases}$

(3) $(a^m)^n = a^{mn}$　　(4) $(ab)^n = a^n b^n$

**例 3.1**　(1) $a^4 \times a^5 = a^{4+5} = a^9$　　(2) $\dfrac{a^8}{a^4} = a^{8-4} = a^4$
(3) $((a^4))^3 = a^{4 \times 3} = a^{12}$　　(4) $(xy)^5 = x^5 y^5$

**問 3.1**　次の式を計算せよ．
(1) $\left( \dfrac{a^2}{a^5} \times b^3 \right)^2$　　(2) $\dfrac{(3xy^3)^2}{xy}$　　(3) $(-2x^2y^3)^3$　　(4) $((ab)^2)^3 \div ab^2$

　この小節の目的は，指数 $n$ が有理数や無理数のとき $a^n$ がどのように定義されているかを理解し，その計算に習熟することにある．
　指数が 0 や負の整数についても公式 3.1 の (1) が成り立つと仮定すると，例えば
$$2^3 \times 2^0 = 2^{3+0} = 2^3, \quad 2^3 \times 2^{-3} = 2^{3+(-3)} = 2^0$$
となる．したがって，$2^0 = 1$, $2^{-3} = \dfrac{1}{2^3}$ でなければならない．そこで，指数が 0 や負の整数の場合には次のように定義する．

> **定義 3.1 (指数が 0 や負の整数の場合)**　$a \neq 0$ で，$n$ を正の整数とする．このとき，$a^0$ と $a^{-n}$ を次のように定義する.
>
> (1)　$a^0 = 1$　　　(2)　$a^{-n} = \dfrac{1}{a^n}$

**例 3.2**　(1)　$5^0 = 1$　　　(2)　$3^{-1} = \dfrac{1}{3}$　　　(3)　$5^{-3} = \dfrac{1}{5^3} = \dfrac{1}{125}$

**問 3.2**　次の値を求めよ.

(1)　$10^0$　　　(2)　$5^{-1}$　　　(3)　$3^{-3}$　　　(4)　$(-3)^{-2}$

定義 3.1 より，公式 3.1 を拡張した次のことが成り立つ.

**公式 3.2 (指数法則 – 整数の場合 –)**　$a > 0, b > 0$ で，$m, n$ は整数とする.

(1)　$a^m \times a^n = a^{m+n}$　　　(2)　$\dfrac{a^m}{a^n} = a^{m-n}$

(3)　$(a^m)^n = a^{mn}$　　　(4)　$(ab)^n = a^n b^n$

**例 3.3**　(1)　$a^{-2} \times a^6 = a^{-2+6} = a^4$　　　(2)　$x^{-3} \div x^{-2} = x^{-3-(-2)} = x^{-1} = \dfrac{1}{x}$

(3)　$(a^{-3})^2 = a^{-3 \times 2} = a^{-6} = \dfrac{1}{a^6}$　　　(4)　$(xy^{-1})^{-3} = x^{-3}y^{(-1) \times (-3)}$

$$= x^{-3}y^3 = \dfrac{y^3}{x^3}$$

**問 3.3**　次の □ に当てはまる数を求めよ.

(1)　$2^5 \times 2^{-3} = 2^{\square}$　　　(2)　$\left(\dfrac{1}{3}\right)^5 = 3^{\square}$　　　(3)　$345 \times 10^{-3} = \square$

(4)　$0.00056 = 5.6 \times 10^{\square}$　　　(5)　$\dfrac{10^{-2}}{10^3} = 10^{\square}$　　　(6)　$\left(2^{-3}\right)^4 = 2^{\square}$

**問 3.4**　次の計算をせよ.

(1)　$a^3 \times a^{-5}$　　　(2)　$a^{-2} \times a^{-1}$　　　(3)　$a^2 \times a^{-2}$　　　(4)　$a^{-2} \times a^0$

(5)　$(a^2)^{-3}$　　　(6)　$(a^{-4})^3$　　　(7)　$(a^5 b^{-2})^3$　　　(8)　$(a^{-3}b^2)^{-2}$

$2^{\frac{7}{5}}$ や $3^{-\frac{3}{4}}$ などのような，指数が有理数のときの累乗を定義するために，まず累乗根を考えよう．以下では，$a$ は実数とする．$n$ が正の整数であるとき，

$$x^n = a$$

をみたす $x$ を $a$ の $n$ **乗根**と呼ぶ．$n = 2$ のときは $a$ の平方根といい，$n = 3$ のときは立方根ということがある．また，$a$ の 2 乗根，3 乗根，4 乗根，$\cdots$ をまとめて，$a$ の**累乗根**という.

$a$ の $n$ 乗根を実数の範囲で考えれば,

(i)　$n$ が奇数のとき, $a$ の正負にかからわず, $a$ の $n$ 乗根はただ 1 つあり, それを $\sqrt[n]{a}$ と表す. 例えば, $(-2)^3 = -8$ であるので, $\sqrt[3]{-8} = -2$ である.

(ii)　$n$ が偶数のとき, $a$ の $n$ 乗根は正と負の 2 つあり, それぞれ $\sqrt[n]{a}$, $-\sqrt[n]{a}$ と表す. 負の数 $a$ の $n$ 乗根はない. 特に $n = 2$ のときは, $\sqrt{a}$, $-\sqrt{a}$ と表す.

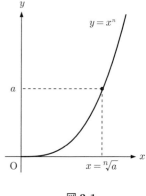

図 3.1

関数 $y = x^n$ $(x \geq 0)$ は右図のように単調に増加し, $x$ が大きくなるにしたがい $y$ はいくらでも大きくなる. このことから任意の $a$ $(a > 0)$ に対して $x^n = a$ となる正の数 $x$ がただ 1 つ定まる. この $x$ を $\sqrt[n]{a}$ で表す.

**例 3.4**　(1) $\sqrt[3]{216} = \sqrt[3]{3^6} = 6$　(2) $\sqrt[3]{\dfrac{1}{8}} = \sqrt[3]{\left(\dfrac{1}{2}\right)^3} = \dfrac{1}{2}$

(3) $\sqrt[4]{256} = \sqrt[4]{4^4} = 4$　(4) $\sqrt[5]{32} = \sqrt[5]{2^5} = 2$

**問 3.5**　次の計算をせよ.

(1) $\sqrt[3]{27}$　(2) $\sqrt[3]{-1000}$　(3) $\sqrt[6]{64}$　(4) $\sqrt[5]{-243}$

$n$ 乗根 $\sqrt[n]{a}$ については以下のことが成り立つ.

**公式 3.3 ($n$ 乗根)**　$a > 0$, $b > 0$ で, $m$, $n$ は正の整数とする.

(1) $\sqrt[n]{a}\,\sqrt[n]{b} = \sqrt[n]{ab}$　(2) $\dfrac{\sqrt[n]{a}}{\sqrt[n]{b}} = \sqrt[n]{\dfrac{a}{b}}$

(3) $\left(\sqrt[n]{a}\right)^m = \sqrt[n]{a^m}$　(4) $\sqrt[m]{\sqrt[n]{a}} = \sqrt[mn]{a}$

**証明**　$\left(\left(\sqrt[n]{a}\right)^m\right)^n = \left(\sqrt[n]{a}\right)^{mn} = a^m$ となり, $\left(\sqrt[n]{a}\right)^m > 0$ であるから (3) が成り立つ. 他の (1), (2), (4) についても同様にして証明される.

**注意 3.1**　便宜上, $\sqrt[n]{a}$ を $a$ の $n$ 乗根ということが多い. $\sqrt{a}$ を $a$ の平方根ということもあるが, 正確には, $a$ の平方根は $\pm\sqrt{a}$ である. 一般に, 任意の数 $a$ $(a \neq 0)$ に対して $x^n = a$ をみたす $x$ は, $x$ を複素数の範囲で考えると, $n$ 個存在する.

**例 3.5**　(1) $\sqrt[3]{2}\,\sqrt[3]{5} = \sqrt[3]{2 \times 5} = \sqrt[3]{10}$　(2) $\dfrac{\sqrt[3]{10}}{\sqrt[3]{2}} = \sqrt[3]{\dfrac{10}{2}} = \sqrt[3]{5}$

(3) $(\sqrt[4]{2})^3 = \sqrt[4]{2^3} = \sqrt[4]{8}$　(4) $\sqrt[5]{\sqrt[3]{10}} = \sqrt[5 \times 3]{10} = \sqrt[15]{10}$

**問 3.6**　次の計算をせよ.

(1) $\sqrt[4]{3} \times \sqrt[4]{27}$　(2) $\dfrac{\sqrt[3]{16}}{\sqrt[3]{4}}$　(3) $\left(\sqrt[4]{3}\right)^2$

**問 3.7** 次の式を簡単にせよ.

(1) $\sqrt[6]{a} \times \sqrt[3]{a}$　　　(2) $\sqrt{a} \div \sqrt[4]{a}$　　　(3) $\sqrt[6]{a^5} \times \sqrt{a} \times \sqrt[3]{a}$

**問 3.8** 次の計算をせよ. ただし, 分数を含む答においては分母に根号が入らないようにすること.

(1) $\dfrac{3\sqrt{5} \times 3\sqrt{15}}{10\sqrt{3}}$　　　(2) $(\sqrt{5} - \sqrt{2})^2$　　　(3) $\dfrac{\sqrt{8} - 2}{\sqrt{12}}$

(4) $2\sqrt{75} + 3\sqrt{32} - \sqrt{98} - 2\sqrt{48}$　　　(5) $(\sqrt{6} - \sqrt{2})^2 + \dfrac{6}{\sqrt{3}}$

(6) $(2\sqrt{3} + 3\sqrt{2})(3\sqrt{3} - 4\sqrt{2}) - (\sqrt{3} + \sqrt{2})^2$　　　(7) $\dfrac{\sqrt{6} - \sqrt{2}}{\sqrt{6} + \sqrt{2}}$

(8) $(3\sqrt{5} + 2\sqrt{3})(\sqrt{45} - \sqrt{12}) - \dfrac{12}{\sqrt{3}} - \sqrt{75}$　　　(9) $\dfrac{1}{\sqrt[3]{3} + \sqrt[3]{2}}$

$r$ が有理数のとき, $a^r$ を定めよう. 例えば, $\left(a^{\frac{1}{3}}\right)^3 = a^{\frac{1}{3} \times 3} = a$ が成り立つように $a^{\frac{1}{3}}$ を定義するためには, $\left(\sqrt[3]{a}\right)^3 = a$ であるから $a^{\frac{1}{3}} = \sqrt[3]{a}$ と定めればよい. このことを一般化して, 次のように定義する.

---

**定義 3.2 (指数が有理数の場合)**　$a > 0$ で, $m$ は整数, $n$ は正の整数とする. このとき
$$a^{\frac{m}{n}} = \sqrt[n]{a^m}$$
と定義する.

---

公式 3.3 の (3) より, $\left(a^{\frac{1}{n}}\right)^m = (a^m)^{\frac{1}{n}}$ である.

**例 3.6**　(1) $2^{\frac{3}{2}} = \sqrt{2^3} = 2\sqrt{2}$　　　(2) $3^{\frac{2}{5}} = \sqrt[5]{3^2} = \sqrt[5]{9}$

**問 3.9** 次の値を求めよ.

(1) $4^{\frac{3}{2}}$　　　(2) $27^{\frac{2}{3}}$　　　(3) $32^{-\frac{1}{5}}$　　　(4) $81^{-\frac{1}{4}}$

**問 3.10** 次の値を $a^{\frac{m}{n}}$ の形で表せ.

(1) $\sqrt[3]{a}$　　　(2) $\sqrt[5]{a}$　　　(3) $\sqrt{a^5}$　　　(4) $\sqrt[5]{a^3}$

(5) $\sqrt{a^{-2}}$　　　(6) $\sqrt[4]{a^{-3}}$　　　(7) $\dfrac{1}{\sqrt[3]{a^5}}$　　　(8) $\dfrac{1}{\sqrt[6]{a^7}}$

有理数 $r$ に対して，$a^r$ を前述のように定めるとき，公式 3.3 と同様に次のことが成り立つ.

**公式 3.4 (指数法則 – 有理数の場合 –)**　$a > 0$, $b > 0$ で，$r, s$ は有理数とする.

(1)　$a^r \times a^s = a^{r+s}$　　　(2)　$\dfrac{a^r}{a^s} = a^{r-s}$

(3)　$(a^r)^s = a^{rs}$　　　　　　(4)　$(ab)^r = a^r b^r$

**証明**　(1)　$r = \dfrac{m_1}{n_1}$, $s = \dfrac{m_2}{n_2}$ ($m_1$, $m_2$ は整数, $n_1$, $n_2$ は正の整数) とおく. $a^r \times a^s = a^{\frac{m_1}{n_1}} \times a^{\frac{m_2}{n_2}} = a^{\frac{m_1 n_2}{n_1 n_2}} \times a^{\frac{n_1 m_2}{n_1 n_2}} = \sqrt[n_1 n_2]{a^{m_1 n_2}} \times \sqrt[n_1 n_2]{a^{n_1 m_2}} = \sqrt[n_1 n_2]{a^{m_1 n_2} \times a^{n_1 m_2}} = \sqrt[n_1 n_2]{a^{m_1 n_2 + n_1 m_2}} = a^{\frac{m_1 n_2 + m_2 n_1}{n_1 n_2}} = a^{r+s}$ となる. (2), (3), (4) についても同様に証明される.

---

**例題 3.1**　次の計算をせよ.

(1)　$\dfrac{12^{\frac{1}{2}} \times 8^{\frac{1}{3}}}{9^{\frac{1}{4}}}$　　　(2)　$\sqrt{\sqrt[3]{24}\sqrt{36}}$

---

**解答**　(1)

$$\frac{12^{\frac{1}{2}} \times 8^{\frac{1}{3}}}{9^{\frac{1}{4}}} = \frac{(3 \times 2^2)^{\frac{1}{2}} \times (2^3)^{\frac{1}{3}}}{(3^2)^{\frac{1}{4}}}$$

$$= \frac{3^{\frac{1}{2}} \times 2 \times 2}{3^{\frac{1}{2}}} = 2^2 = 4$$

(2)

$$\sqrt{\sqrt[3]{24}\sqrt{36}} = \left((3 \times 2^3)^{\frac{1}{3}} \times (3^2 \times 2^2)^{\frac{1}{2}}\right)^{\frac{1}{2}}$$

$$= \left(3^{\frac{1}{3}+1} \times 2^{1+1}\right)^{\frac{1}{2}}$$

$$= 3^{\frac{2}{3}} \times 2 = 2\sqrt[3]{9}$$

**解説**

$12 = 3 \times 2^2$, $\ 8 = 2^3$, $\ 9 = 3^2$

公式 3.4 を用いる.

$24 = 3 \times 2^3$

$36 = 3^2 \times 2^2$

公式 3.4 を用いる.

---

**問 3.11**　次の計算をせよ.

(1)　$2^{\frac{1}{4}} \times 2^{\frac{3}{4}}$　　　(2)　$3^{\frac{3}{2}} \div 3^{-\frac{3}{2}}$　　　(3)　$\sqrt{8} \times \sqrt[6]{8}$

(4)　$\sqrt[3]{5} \times \sqrt[6]{625}$　　(5)　$(49^{-\frac{3}{4}})^{\frac{2}{3}}$　　(6)　$\sqrt[3]{16} \times \sqrt[3]{2} \div \sqrt[3]{4}$

**問 3.12**　次の □ に当てはまる整数または分数を求めよ.

(1)　$\sqrt[4]{40000} = 2^{\square} 5^{\square}$　　　　　(2)　$\sqrt[6]{1323} = 3^{\square} 7^{\square}$

(3)　$\dfrac{\sqrt[7]{72}}{\sqrt[5]{324}} = 2^{\square} 3^{\square}$　　　　　(4)　$\dfrac{\sqrt[8]{200}}{\sqrt[3]{20}} = 2^{\square} 5^{\square}$

(5)　$\sqrt[3]{\sqrt{3087}\sqrt[5]{1701}} = 3^{\square} 7^{\square}$　　(6)　$\sqrt{\sqrt[3]{216}\sqrt[4]{1296}} = 2^{\square} 3^{\square}$

関数 $y = a^x$ について微分・積分を行うためには，無理数 $x$ についても $a^x$ を考える必要がある．実は，これはやっかいな問題で，「無理数とは何か」という難しい問題に関係する．$3^{\sqrt{2}}$ という数をどのように定めればよいかを考えてみよう．$\sqrt{2}$ に近づく有限小数 (有理数) の列 $1.4$, $1.41$, $1.414$, $1.4142$, $\ldots$ をとることができる．このとき，累乗の列 $3^{1.4}$, $3^{1.41}$, $3^{1.414}$, $3^{1.4142}$, $\ldots$ はある一定の値 (極限値) に近づく．この一定の値を $3^{\sqrt{2}}$ と定義する．このようにして定義の範囲を拡張することを**連続拡張**という．このような有理数の連続拡張によって任意の実数 $x$ に対して $a^x$ を定義するとき，公式 3.4 がすべての実数について成り立つ．このことをあらためて書いておこう．

---

**公式 3.5 (指数法則 – 実数の場合 –)** $a > 0$, $b > 0$ で，$x$, $y$ は実数とする．

(1) $a^x \times a^y = a^{x+y}$　　(2) $\dfrac{a^x}{a^y} = a^{x-y}$

(3) $(a^x)^y = a^{xy}$　　(4) $(ab)^x = a^x b^x$

---

**例題 3.2** 次の式を簡単にせよ．

(1) $a^{\sqrt{2}} \times a^{\sqrt{2}}$　　(2) $\left(a^{\sqrt{2}}\right)^{\sqrt{2}}$　　(3) $\left(a^{\sqrt{2}} b^{\sqrt{3}}\right)^{\sqrt{6}}$

---

**[解答]** (1) $a^{\sqrt{2}} \times a^{\sqrt{2}} = a^{\sqrt{2}+\sqrt{2}} = a^{2\sqrt{2}}$

(2) $\left(a^{\sqrt{2}}\right)^{\sqrt{2}} = a^{\sqrt{2} \times \sqrt{2}} = a^2$

(3) $\left(a^{\sqrt{2}} b^{\sqrt{3}}\right)^{\sqrt{6}} = \left(a^{\sqrt{2}}\right)^{\sqrt{6}} \left(b^{\sqrt{3}}\right)^{\sqrt{6}} = a^{\sqrt{2} \times \sqrt{6}} b^{\sqrt{3} \times \sqrt{6}} = a^{2\sqrt{3}} b^{3\sqrt{2}}$

**[解説]** 指数が無理数であっても指数法則 (公式 3.5) が使える．

**問 3.13** 次の計算をせよ．

(1) $2^{\sqrt{3}} \times 4^{\sqrt{3}}$　　(2) $\left(3^{\frac{1}{\sqrt{2}}}\right)^{\sqrt{8}}$　　(3) $\left(5^{-\frac{1}{\sqrt{3}}}\right)^{-\sqrt{6}}$

### 3.1.2 指数関数

$a$ を 1 と異なる正の実数とするとき，$x$ に対して $a^x$ を対応させてできる関数

$$y = a^x \tag{3.1}$$

を，$a$ を **底** とする**指数関数** という．

**問 3.14** $a = 2$ のときは $x$ と $y$ の対応表 3.1 となる．この対応表を参考にして，指数関数 $y = 2^x$ のグラフを描け．

表 3.1 $y = 2^x$ の対応表 ($y$ の値は近似値)

| $x$ | $\cdots$ | $-2$ | $-1.5$ | $-1$ | $-0.5$ | $0$ | $0.5$ | $1$ | $1.5$ | $2$ | $\cdots$ |
|---|---|---|---|---|---|---|---|---|---|---|---|
| $y$ | $\cdots$ | $0.25$ | $0.35$ | $0.5$ | $0.71$ | $1$ | $1.41$ | $2$ | $2.83$ | $4$ | $\cdots$ |

$a > 1$ とする．このとき，$x > 0$ ならば $a^x > 1$ である．したがって

$$x_2 > x_1 \quad \text{のとき} \quad a^{x_2} - a^{x_1} = a^{x_1}\left(a^{x_2 - x_1} - 1\right) > 0$$

となり，$a^{x_1} > a^{x_2}$ がいえる．また，$\left(\dfrac{1}{a}\right)^x = \dfrac{1}{a^x} = a^{-x}$ に注意すると，次のことがわかる．

---

**定理 3.1 (指数関数 $y = a^x$ の性質)**　$a$ を 1 以外の正の実数とする．関数 $y = a^x$ について，次のことが成り立つ．

(1)　任意の $a$ について，$y > 0$ である．

(2)　任意の $a$ について，$x = 0$ のとき $y = 1$ である．

(3)　$a > 1$ のとき，単調に増加する

(4)　$a < 1$ のとき，単調に減少する．

(5)　$a > 1$ のとき，$x$ が大きくなるにしたがい $y$ はいくらでも大きくなる．

(6)　$a > 1$ のとき，$x$ が (負の値をとりながら) 小さくなるにしたがい $y$ は 0 に近づく．

(7)　$y = a^x$ のグラフと $y = \left(\dfrac{1}{a}\right)^x$ のグラフは，$y$ 軸に関して対称である．

---

上の定理 3.1 より，$y = a^x$ のグラフは図 3.2 のようになる．

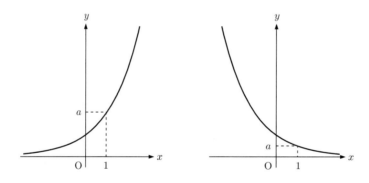

**図 3.2**　指数関数 $y = a^x$ のグラフ (左図は $a > 1$ のとき，右図は $0 < a < 1$ のとき)

**例題 3.3**　3つの関数 $y = 2^x$, $y = 3^x$, $y = 2^{-x}$ のグラフを同じ座標平面上に描け.

**[解答]**　定理 3.1 と $2^{-x} = \left(\dfrac{1}{2}\right)^x$ より, 図のようなグラフになる.

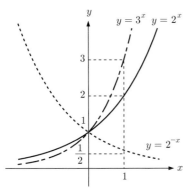

**[解説]**　$y = 2^x$, $y = 3^x$ は底が 1 より大きいので増加関数である.

$y = \left(\dfrac{1}{2}\right)^x$ は底が 1 より小さいので減少関数である.

**問 3.15**　次の (1), (2), (3) の 3 つの指数関数のグラフを同じ座標平面上に描け.

(1)　$y = 2^x$, $y = -2^x$, $y = \dfrac{1}{2^{x-1}}$

(2)　$y = 2^x$, $y = 2^{x-1}$, $y = 2^x - 1$

(3)　$y = 2^x$, $y = 2^{-x+1}$, $y = 2^{-x-1} - \dfrac{1}{2}$

---

**例題 3.4**　指数関数の性質を利用して 3 つの数の $2^{1.5}$, $2$, $2^{-0.5}$ の大小を, 不等号を用いて表わせ.

**[解答]**　指数はそれぞれ 1.5, 1, $-0.5$ であり,

$$-0.5 < 1 < 1.5$$

また, 底は 2 であり, 1 より大きいので,

$$2^{-0.5} < 2^1 < 2^{1.5}$$

すなわち, $2^{-0.5} < 2 < 2^{1.5}$.

**[解説]**　$2 = 2^1$ である.

指数関数 $y = 2^x$ は増加関数なので, 指数 $x$ が大きいほど $2^x$ は大きな値となる.

**問 3.16**　次の各組の数の大小を, 不等号を用いて表わせ.

(1)　$3^{-1}$, $3^2$, $3^{\sqrt{2}}$

(2)　$1$, $\left(\dfrac{1}{2}\right)^{-2}$, $\left(\dfrac{1}{2}\right)^2$

(3)　$\sqrt[4]{3^3}$, $\sqrt[3]{3^2}$, $\sqrt{3}$

---

**例題 3.5**　方程式 $8^x = 16$ を解け.

**解答**　両辺の底をそろえると,
  (左辺)：$8^x = (2^3)^x = 2^{3x}$
  (右辺)：$16 = 2^4$
となるので, 与式は $2^{3x} = 2^4$ となる.
指数を比較すると, $3x = 4$. これを解いて, $x = \dfrac{4}{3}$.

**解説**　与式の両辺の底は 8 と 16 であり, これらの数は 2 の累乗で表すことができるので, 底を 2 の累乗で表す.

**問 3.17**　次の方程式を解け.
  (1) $4^x = 8^{x-1}$　　(2) $4^{2x+1} = \dfrac{1}{64}$　　(3) $(\sqrt{5})^x = 25^{1-x}$

---

**例題 3.6**　不等式 $(\sqrt{3})^x \le 9$ を解け.

**解答**　両辺の底をそろえると,
  (左辺)：$(\sqrt{3})^x = (3^{\frac{1}{2}})^x = 3^{\frac{x}{2}}$
  (右辺)：$9 = 3^2$
となるので, 与式は $3^{\frac{x}{2}} \le 3^2$ となる.
底は 3 で 1 より大きいので, $\dfrac{x}{2} \le 2$.
これを解いて, $x \le 4$.

**解説**　指数関数 $y = 3^x$ は底が 1 より大きいので, 増加関数である. よって, $3^a \le 3^b$ ならば, $a \le b$ である.

---

**例題 3.7**　不等式 $\left(\dfrac{1}{4}\right)^x > \dfrac{1}{16}$ を解け.

**解答**　両辺の底を $\dfrac{1}{2}$ にそろえると,
  (左辺)：$\left(\left(\dfrac{1}{2}\right)^2\right)^x = \left(\dfrac{1}{2}\right)^4$
  (右辺)：$\dfrac{1}{16} = \left(\dfrac{1}{2}\right)^4$
となるので, 与式は $\left(\dfrac{1}{2}\right)^{2x} > \left(\dfrac{1}{2}\right)^4$ となる.
底は $\dfrac{1}{2}$ で 1 より小さいので, $2x < 4$ より $x < 2$.

**解説**　指数関数 $y = \left(\dfrac{1}{2}\right)^x$ は底が 1 より小さいので, 減少関数である. よって, $\left(\dfrac{1}{2}\right)^a > \left(\dfrac{1}{2}\right)^b$ ならば, $a < b$ と不等号の向きが変わることに注意.

**問 3.18**　次の不等式を解け.
  (1) $8^x > 16$　　(2) $4^{x+1} \le 8^{x-3}$　　(3) $\left(\dfrac{1}{3}\right)^x < \dfrac{1}{9}$

指数関数の性質を利用して, 以下の問題を解いてみよう.

---

例題 3.8  1年で 10 % の利息 (複利) がつく貯金 (元金) が 100 万円の 10 年後の貯金額を求めよ.

---

解答  1年目の利息は $100 \times 0.1 = 10$ 万円となり, 2年目の貯金額は $100 + 10 = 110$ 万円となる. よって, 2年目の利息は $110 \times 0.1 = 11$ 万円となり, 2年目の貯金額は $110 + 11 = 121$ 万円. このように考えると, 10年間での複利で貯金額は $100 \times (1+0.1)^{10} = 100 \times 1.1^{10} \fallingdotseq 100 \times 2.59374$. よって約 260 万円となる.

解説  複利とは, 元金の利息 (利子) が次期の元金に組み入れられる計算方式であり, 元金だけでなく利息 (利子) にも次期の利息 (利子) がつく. したがって, 複利計算には指数関数が用いられる.

問 3.19  (1) ある海で水深 10 m の明るさは水面に比べて $\dfrac{1}{2}$ になる. このとき, 30 m 潜ると明るさは何割減るか? また, 明るさが $\dfrac{1}{128}$ になる水深は何 m であるか?

(2) 炭素 14 の半減期を 5730 年とすると, $\dfrac{1}{8}$ になるのは何年後か?

## 3.2 対数関数

例えば, 2という数を1つ決めよう. 8は2を3回かけたものであり, 16は2を4回かけたものである. すなわち, $8 = 2^3$, $16 = 2^4$ である. では, 10は2を何回かけたものであろうか. すなわち, $10 = 2^{\square}$ にあてはまる $\square$ はどんな数か. 3と4の間にあるこの数を, 具体的に (例えば) 分数で表すことはできない. そこで, $\square = \log_2 10$ と書いて, この数の表し方をあらたに定める. これを2を底とする10の対数という. 一般に正の数 $M$ に対して $\log_2 M$ とは, 「$M$ は2を何回かけたものであるか」という回数を表す. これは電子計算機の基本的な情報単位であるビットに対応する. 26文字ある (小文字の) アルファベットを表すためには, $2^4 = 16$, $2^5 = 32$ であるから5ビット必要となる. また10を底とする対数を考えると, $\log_{10} M$ は数 $M$ の桁数を表す. 例えば, $\log_{10} M = 7.6$ ならば, $10^7 < M < 10^8$ であるから, $M$ は8桁の数である. 10を底とする対数を常用対数という. このように対数は非常に大きな数を考えるとき必要となるが, 例えば光が 1 mm 進む時間 $T$ (秒) はおよそ 0.0000000000033 秒である. これをほぼ $\log_{10} T = -11.48$ と表すことができるので, 非常に小さな (正の) 数を表すときにも対数は有効である.

### 3.2.1 対数

はじめに, 指数関数より, 対数を定義する.

$a$ を1でない任意の正の数とする. 指数関数 $y = a^x$ のグラフ (図 3.3, 図 3.4) より, 任意の正の数 $M$ に対して $a^m = M$ をみたす $m$ がただ1つ定まる. この $m$ を, $m = \log_a M$ と表し, $a$ を底とする $M$ の対数という. すなわち,

$$a^m = M \text{ のとき}, \qquad m = \log_a M \tag{3.2}$$

である. このとき, $M$ をこの対数の真数という. 真数は常に正である. $\log_a M$ を標語的にいうと「$M$ は

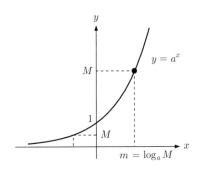

図 **3.3**　対数の定義 $1 < a$

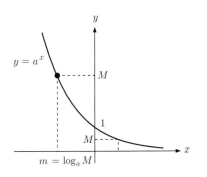

図 **3.4**　対数の定義 $0 < a < 1$

$a$ を $\log_a M$ 回かけたものである」．例えば，$8 = 2^3$ と $3 = \log_2 8$ は同じことを (別の表現で) 述べている
に過ぎない．

指数と対数の間には次のような関係がある．

$$a > 0,\ a \neq 1,\ M > 0 \text{のとき}, \quad a^m = M \quad \Longleftrightarrow \quad m = \log_a M \tag{3.3}$$

次に，指数と対数の関係の具体例を示す．

**例 3.7**　(1)　$2^5 = 32$ であるから $5 = \log_2 32$　　(2)　$\left(\dfrac{1}{3}\right)^{-2} = 9$ であるから $-2 = \log_{\frac{1}{3}} 9$

---

**例題 3.9**　指数と対数の関係より，次の値を求めよ．
(1)　$\log_3 81$　　(2)　$\log_2 \dfrac{1}{8}$　　(3)　$\log_5 \sqrt{5}$　　(4)　$\log_4 8$

---

**解答**　(1)　$\log_3 81 = x$ とおく．
$\quad 3^x = 81 = 3^4$ となり $x = 4$

(2)　$\log_2 \dfrac{1}{8} = x$ とおく．

$\quad 2^x = \dfrac{1}{8} = 2^{-3}$ となり $x = -3$

(3)　$\log_5 \sqrt{5} = x$ とおく．

$\quad 5^x = \sqrt{5} = 5^{\frac{1}{2}}$ となり $x = \dfrac{1}{2}$

(4)　$\log_4 8 = x$ とおく．

$\quad 4^x = 8,\ 2^{2x} = 2^3$ より $x = \dfrac{3}{2}$

**解説**

(2)　$\dfrac{1}{8} = 8^{-1} = (2^3)^{-1} = 2^{-3}$

(4)　$4^x = (2^2)^x = 2^{2x},\ 8 = 2^3$ を利用

**問 3.20**　次の等式を $\log_a M = p$ の形に表せ．

(1)　$3^2 = 9$　　(2)　$4^3 = 64$　　(3)　$5^{-2} = \dfrac{1}{25}$　　(4)　$9^{\frac{1}{2}} = 3$

**問 3.21**　次の値を求めよ．

(1)　$\log_6 36$　　(2)　$\log_3 \dfrac{1}{9}$　　(3)　$\log_3 \sqrt{3}$　　(4)　$\log_9 27$

また，

$$a^p = M \qquad から \qquad \log_a a^p = p$$

が成り立ち，このことを利用して，対数の値を求めることができる．

---

**例題 3.10**　$\log_a a^p = p$ を利用して，次の値を求めよ．

(1) $\log_5 125$　　　(2) $\log_3 \sqrt{3}$　　　(3) $\log_5 1$

---

**解答**　(1) $\log_5 125 = \log_5 5^3 = 3$

(2) $\log_3 \sqrt{3} = \log_3 3^{\frac{1}{2}} = \dfrac{1}{2}$

(3) $\log_5 1 = \log_5 5^0 = 0$

**解説**　(1) 125 を 5 の累乗で表す

(2) $\sqrt{3}$ を 3 の累乗で表す

(3) 1 は 5 のゼロ乗と表される

**問 3.22**　$\log_a a^p = p$ を利用して，次の値を求めよ．

(1) $\log_2 32$　　(2) $\log_2 \dfrac{1}{4}$　　(3) $\log_2 \sqrt{2}$　　(4) $\log_3 \sqrt[3]{3}$　　(5) $\log_3 \sqrt[4]{27}$

$a > 0,\ a \neq 1$ として $a$ を底とする対数の性質を調べよう．$a^0 = 1,\ a^1 = a$ より，次のことがいえる．

$$\log_a 1 = 0, \quad \log_a a = 1$$

また，次の関係式が成り立つ．

---

**公式 3.6 (対数の性質)**　$a,\ b$ は 1 と異なる正の数で，$M > 0,\ N > 0$ とする．また，$k$ は任意の数とする．

(1) $\log_a MN = \log_a M + \log_a N$

(2) $\log_a \dfrac{M}{N} = \log_a M - \log_a N$，特に，$\log_a \dfrac{1}{N} = -\log_a N$

(3) $\log_a M^k = k \log_a M$，特に，$\log_a \sqrt[n]{M} = \dfrac{1}{n} \log_a M$

---

**証明**　要点のみ示すことにする．$m = \log_a M,\ n = \log_a N$ とおくと $M = a^m,\ N = a^n$ であるから，$MN = a^m \times a^n = a^{m+n}$．よって，$m + n = \log_a MN$ となり (1) が成り立つ．(3) については，$m = \log_a M$ とおくと $M = a^m$ であるから，$M^k = (a^m)^k = a^{km}$．よって，$km = \log_a M^k$ となり (3) が成り立つ．

**例 3.8**　(1) $\log_{10} 2 + \log_{10} 5 = \log_{10} 2 \times 5 = \log_{10} 10 = 1$

　　　　(2) $\log_8 16 - \log_8 2 = \log_8 \dfrac{16}{2} = \log_8 8 = 1$

**問 3.23**　次の式を計算せよ．

(1) $\log_6 4 + \log_6 9$　　　(2) $\log_3 54 - \log_3 2$

---

例題 **3.11**　次の値を求めよ.
$$5\log_3 \sqrt{2} + \frac{3}{2}\log_3 6 - \log_3 16$$

**解答**　$5\log_3 \sqrt{2} + \dfrac{3}{2}\log_3 6 - \log_3 16$

$$= \log_3 (\sqrt{2})^5 + \log_3 6^{\frac{3}{2}} - \log_3 16$$

$$= \log_3 (2^{\frac{5}{2}} \times 6^{\frac{3}{2}} \times 2^{-4})$$

$$= \log_3 3^{\frac{3}{2}}$$

$$= \frac{3}{2}$$

**解説**

(a)　公式 3.6 対数の性質 (3) を利用

(b)　公式 3.6 対数の性質 (1), (2) を利用

(c)　公式 3.6 対数の性質 (3) を利用

**問 3.24**　次の値を求めよ.

(1)　$\log_3 4 + \log_3 6 - \log_3 8$　　　(2)　$\log_6 9 - \log_6 15 + \log_6 10$

(3)　$\log_2 \sqrt{10} + \log_2 \sqrt{\dfrac{2}{5}}$　　　(4)　$\log_3 \dfrac{\sqrt{2}}{3} - 2\log_3 \sqrt{6} + \dfrac{1}{2}\log_3 2$

底の異なる対数を考えるときは, 次の**底の変換公式**を用いて, 底を同じ数にそろえるとよい.

**公式 3.7 (底の変換公式)**　$a, b$ は 1 と異なる正の数で, $M > 0$ とする.

$$\log_a M = \frac{\log_b M}{\log_b a} \tag{3.4}$$

**証明**　$\log_a M = p$ とおく. $M = a^p$. このとき, $\log_b M = \log_b a^p = p\log_b a$. ゆえに, $p = \dfrac{\log_b M}{\log_b a}$

**例 3.9**　(1)　$\log_8 16 = \dfrac{\log_2 16}{\log_2 8} = \dfrac{\log_2 2^4}{\log_2 2^3} = \dfrac{4}{3}$

(2)　$(\log_2 3) \cdot (\log_3 4) = (\log_2 3) \cdot \dfrac{\log_2 4}{\log_2 3} = \log_2 2^2 = 2$

**問 3.25**　次の式を計算せよ.

(1)　$\log_{27} 9$　　　　　(2)　$\log_8 32$　　　　　(3)　$(\log_3 5)(\log_5 27)$

(4)　$(\log_3 2)(\log_4 3)$　　　(5)　$\log_2 48 - \log_4 36$

**例題 3.12**  $\log_{10} 2 = p,\ \log_{10} 3 = q$ とするとき，次の値を $p,\ q$ で表せ.

(1) $\log_{10} 24$      (2) $\log_{10} 5$      (3) $\log_3 36$

**解答**

(1) $\log_{10} 24$

$\quad = \log_{10}(2^3 \times 3)$

$\quad = 3\log_{10} 2 + \log_{10} 3$

$\quad = 3p + q$

(2) $\log_{10} 5$

$\quad = \log_{10} \dfrac{10}{2}$

$\quad = \log_{10} 10 - \log_{10} 2$

$\quad = 1 - p$

(3) $\log_3 36$

$\quad = \dfrac{\log_{10}(2^2 \times 3^2)}{\log_{10} 3}$

$\quad = \dfrac{2\log_{10} 2 + 2\log_{10} 3}{\log_{10} 3}$

$\quad = \dfrac{2p + 2q}{q}$

**解説**   (1) 24 を素因数分解する

公式 3.6 対数の性質 (1),(3) を利用

(2) 5 を 10 と 2 の商で表す

公式 3.6 対数の性質 (2) を利用

(3) 36 を素因数分解する

公式 3.7 の底の変換公式より底 10 の対数で表す

公式 3.6 対数の性質 (1),(3) を利用

**問 3.26**  $\log_{10} 2 = p,\ \log_{10} 3 = q$ とするとき，次の値を $p,\ q$ で表せ.

(1) $\log_{10} 72$      (2) $\log_{10} 15$      (3) $\log_2 3$      (4) $\log_9 16$

### 3.2.2 逆関数

関数 $y = f(x)$ において，任意の $y$ の値 $b$ を定めると，それに応じて $b = f(a)$ をみたす $x$ の値 $a$ がただ 1 つ定まるとき，$b$ に対して $a$ を対応させる関数を $x = f^{-1}(y)$ と表し，$y = f(x)$ の逆関数という．独立変数を $x$, 従属変数を $y$ と書くことが一般的なので，$x$ と $y$ を入れ替えて $y = f^{-1}(x)$ と書く．

**例題 3.13**   $y = f(x) = 3x - 2$ の逆関数 $y = f^{-1}(x)$ を求めよ.

**解答**   $y = 3x - 2$ を $x$ について解けばよい.

$3x = y + 2$ ゆえ，$x = \dfrac{1}{3}y + \dfrac{2}{3}$.  (a)

ゆえに，$y = f^{-1}(x) = \dfrac{1}{3}x + \dfrac{2}{3}$.  (b)

**解説**

(a) $x$ と $y$ の関係は変わらない

(b) $x$ と $y$ を入れ替える

もとの関数 $y = f(x)$ のグラフがわかっているとき，逆関数 $y = f^{-1}(x)$ のグラフを描くことはやさしい．$y = f(x)$ を $x = f^{-1}(y)$ の式に変形し，$x$ と $y$ を入れ替えたものが $y = f^{-1}(x)$ なので，もとの関数のグラフと逆関数のグラフは直線 $y = x$ に関して対称である．

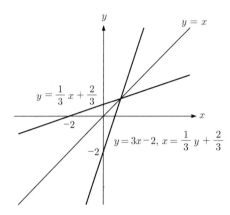

図 **3.5**   関数 $y = 3x - 2$ とその逆関数 $y = \dfrac{1}{3}x + \dfrac{2}{3}$ のグラフ

**問 3.27**   次の関数 $y = f(x)$ の逆関数 $y = f^{-1}(x)$ を求め，そのグラフともとの関数のグラフとを描け．

(1) $y = 3x + 5$     (2) $y = \dfrac{1}{4}x + 1$     (3) $y = -2x + 1$     (4) $y = -\dfrac{2}{3}x + 5$

　例題 3.13 のように，逆関数がすでに知られている関数で表される場合もあるが，後の章で見るように，$y = f(x)$ を $x$ について解くとき，既知の関数を用いて表せない場合がある．この場合，「逆関数」として新しい関数を定義する必要がある．

### 3.2.3   対数関数

　$a$ が 1 でない正の定数のとき，正の数 $x$ に対応して $\log_a x$ の値がただ 1 つ定まる．そこで，

$$y = \log_2 x \tag{3.5}$$

で表される関数を，$a$ を**底**とする**対数関数**という．

　対数関数 $y = \log_2 x$ のグラフを考えよう．関数 $y = \log_2 x$ において，$x$ の値が 2 の累乗のときの $y$ の値は

$$x = 2\text{ のとき,}\quad y = \log_2 2 = 1$$
$$x = 4\text{ のとき,}\quad y = \log_2 4 = \log_2 2^2 = 2$$
$$x = 8\text{ のとき,}\quad y = \log_2 8 = \log_2 2^3 = 3$$

などである．これらより，次の対応表がえられる．

| $x$ | $\cdots$ | $\dfrac{1}{16}$ | $\dfrac{1}{8}$ | $\dfrac{1}{4}$ | $\dfrac{1}{2}$ | 1 | 2 | 4 | 8 | 16 | $\cdots$ |
|---|---|---|---|---|---|---|---|---|---|---|---|
| $y$ | $\cdots$ | $-4$ | $-3$ | $-2$ | $-1$ | 0 | 1 | 2 | 3 | 4 | $\cdots$ |

これより，$y = \log_2 x$ のグラフは図 3.6 のようになる．

　一般に，$y = \log_a x$ は $x = a^y$ と同じことであるから，対数関数 $y = \log_a x$ は指数関数 $y = a^x$ において

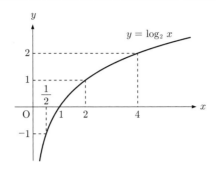

図 **3.6**　対数関数 $y = \log_2 x$ のグラフ

$x$ と $y$ を取り替えたものである．すなわち，対数関数は指数関数の逆関数である．よって，$y = \log_a x$ と $y = a^x$ のグラフは直線 $y = x$ に対して対称である．したがって，公式 3.1 より，対数関数について次のことがわかる．

**定理 3.2 (対数関数 $y = \log_a x$ の性質)**　$a$ は 1 以外の正の数とする．関数 $y = \log_a x$ について次のことが成り立つ．

(1)　定義域は正の実数全体，値域は実数全体である．

(2)　グラフは定点 $(1, 0)$ を通り，$y$ 軸が漸近線となる．

(3)　$a > 1$ のとき，増加関数である．すなわち，

$$a > 1 のとき，\qquad 0 < p < q \Longleftrightarrow \log_a p < \log_a q$$

$a > 0$ のとき，減少関数である．すなわち，

$$0 < a < 1 のとき，\qquad 0 < p < q \Longleftrightarrow \log_a p > \log_a q$$

上の定理 3.2 より，$y = \log_a x$ のグラフは図 3.7 のようになる．

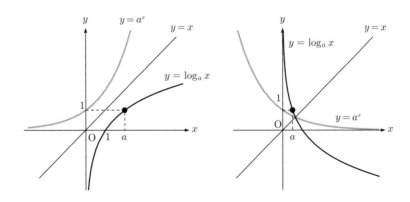

図 **3.7**　対数関数 $y = \log_a x$ のグラフ (左図は $a > 1$ のとき，右図は $0 < a < 1$ のとき)

**例題 3.14**　3 つの関数 $y = \log_2 x$, $\log_3 x$, $\log_{\frac{1}{2}} x$ を同じ座標平面上に描け.

**[解答]**　$\log_3 x = \dfrac{\log_2 x}{\log_2 3}$ [(a)], $\log_2 3 > 1$ より, $x > 1$ のと

き $0 < \log_3 x < \log_2 x$ [(b)], $0 < x < 1$ のとき $0 > \log_3 x >$

$\log_2 x$ である. また, $\log_{\frac{1}{2}} x = \dfrac{\log_2 x}{\log_2 \frac{1}{2}} = -\log_2 x$ [(c)] に

注意すると, 図 3.8 のようなグラフになる.

**[解説]**

(a) 公式 3.7 の底の変換公式を利用

(b) 底が $2 > 1$ より, $\log_2 x$ は単調増加関数なので, $x > 1$ では $\log_2 x > 0$

(c) 公式 3.7 の 底 の 変 換 公 式 を 利 用. $\log_2 \dfrac{1}{2} = \log_2 2^{-1} = -1$

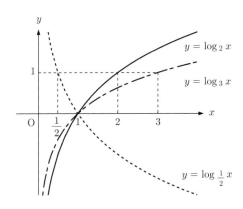

図 3.8　3 つの関数 $y = \log_2 x$, $y = \log_3 x$, $y = \log_{\frac{1}{2}} x$ のグラフ

**問 3.28**　次の (1), (2), (3) について, それぞれ, 3 つの関数のグラフを同じ座標平面上に描け.

(1)　$y = \log_2 x$, $y = \log_2(1-x)$, $y = \log_2 \dfrac{1}{x}$　　(2)　$y = \log_2 x$, $y = \log_4 x$, $y = \log_2 2x$

(3)　$y = \log_2 x$, $y = \log_2(x+2)$, $y = \log_{\frac{1}{2}} x + 2$

**例題 3.15**　次の数を小さい順に並べよ.
$$\frac{1}{2} \log_3 5, \quad -\log_3 \frac{1}{2}, \quad \frac{1}{2}$$

**[解答]**　$\dfrac{1}{2} \log_3 5 = \log_2 \sqrt{5}$ [(a)] $-\log_3 \dfrac{1}{2} = \log_3 \left( \dfrac{1}{2} \right)^{-1}$

$= \log_3 2$ [(b)] $\dfrac{1}{2} = \log_3 \sqrt{3}$ となり, 底 3 は 1 より大きく,

$\sqrt{3} < 2 < \sqrt{5}$ であり, 各辺, 底 3 の対数をとると,

$\log_3 \sqrt{3} < \log_3 2 < \log_3 \sqrt{5}$ となり [(c)] $\dfrac{1}{2} < -\log_3 \dfrac{1}{2} <$

$\dfrac{1}{2} \log_3 5$ となる.

**[解説]**

(a) 公式 3.6 の対数の性質 (3) を利用

(b) 公式 3.6 の対数の性質 (3) を利用

(c) 底 3 の対数関数は単調増加関数より不等号の向きは不変 (図 3.9 参照)

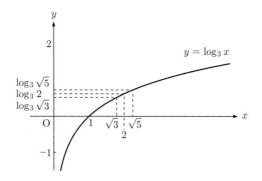

図 **3.9**　対数関数 $y = \log_3 x$ のグラフ

**問 3.29**　次の数を小さい順に並べよ.

(1) $\log_3 2,\ \log_3 4,\ \log_3 \dfrac{1}{2}$　　(2) $\dfrac{1}{2}\log_2 \dfrac{1}{3},\ -1,\ \log_2 3^{-1}$

### 3.2.4　対数関数を含む方程式・不等式

対数関数の性質を利用して, 対数関数を含む方程式・不等式を解いてみよう.

**例題 3.16**　次の方程式を解け.

(1) $\log_5 (2x + 7) = 2$　　(2) $\log_2 x + \log_2 (x - 2) = 3$

**[解答]**　(1) 真数は正であるから, $-\dfrac{7}{2} < x,\ \log_5 (2x+7) = \log_5 5^2$ より, $2x + 7 = 25$. これより $x = 9$, $-\dfrac{7}{2} < x$ と合わせて $x = 9$

(2) 真数は正であるから, $x > 0$ かつ $x > 2$, $\log_2 x + \log_2 (x-2) = \log_2 x(x-2)$ より $\log_2 x(x-2) = \log_2 2^3$ となり, $x(x-2) = 8$ となる. 整理すると, $x^2 - 2x - 8 = 0$. すなわち $(x+2)(x-4) = 0$ となり $x = -2, 4$, $x > 2$ より $x = 4$

**[解説]**

(1) 公式 3.6 の対数の性質 (3) を利用

(2) 公式 3.6 の対数の性質 (1) を利用

**問 3.30**　次の方程式を解け.

(1) $\log_2 x = 5$　　　　　(2) $\log_4 x = -2$　　　　　(3) $\log_3 (x+1) = 2$

(4) $2\log_4 x = \log_4 (5x+6)$　　(5) $\log_{\frac{1}{2}} (x+1)(x+2) = -1$

---

例題 **3.17**　次の不等式をみたす $x$ の範囲を求めよ.

(1) $\log_3 x < 2$　　(2) $\log_3(x-3) + \log_3(x-5) < 1$

---

解答　(1)　真数は正であるから, $0 < x$. 不等式は $\log_3 x < \log_3 3^2$ と変形でき, $\log_2 x$ は増加関数であるから, $x < 3^2$. $0 < x$ とあわせて, $0 < x < 9$.

(2)　真数は正であるから, $x > 3$ かつ $x > 5$. $\log_3(x-3) + \log_3(x-5) = \log_3(x-3)(x-5)$ より方程式は $\log_3(x-3)(x-5) < \log_3 3$. $y = \log_3 x$ は増加関数であるので, $(x-3)(x-5) < 3$ となり, 変形すると $x^2 - 8x + 12 < 0$, すなわち $(x-2)(x-6) < 0$ となる. よって, $2 < x < 6$ となり, $x > 5$ とあわせて $5 < x < 6$.

解説　(1)　公式 3.6 の対数の性質 (1) を利用

(2)　公式 3.6 の対数の性質 (1) を利用
公式 3.6 の対数の性質 (3) を利用

---

問 **3.31**　次の不等式をみたす $x$ の範囲を求めよ.

(1) $\log_2 x > 3$　　(2) $\log_{\frac{1}{2}} x < 4$　　(3) $\log_{\frac{1}{2}}(3-x) > \dfrac{1}{2}\log_{\frac{1}{2}} x - 1$

## 3.3　常用対数とその応用

自然科学の研究では, 非常に大きな数や極端に小さな数を扱うことがある.「地球から北極星までの距離は何 km か」や「光が 1 mm 進む時間は何秒か」といった大きな数や小さな数は

$$4100000000000000 = 4.1 \times 10^{15}, \qquad 0.0000000000033 = 3.3 \times 10^{-12}$$

のように, 小数点をずらして表すと便利である. このような表示方法を**浮動小数点表示**といい, 特にコンピュータの中でさまざまな数値演算を行うとき, 数値をどのように記憶するのかという問題との関連で重要である. さらに,「1% の利子で預金したとき, 預けたお金が 2 倍になるのは何年後か」といった問題には指数や対数の計算が必要となってくる. われわれは日常 10 進法で数字を取り扱っているので, 特に 10 を底とする指数や対数が重要である.

### 3.3.1　常用対数

一般に正の実数 $M$ に対して, 実数 $a$ $(1 \leq a < 10)$ と整数 $n$ が定まり,

$$M = a \times 10^n \tag{3.6}$$

と表すことができる. これを 10 進法による**指数表示**といい, $a$ を**仮数**といい, $n$ を**指数**という. (3.6) 式より, $\log_{10} M$ は指数 $n$ と $\log_{10} a$ の和で表される.

$$\log_{10} M = \log_{10} a + n \tag{3.7}$$

$1 \leq a < 10$ に対する $\log_{10} a$ の近似値を表の形に表したものを**常用対数表**という．本書では巻末の付録に載せてある．常用対数表を利用することで，任意の数の常用対数の値を求めることが出来る．

---

**例題 3.18**    常用対数表を用いて，$\log_{10} 31400$ と $\log_{10} 0.0314$ の近似値を求めよ．

---

[解答]

$$\log_{10} 31400 = \log_{10} 3.14 \times 10^4 \ {}^{(a)}$$
$$= \log_{10} 3.14 + \log_{10} 10^4 \ {}^{(b)}$$
$$= \log_{10} 3.14 + 4 \ {}^{(c)}$$
$$= 4.4969 \ {}^{(d)}$$
$$\log_{10} 0.0314 = \log_{10} 3.14 \times 10^{-2} \ {}^{(e)}$$
$$= \log_{10} 3.14 - 2 \ {}^{(f)}$$
$$= -1.5031 \ {}^{(g)}$$

[解説]

(a) 真数を仮数と 10 の指数であらわす

(b) 公式 3.6の対数の性質 (1), (3) を利用

(c) (3.7) の式に対応する

(d) 常用対数表より $\log_{10} 3.14 = 0.4969$

(e) 真数を仮数と 10 の指数であらわす

(f) (3.7) より

(g) 常用対数表より $\log_{10} 3.14 = 0.4969$

---

**問 3.32**    常用対数表を用いて，次の値の近似値を求めよ．

(1) $\log_{10} 4320$    (2) $\log_{10} 31500000$    (3) $\log_{10} 0.00086$

**問 3.33**    年利 (1 年複利) 3%の固定利率で預けたお金が 2 倍をこえるのは何年後か．また，10 倍をこえるのは何年後か．

次に正の数の桁数に関して調べる．

正の数 $M$ に対して，常用対数 $\log_{10} M$ は「10 を何回かけたら $M$ になるか」という回数を表しているから，$M$ が何桁の数かということを調べることができる．(3.6) において，$1 \leq a < 10$ であるから

$$10^n \leq M < 10^{n+1}$$

である．$1 \leq M$ のとき，$0 \leq n$ に注意すると $M$ は $n+1$ 桁の数である．また $0 < M < 1$ のとき，$n < 0$ に注意すると $M$ は小数点以下第 $-n$ 位にはじめて 0 でない数が現れる．まとめると

---

**公式 3.8 (正の数 $M$ の桁数)**    正の数 $M$ に対して，$\log_{10} M$ の整数部分を $n$ とする（$n$ は (3.6), (3.7) と同じものである）．

(1)  $1 \leq M$ のとき，$M$ は $n+1$ 桁の数である．

(2)  $0 < M < 1$ のとき，$M$ は小数点以下第 $-n$ 位にはじめて 0 でない数が現れる．

---

例題 **3.19**　次の問いに答えよ.

(1)　$2^{20}$ は何桁の数字か. ただし, $\log_{10} 2 = 0.3010$ とする.

(2)　$0.3^{30}$ を小数で表すと, 小数点以下第何位にはじめて 0 でない数字が現れるか. ただし, $\log_{10} 3 = 0.4771$ とする.

---

**解答**　(1)
$$\log_{10} 2^{20} = 20 \times \log_{10} 2$$
$$= 20 \times 0.3010 = 6.020$$

よって, 7 桁の数字である.

(2)
$$\log_{10} 0.3^{30} = 30 \times \log_{10} \frac{3}{10}$$
$$= 30 \times (\log_{10} 3 - 1)$$
$$= 30 \times (0.4771 - 1) = -15.69$$

よって, 15 桁に初めて 0 でない数が現れる.

**解説**　(1)　$\log_{10} 2 = 0.3010$ を代入
対数の整数部分 $+1$ が桁数となる.

(2)　$\log_{10} 3 = 0.4771$ を代入
対数の整数部分の絶対値の位にはじめて 0 でない数字が現れる

**問 3.34**　次の数 $M$ について, $1 \le M$ のときは何桁の数であるか. また $M < 1$ のときは小数点以下第何位にはじめて 0 でない数が現れるか.

(1)　$M = 3^{15}$　　(2)　$M = 2^{64}$　　(3)　$M = \left(\dfrac{1}{2}\right)^{20}$　　(4)　$M = \left(\dfrac{1}{3}\right)^{12}$

**問 3.35**　$2^n$ が 9 桁の数となるような自然数 $n$ をすべて求めよ.

---

例題 **3.20**　ある放射線元素は時間経過にともなって一定の割合で崩壊し, 10 時間で質量が半減するという. この元素の質量が初めの量の $\dfrac{1}{10}$ 以下になるのは何時間後であるか求めよ. ただし, $\log_{10} 2 = 0.3010$ とする.

---

**解答**　10 時間で質量が $\dfrac{1}{2}$ 倍, 20 時間で $\dfrac{1}{4}$ 倍になるので $10x$ 時間後に $\left(\dfrac{1}{2}\right)^x$ 倍になる. よって条件より $\left(\dfrac{1}{2}\right)^x \le \dfrac{1}{10}$. 両辺の常用対数をとると (a) $\log_{10} \left(\dfrac{1}{2}\right)^x \le \log_{10} \dfrac{1}{10}$. これより (b) $-x \log_{10} 2 \le -1$. 整理すると, (c) $x \ge \dfrac{1}{\log_{10} 2} = \dfrac{1}{0.3010} = 3.322$ となり, 4 時間後に初めの量の $\dfrac{1}{10}$ 以下になる.

**解説**

(a) 対数の底が $10 > 1$ なので不等式の向きは変わらない

(b) 公式 3.6 の対数の性質 (3) を利用

(c) $\log_{10} 2 = 0.3010$ を代入

**問 3.36**　光があるガラス板を 1 枚通るごとに, その光の強さが 1 割失うとき, このガラス板を何枚以上通過すると, 光の強さが初めの $\dfrac{1}{9}$ 以下となるか. ただし, $\log_{10} 3 = 0.4771$ とする.

## ◆第 3 章の演習問題◆

## *A*

**3.1** 次の計算をせよ．

(1) $\sqrt{\sqrt[3]{64}}$ 　　(2) $\sqrt[3]{5} \times \sqrt[3]{25}$ 　　(3) $\dfrac{\sqrt[3]{40}}{\sqrt[3]{5}}$

(4) $4^{\frac{2}{3}} \times 4^{-\frac{1}{6}}$ 　　(5) $(a^5)^{\frac{1}{3}} \div (a^{\frac{2}{9}})^3$ 　　(6) $a^{\frac{1}{3}} \times (a^{\frac{7}{9}})^3 \div (a^4)^{\frac{1}{6}}$

**3.2** 次の □ に当てはまる整数または分数を求めよ．

(1) $\sqrt[3]{\sqrt{3087}\sqrt[5]{1701}} = 3^{\square}7^{\square}$ 　　(2) $\sqrt{\sqrt[3]{216}\sqrt[4]{1296}} = 2^{\square}3^{\square}$

**3.3** 次の各組の数の大小を，不等号を用いて表わせ．

(1) $\sqrt{2},\ \sqrt[5]{2^3},\ \sqrt[7]{2^4}$ 　　(2) $\left(\dfrac{1}{5}\right)^{\frac{4}{3}}, \left(\dfrac{1}{5}\right)^{\frac{3}{2}}, \left(\dfrac{1}{5}\right)^{\frac{5}{4}}$

**3.4** 一日目に 1 円に貯金をする．二日目には 2 円貯金し，三日目に 4 円と倍々に貯金する金額を増やすとする．31 日目に貯金する金額を求めよ．

**3.5** マグニチュードが 0.2 あがると，地震のエネルギーは 2 倍になり，マグニチュードが 2 あがるとエネルギーは $2^{10}$ 倍，すなわち，1024 倍になる．東日本大震災 (M9.0) のエネルギーは想定されていた最大規模地震 (M8.4) の何倍のエネルギーであるか求めよ．

**3.6** 次を計算せよ．

(1) $\log_2 \sqrt{3} + 5\log_2 \sqrt{2} - \log_2 \sqrt{6}$ 　　(2) $(\log_9 8)(\log_4 81)$

(3) $\log_3 \sqrt{5} - \log_9 45$ 　　　　　　(4) $(\log_3 5)(\log_5 7)(\log_7 9)$

**3.7** 次の方程式，または不等式を解け．

(1) $2\log_2 x = \log_2(x+4) + 1$ 　　(2) $(\log_2 x)^2 - \log_2 x - 2 = 0$

(3) $\log_2(x+1) + \log_2(x-2) < 2$ 　　(4) $2\log_{\frac{1}{2}} x > \log_{\frac{1}{2}}(x+2)$

**3.8** 次の関数のグラフは $y = \log_3 x$ のグラフをどのように移動したものなのか説明せよ．

(1) $y = \log_3(x-2)$ 　　(2) $y = \log_3(-x)$

(3) $y = \log_3 9x$ 　　(4) $y = \log_{\frac{1}{3}} x$

**3.9** 1 回のろ過につき，ある物質を 40% を除去するろ過器がある．このろ過器を用いてその物質を 99% 以上除去するには，最低何回ろ過を繰り返せばよいか．ただし，$\log_{10} 2 = 0.3010$, $\log_{10} 3 = 0.4771$ とする．

## B

**3.1**　$2^x + 2^{-x} = 3$ のとき，次の式の値を求めよ．

(1)　$4^x + 4^{-x}$　　(2)　$8^x + 8^{-x}$

**3.2**　関数 $y = 2^{x+2} - 4^x$ の最大値と，そのときの $x$ の値を求めよ．

**3.3**　次の方程式の解を求めよ．

(1)　$2^{2x-1} = 32$　　(2)　$(2^{x-2})^{x+1} = 8^{x+10}$　　(3)　$9 \cdot 2^x + 2^{4-x} = 40$

**3.4**　関数 $c(x)$, $s(x)$ をそれぞれ $c(x) = \dfrac{1}{2}(a^x + a^{-x})$, $s(x) = \dfrac{1}{2}(a^x - a^{-x})$ とおくとき (問 3.7 参照)，次の等式を示せ．

(1)　$c(x)c(y) + s(x)s(y) = c(x+y)$　　(2)　$s(x)c(y) + c(x)s(y) = s(x+y)$

(3)　$c(x)^2 - s(x)^2 = 1$　　　　　　　(4)　$c(x)^2 + s(x)^2 = 2c(x)^2 - 1 = 2s(x)^2 + 1$

**3.5**　$1.2^n > 10000$ をみたす整数の $n$ を最小値を求めよ．ただし，$\log_{10} 2 = 0.3010$, $\log_{10} 3 = 0.4771$ とする．

**3.6**　次の連立方程式を解け．
$$\begin{cases} \log_2 x = \log_4 (y+1) \\ \log_2 \dfrac{y-2}{x} = -1 \end{cases}$$

**3.7**　0 でない 3 つの数 $a$, $b$, $c$ が $3^a = 5^b = 15^c$ をみたすとき，等式
$$\frac{1}{a} + \frac{1}{b} = \frac{1}{c}$$
が成り立つことを証明せよ．

**3.8**　$\alpha = \log_a \dfrac{8}{3}$, $\beta = \log_a \dfrac{16}{3}$, $a > 0$, $a \neq 1$ のとき，$\log_a 3$ を $\alpha$, $\beta$ で表せ．

**4**

三角関数

この章では，三角関数 $(\sin x, \cos x, \tan x)$ について学ぶ．
まず，直角三角形で定義される三角比について定義を復習
する．次に，角度の測り方・表わし方として，「度 $(°)$」と
は違う弧度法 (ラジアン) を学ぶ．三角関数においては，
角度はラジアンで表すのが標準である．その後，三角関数
を定義し，基本性質，グラフなどについて学んでいく．単
位円を使った三角関数の定義をしっかり理解することが最
も重要である．

後半では，三角関数に関して最も重要な定理である「加法
定理」や「三角関数の合成公式」について学習する．

## 4.1　三角比

$0° < \theta < 90°$ の範囲の角度 $\theta$ に対して, 三角比 $\cos\theta$ (余弦), $\sin\theta$ (正弦), $\tan\theta$ (正接) は, 図 4.1 のような $\angle A = \theta$, $\angle B = 90°$ の直角三角形 ABC の 3 辺の長さの比で, 次のように定義される.

**定義 4.1 (三角比の定義)**
$$\cos\theta = \frac{AB}{AC}, \qquad \sin\theta = \frac{BC}{AC}, \qquad \tan\theta = \frac{BC}{AB} \tag{4.1}$$

これらの値は三角形 ABC の取り方に依らず $\theta$ のみで決まる.

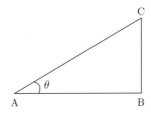

**図 4.1**　直角三角形 ABC

**例題 4.1**　図 4.1 の直角三角形において, AB $= 5$, BC $= 4$ のとき, $\cos\theta, \sin\theta, \tan\theta$ の値を求めよ.

[解答]　$AC^2 = 5^2 + 4^2 = 25 + 16 = 41$ より $AC = \sqrt{41}$. 　[解説]　三平方の定理「$AB^2 + BC^2 = AC^2$」により AC が出せる.

ゆえに $\cos\theta = \dfrac{AB}{AC} = \dfrac{5}{\sqrt{41}} \left( = \dfrac{5\sqrt{41}}{41} \right)$, $\sin\theta =$

$\dfrac{BC}{AC} = \dfrac{4}{\sqrt{41}} \left( = \dfrac{4\sqrt{41}}{41} \right)$, $\tan\theta = \dfrac{BC}{AB} = \dfrac{4}{5}$. ∎

**問 4.1**　図 4.1 の直角三角形において, 3 辺の長さが以下のようにわかっているとき, $\cos\theta, \sin\theta, \tan\theta$ の値を求めよ.

(1) AB $= 3$, BC $= 2$ 　　 (2) AB $= 4$, BC $= 7$ 　　 (3) AB $= 4$, AC $= 7$

**例題 4.2**　図 4.1 の直角三角形において, 次の問いに答えよ.
(1) $\cos\theta = \dfrac{2}{3}$, AC $= 4$ のとき, AB, BC の長さを求めよ.
(2) $\cos\theta = \dfrac{2}{3}$, AB $= 4$ のとき, AC, BC の長さを求めよ.
(3) $\sin\theta = \dfrac{3}{4}$, BC $= 1$ のとき, AC, AB の長さを求めよ.

解答 (1) $\mathrm{AB} = \mathrm{AC} \times \cos\theta = \dfrac{8}{3}$. $^{(a)}$ $\mathrm{BC}^2 = \mathrm{AC}^2 -$ 解説 (a) 三平方の定理「$\mathrm{AB}^2 + \mathrm{BC}^2 = \mathrm{AC}^2$」により $\mathrm{BC}$ が求まる.

$\mathrm{AB}^2 = (\mathrm{AC} + \mathrm{AB})(\mathrm{AC} - \mathrm{AB}) = \dfrac{20}{3} \times \dfrac{4}{3} = \dfrac{4^2 \cdot 5}{3^2}$. ゆ

えに,$\mathrm{BC} = \dfrac{4\sqrt{5}}{3}$.

(2) $\dfrac{\mathrm{AB}}{\mathrm{AC}} = \dfrac{2}{3}$ より,$\mathrm{AC} = \dfrac{3}{2} \times 4 = 6$. $^{(a)}$ $\mathrm{BC}^2 =$

$\mathrm{AC}^2 - \mathrm{AB}^2 = (\mathrm{AC} + \mathrm{AB})(\mathrm{AC} - \mathrm{AB}) = 10 \times 2 = 20$. ゆ

えに,$\mathrm{BC} = 2\sqrt{5}$.

(3) $\dfrac{\mathrm{BC}}{\mathrm{AC}} = \dfrac{3}{4}$ より,$\mathrm{AC} = \dfrac{4}{3} \times 1 = \dfrac{4}{3}$. $^{(b)}$ $\mathrm{AB}^2 =$

(b) 三平方の定理「$\mathrm{AB}^2 + \mathrm{BC}^2 = \mathrm{AC}^2$」により $\mathrm{AB}$ が求まる.

$\mathrm{AC}^2 - \mathrm{BC}^2 = (\mathrm{AC} + \mathrm{BC})(\mathrm{AC} - \mathrm{BC}) = \dfrac{7}{3} \times \dfrac{1}{3} = \dfrac{7}{9}$.

ゆえに,$\mathrm{AB} = \dfrac{\sqrt{7}}{3}$. ∎

---

問 4.2 図 4.1 の直角三角形において,次の問いに答えよ.

(1) $\cos\theta = \dfrac{3}{4}$,$\mathrm{AC} = 4$ のとき,$\mathrm{AB}, \mathrm{BC}$ の長さを求めよ.

(2) $\cos\theta = \dfrac{3}{4}$,$\mathrm{AB} = 6$ のとき,$\mathrm{AC}, \mathrm{BC}$ の長さを求めよ.

(3) $\sin\theta = \dfrac{2}{3}$,$\mathrm{AC} = 6$ のとき,$\mathrm{BC}, \mathrm{AB}$ の長さを求めよ.

(4) $\sin\theta = \dfrac{2}{3}$,$\mathrm{BC} = 3$ のとき,$\mathrm{AC}, \mathrm{AB}$ の長さを求めよ.

---

定義 4.1 からすぐに出る基本性質として,次の性質がある.

**公式 4.1 (三角比の基本性質:相互関係)**

$$\cos^2\theta + \sin^2\theta = 1, \qquad \tan\theta = \frac{\sin\theta}{\cos\theta}, \qquad 1 + \tan^2\theta = \frac{1}{\cos^2\theta} \tag{4.2}$$

1 つ目の等式は三平方の定理そのものと言ってよい.

**注意 4.1** $\cos\theta$, $\sin\theta$ は本来 $\cos(\theta)$, $\sin(\theta)$ と書くべきものだが,$\theta$ に当たるものが単純な場合は省略するのが普通である.$\cos(\theta + 45°)$ などの括弧は省略できない.$\cos 2\theta$ は $\cos(2\theta)$ の意味であるが,紛らわしいと思われる場合は括弧をつけた方がよい.

図 4.2 は辺の比が簡単になる直角三角形の代表であり,これらをもとに $30°, 45°, 60°$ などの三角比がわかる.

$$\cos 30° = \frac{\sqrt{3}}{2}, \qquad\qquad \sin 30° = \frac{1}{2}, \qquad\qquad \tan 30° = \frac{1}{\sqrt{3}} \tag{4.3}$$

$$\cos 45° = \frac{1}{\sqrt{2}}, \qquad\qquad \sin 45° = \frac{1}{\sqrt{2}}, \qquad\qquad \tan 45° = 1 \tag{4.4}$$

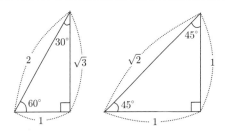

**図 4.2**　簡単な辺の比を持つ直角三角形

$$\cos 60^\circ = \frac{1}{2}, \qquad\qquad \sin 60^\circ = \frac{\sqrt{3}}{2}, \qquad\qquad \tan 60^\circ = \sqrt{3} \qquad\qquad (4.5)$$

## 4.2　弧度法 (ラジアン)

30°，45° など 1 周を 360° とする角度の測り方を度数法という．これに対して，弧 (円周の一部) の長さを基にした測り方がある．これを**弧度法**という．

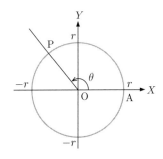

**図 4.3**　弧度法 (ラジアン)

図 4.3 において，点 A$(r, 0)$ の位置から原点 O を中心に動点 P を角度 $\theta$ だけ回転させる．このとき弧 $\overarc{\text{AP}}$ の長さは角度 $\theta$ に比例し，$\dfrac{\overarc{\text{AP}}}{r}$ は円の半径 $r$ に依らず角度 $\theta$ だけで決まる．そこで，角の大きさをこの比の値そのもので表そうというのが，弧度法の考えである．

具体的には，半径 $r$ の円において弧の長さが $r$ の扇形の中心角を 1 とし，1 ラジアン (rad) という．1 周は $2\pi r$ なので，360° は $2\pi$ ラジアンである．$r = 1$ の円 (単位円) を考えれば，角度は $\overarc{\text{AP}}$ の長さそのものである．

**例 4.1**　$\theta = 90^\circ$ の場合，$\overarc{\text{AP}} = 2\pi r \times \dfrac{1}{4} = \dfrac{\pi r}{2}$ なので，$90^\circ = \dfrac{\pi}{2}$ である．

**注意 4.2**　弧度法では，普通 rad という単位は省略する．元々 $\dfrac{[\text{長さ}]}{[\text{長さ}]}$ を意味する無単位の量である．

360° $= 2\pi$ なので，度とラジアンの変換は，180° $= \pi$ を基に比例計算すればよい．

**公式 4.2 (度とラジアンの換算)**

$$【a° をラジアンに】 \qquad\qquad a° = a° \times \frac{\pi}{180°} \qquad (4.6)$$

$$【b \text{ (rad)} を度に】 \qquad\qquad b = b \times \frac{180°}{\pi} \qquad (4.7)$$

次の表のような代表的な角度については，覚えておいて，すぐに換算できるようになっておくと便利である．

$$
\begin{array}{c||c|c|c|c|c|c|c}
a° & 360° & 180° & 90° & 60° & 45° & 30° & 1° \\
\hline
b(\text{rad}) & 2\pi & \pi & \dfrac{\pi}{2} & \dfrac{\pi}{3} & \dfrac{\pi}{4} & \dfrac{\pi}{6} & \dfrac{\pi}{180}
\end{array}
\qquad (4.8)
$$

---

**例題 4.3**　角度 $105°, 32°$ を弧度法で表せ．また，$\dfrac{4}{3}\pi, \dfrac{2}{5}$ を度数法で表せ．

---

**解答**　$105° = 105° \times \dfrac{\pi}{180°} = \dfrac{7}{12}\pi$.　　$32° = 32° \times$　**解説**　(4.6),(4.7) を使う.

$\dfrac{\pi}{180°} = \dfrac{8}{45}\pi$.　$\dfrac{4}{3}\pi = \dfrac{4}{3}\pi \times \dfrac{180°}{\pi} = 240°$.　$\dfrac{2}{5} =$

$\dfrac{2}{5} \times \dfrac{180°}{\pi} = \left(\dfrac{72}{\pi}\right)° (\fallingdotseq 22.92°)$.

**【別解】** $105° = 45° + 60° = \dfrac{\pi}{4} + \dfrac{\pi}{3} = \dfrac{7}{12}\pi$.　$\dfrac{4}{3}\pi =$ 　**【別解】** 代表的な角度 (4.8) については覚えているとして，その組み合わせで求める.

$4 \times \dfrac{\pi}{3} = 4 \times 60° = 240°$.

---

**問 4.3**　次の角度を弧度法で表せ.
  (1) $15°$　　(2) $75°$　　(3) $120°$　　(4) $135°$　　(5) $150°$
  (6) $330°$　　(7) $24°$　　(8) $22.5°$　　(9) $36°$　　(10) $52°$

**問 4.4**　次の角度を度数法で表せ.
  (1) $\dfrac{7}{6}\pi$　　(2) $\dfrac{7}{12}\pi$　　(3) $\dfrac{2}{5}\pi$　　(4) $\dfrac{5}{9}\pi$　　(5) $\dfrac{1}{6}$

## 4.3　三角関数の定義

以降は，角の大きさはラジアンで表し，原則として rad は書かないこととする．

§4.1 でみた三角比は，直角三角形を使って定義されているので，$0 < \theta < \dfrac{\pi}{2}$ の範囲の $\theta$ に対してのみ定義されている．この定義を拡張して，すべての実数 $\theta$ に対して $\cos\theta, \sin\theta$ を定義する．図 4.4 のように，座標平面 (例えば $(X, Y)$ 平面) において，原点 $\mathrm{O}(0,0)$ を中心とし，半径が 1 の円 (単位円) $X^2 + Y^2 = 1$ を考える．(後で角度として $x$ という文字を使いたいので，$(x, y)$ ではなく，$(X, Y)$ としておく．)

　　点 A$(1,0)$ の位置から，原点を中心に動点 P を回転させる．最初の位置を表す半直線 OA を**始線**といい，半直線 (または線分) OP を**動径**という．

---

**定義 4.2 ($\cos\theta,\ \sin\theta$ の定義)**　半直線 OA を始線として，動径 OP の表す角を $\theta$ とする．このときの点 P の座標を $(X, Y)$ とするとき，

$$\cos\theta = X$$
$$\sin\theta = Y$$

と定義する．

---

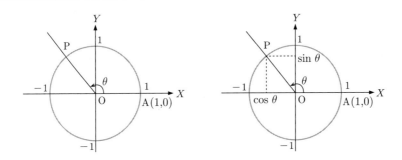

**図 4.4**　単位円・動径と三角関数

　　この定義により，すべての実数 $\theta$ に対して，$\cos\theta,\ \sin\theta$ の値が決まる．$\theta$ が $0 < \theta < \dfrac{\pi}{2}$ のときは，§4.1 において直角三角形で考えた三角比としての $\cos\theta,\ \sin\theta$ と同じ値になるので，同じ記号を使っても問題ない．

**例 4.2**　$\theta = \dfrac{4}{3}\pi$ のとき，図 4.5 において，$\angle \mathrm{QOP} = \dfrac{\pi}{3} = 60°$ なので，$\mathrm{OQ} = \dfrac{1}{2}$，$\mathrm{OR} = \dfrac{\sqrt{3}}{2}$ である．点 Q, R の座標がそれぞれ $\cos\theta,\ \sin\theta$ なので，$\cos\dfrac{4}{3}\pi = -\dfrac{1}{2}$，$\sin\dfrac{4}{3}\pi = -\dfrac{\sqrt{3}}{2}$ である．

　　何周も回転したり，逆向きへの回転 (マイナスの角度) も考えることで，$\theta$ はすべての実数を考えることができる．1 つの動径 OP に対して，角度は無数にあるが，1 つの角度を $\theta_0$ とすると，OP を表す角度のすべては $\theta = \theta_0 + 2n\pi$ ($n$ は整数) と書くことができる．

**例 4.3**　図 4.5 において，$\angle \mathrm{QOP} = \dfrac{\pi}{3}$ のとき，動径 OP を表す角度は，$\theta = \dfrac{4}{3}\pi + 2n\pi$ ($n$ は整数) や $\theta = -\dfrac{2}{3}\pi + 2n\pi$ ($n$ は整数) と表すことができる．

---

**定義 4.3 ($\tan\theta$ の定義)**　$\cos\theta \neq 0$ であるような $\theta$，すなわち $\theta \neq \dfrac{\pi}{2} + n\pi$ ($n$ は整数) に対して，$\tan\theta = \dfrac{\sin\theta}{\cos\theta}$ と定義する．

---

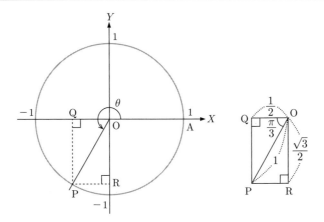

**図 4.5** 例 4.2

上の例 4.2 (図 4.5) では

$$\tan \frac{4}{3}\pi = \frac{\sin \frac{4}{3}\pi}{\cos \frac{4}{3}\pi} = \frac{-\frac{\sqrt{3}}{2}}{-\frac{1}{2}} = \sqrt{3}$$

である. $\tan\theta$ は直線 OP の傾きである (図 4.6) ので, こういう計算をしなくても図からわかることも多い.

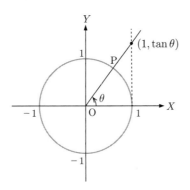

**図 4.6** $\tan\theta$ は直線 OP の傾き

---

**例題 4.4** 次の角度 $\theta$ に対して $\cos\theta$, $\sin\theta$, $\tan\theta$ の値を求めよ.
(1) $\theta = \frac{5}{3}\pi$ 　　(2) $\theta = \frac{5}{4}\pi$ 　　(3) $\theta = -\frac{\pi}{6}$

---

**解答** (1) 図 4.7 において, $\angle\mathrm{QOP} = \dfrac{\pi}{3} = 60°$ なので, $\mathrm{OQ} = \dfrac{1}{2}$, $\mathrm{OR} = \dfrac{\sqrt{3}}{2}$ である. ゆえに, $\cos\theta = \dfrac{1}{2}$, $\sin\theta = -\dfrac{\sqrt{3}}{2}$, $\tan\theta = \dfrac{\sin\theta}{\cos\theta} = \dfrac{-\frac{\sqrt{3}}{2}}{\frac{1}{2}} = -\sqrt{3}$ である.

**解説** 図を描いて, $\cos\theta$, $\sin\theta$ の定義をよく考える.
$\tan\theta$ の値は, OP の傾きとして図から求めてもよい.

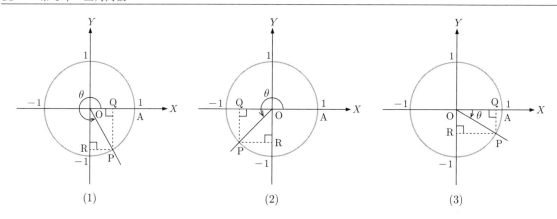

(1) (2) (3)

図 **4.7** 例題 4.4

(2) 図 4.7 において，$\angle \mathrm{QOP} = \dfrac{\pi}{4} = 45°$ なので，$\mathrm{OQ} = \dfrac{1}{\sqrt{2}}$, $\mathrm{OR} = \dfrac{1}{\sqrt{2}}$ である．ゆえに，$\cos\theta = -\dfrac{1}{\sqrt{2}}$, $\sin\theta = -\dfrac{1}{\sqrt{2}}$, $\tan\theta = \dfrac{\sin\theta}{\cos\theta} = \dfrac{-\frac{1}{\sqrt{2}}}{-\frac{1}{\sqrt{2}}} = 1$ である．

(3) 図 4.7 において，$\angle \mathrm{QOP} = \dfrac{\pi}{6} = 30°$ なので，$\mathrm{OQ} = \dfrac{\sqrt{3}}{2}$, $\mathrm{OR} = \dfrac{1}{2}$ である．ゆえに，$\cos\theta = \dfrac{\sqrt{3}}{2}$, $\sin\theta = -\dfrac{1}{2}$, $\tan\theta = \dfrac{\sin\theta}{\cos\theta} = \dfrac{-\frac{1}{2}}{\frac{\sqrt{3}}{2}} = -\dfrac{1}{\sqrt{3}}$ である． ▌

▌**問 4.5** 次の角度 $\theta$ に対して $\cos\theta$, $\sin\theta$, $\tan\theta$ の値を求めよ．

(1) $\theta = \dfrac{2}{3}\pi$ (2) $\theta = \dfrac{7}{6}\pi$ (3) $\theta = \dfrac{7}{4}\pi$ (4) $\theta = -\dfrac{\pi}{4}$ (5) $\theta = -\dfrac{2}{3}\pi$

(6) $\theta = \dfrac{5}{6}\pi$ (7) $\theta = -\dfrac{4}{3}\pi$ (8) $\theta = \dfrac{11}{6}\pi$ (9) $\theta = \dfrac{9}{4}\pi$ (10) $\theta = -\dfrac{13}{6}\pi$

定義の図 4.4 を使えば，逆に $\sin\theta$ や $\cos\theta$ の値から $\theta$ の値を求めることもできる．

▌**例題 4.5** (1) 方程式 $\sin\theta = \dfrac{1}{2}$ を $0 \leq \theta \leq 2\pi$ の範囲で解け．

(2) 不等式 $\sin\theta < \dfrac{1}{2}$ を $0 \leq \theta \leq 2\pi$ の範囲で解け．

(3) 方程式 $\tan\theta = -1$ を $0 \leq \theta \leq 2\pi$ の範囲で解け．

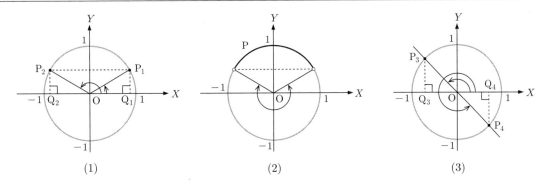

図 **4.8** 例題 4.5

**解答**　(1) 図 **4.8 (1)** より，$\theta = \dfrac{\pi}{6}, \dfrac{5}{6}\pi$ である．($\theta$ の範囲の指定がない場合は $\theta = \dfrac{\pi}{6} + 2n\pi, \dfrac{5}{6}\pi + 2n\pi$ ($n$ は任意の整数) が解である．)

(2) 図 **4.8 (2)** より，$0 \le \theta < \dfrac{\pi}{6}, \dfrac{5}{6}\pi < \theta \le 2\pi$ である．(範囲の指定がない場合は $\dfrac{5}{6}\pi + 2n\pi < \theta < \dfrac{13}{6}\pi + 2n\pi$ ($n$ は任意の整数) が解である．)

(3) 図 **4.8 (3)** より，$\theta = \dfrac{3}{4}\pi, \dfrac{7}{4}\pi$ である．(範囲の指定がない場合は $\theta = \dfrac{3}{4}\pi + n\pi$ ($n$ は任意の整数) が解である．)

**解説**　$XY$ 平面上の単位円において $\sin\theta$ は $Y$ 座標を表すことに注意する．

(1) $Y = \dfrac{1}{2}$ と単位円との交点 $P_1$, $P_2$ を考えると，$P_1Q_1 = \dfrac{1}{2}$ なので，$OP_1 = 1$ より $OQ_1 = \dfrac{\sqrt{3}}{2}$ となり，$\angle P_1OQ_1 = \dfrac{\pi}{6}$ である．

(2) $\sin\theta = \dfrac{1}{2}$ の解は (1) でみたように $\theta = \dfrac{\pi}{6}, \dfrac{5}{6}\pi$ である．図により $Y < \dfrac{1}{2}$ の範囲の角度を見る．

(3) $\dfrac{Y}{X} = -1$，すなわち $Y = -X$ と単位円との交点 $P_3$, $P_4$ を考えると，$OQ_3 = Q_3P_3$ なので，$OP_3 = 1$ より $\angle P_3OQ_3 = \dfrac{\pi}{4}$ である．

**問 4.6**　(1) 方程式 $\sin\theta = \dfrac{\sqrt{3}}{2}$ を $0 \le \theta \le 2\pi$ の範囲で解け．

(2) 不等式 $\sin\theta > \dfrac{\sqrt{3}}{2}$ を $0 \le \theta \le 2\pi$ の範囲で解け．

(3) 方程式 $\cos\theta = \dfrac{1}{2}$ を $0 \le \theta \le 2\pi$ の範囲で解け．

(4) 不等式 $\cos\theta \le \dfrac{\sqrt{3}}{2}$ を $0 \le \theta \le 2\pi$ の範囲で解け．

(5) 方程式 $\sqrt{2}\cos\theta + 1 = 0$ を $-\pi \le \theta \le \pi$ の範囲で解け．

(6) 不等式 $\sqrt{2}\sin\theta + 1 \ge 0$ を $-\pi \le \theta \le \pi$ の範囲で解け．

(7) 方程式 $\tan\theta = 1$ を $0 \le \theta \le 2\pi$ の範囲で解け．

(8) 不等式 $\tan\theta \ge -1$ を $0 \le \theta \le 2\pi$ の範囲で解け．

　今まで，角度は $\theta$ という文字を用いてきたが，今後は $\cos\theta$ などを<u>関数とみる</u>ことが多い．その場合は，独立変数としておもに $x$ を使い，$\cos x, \sin x, \tan x$ と書くことにする．

## 4.4　三角関数の基本性質

### 4.4.1　基本性質 1

　定義 4.2 からすぐに出る基本性質として，公式 4.1 (4.2) と同じ性質がある．

**公式 4.3 (三角関数の基本性質：相互関係)**

$$\cos^2 x + \sin^2 x = 1, \quad \tan x = \frac{\sin x}{\cos x}, \quad 1 + \tan^2 x = \frac{1}{\cos^2 x} \tag{4.9}$$

　これらの公式により，$\sin x, \cos x, \tan x$ のうちの 1 つの値がわかると，他の値もわかる．

---

**例題 4.6**　(1) $0 \le x \le \dfrac{\pi}{2}$, $\cos x = \dfrac{1}{3}$ のとき，$\sin x, \tan x$ の値を求めよ．

(2) $\dfrac{\pi}{2} \le x \le \pi$, $\sin x = \dfrac{2}{5}$ のとき，$\cos x, \tan x$ の値を求めよ．

---

**解答**　(1) $\sin^2 x = 1 - \cos^2 x = 1 - \dfrac{1}{9} = \dfrac{8}{9}$．ゆえに

$\sin x = \pm\dfrac{2\sqrt{2}}{3}$．$0 \le x \le \dfrac{\pi}{2}$ なので $\sin x \ge 0$ だから，

$\sin x = \dfrac{2\sqrt{2}}{3}$．これより $\tan x = \dfrac{\frac{2\sqrt{2}}{3}}{\frac{1}{3}} = 2\sqrt{2}$．

(2) $\cos^2 x = 1 - \sin^2 x = 1 - \dfrac{4}{25} = \dfrac{21}{25}$．ゆえに

$\cos x = \pm\dfrac{\sqrt{21}}{5}$．$\dfrac{\pi}{2} \le x \le \pi$ なので $\cos x \le 0$ だ

から，$\cos x = -\dfrac{\sqrt{21}}{5}$．これより $\tan x = \dfrac{\frac{2}{5}}{-\frac{\sqrt{21}}{5}} = $

$-\dfrac{2}{\sqrt{21}} \left( = -\dfrac{2\sqrt{21}}{21} \right)$．

**解説**　(4.9) を使う．

(1) $0 \le x \le \dfrac{\pi}{2}$ より直角三角形で考えることもできる．

(2) $\dfrac{\pi}{2} \le x \le \pi$ より $\cos x$ の符号に注意する．

---

**問 4.7**　(1) $0 \le x \le \dfrac{\pi}{2}$, $\cos x = \dfrac{1}{4}$ のとき，$\sin x, \tan x$ の値を求めよ．

(2) $\dfrac{\pi}{2} \le x \le \pi$, $\sin x = \dfrac{2}{3}$ のとき，$\cos x, \tan x$ の値を求めよ．

(3) $0 \le x \le \pi$, $\cos x = \dfrac{3}{5}$ のとき，$\sin x, \tan x$ の値を求めよ．

(4) $0 < x < \dfrac{\pi}{2}$, $\tan x = 2$ のとき，$\cos x, \sin x$ の値を求めよ．

### 4.4.2 基本性質 2

次に重要な基本性質として以下の 3 つがある.

- $x$ が $-x$ になると以下のような変化をする.

**公式 4.4 (三角関数の偶奇性)**

$$\cos(-x) = \cos x, \quad \sin(-x) = -\sin x, \quad \tan(-x) = -\tan x. \tag{4.10}$$

一般に $f(-x) = f(x)$ をみたす関数 $f(x)$ を**偶関数**, $f(-x) = -f(x)$ をみたす関数 $f(x)$ を**奇関数**という (図 4.9 参照). 例えば, $f(x) = x^2, x^4, x^6$ など, グラフが $y$ 軸に関して左右対称となる関数が偶関数であり, $f(x) = x, x^3, x^5$ など, グラフが原点に関して対称となる (180° 回転すると元と一致する) 関数が奇関数である. (4.10) が意味しているのは, $\cos x$ は偶関数で, $\sin x$ と $\tan x$ は奇関数, ということである.

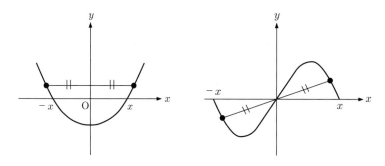

図 **4.9** 偶関数 (左), 奇関数 (右)

- $\cos x, \sin x$ について次が成り立つ.

**公式 4.5 (周期性)**

$$\cos(x \pm 2\pi) = \cos x, \quad \sin(x \pm 2\pi) = \sin x \tag{4.11}$$

このように, 定数 $T$ に対して, 関数 $f(x)$ がすべての $x$ に対して $f(x+T) = f(x)$ をみたすとき, $f(x)$ は周期 $T$ の**周期関数**という (図 4.10). $T$ が周期なら, $nT$ ($n$ は自然数) も周期である. 最小の正の周期があるとき, **基本周期**や最小周期などというが, 基本周期を単に周期ということも多い.

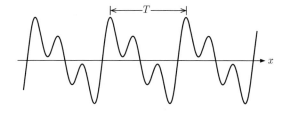

図 **4.10** 周期 $T$ の周期関数

$\cos x, \sin x$ は, 基本周期 $2\pi$ の周期関数である.

$\tan x$ については次が成り立つ.

$$\tan(x \pm \pi) = \tan x \tag{4.12}$$

すなわち, $\tan x$ は基本周期 $\pi$ の周期関数である.

また, $\cos x, \sin x$ で $x$ が $\pi$ ずれたときは, 符号が変わる.

**公式 4.6 ($\cos x, \sin x$ の半周期のずれ)**

$$\cos(x \pm \pi) = -\cos x, \quad \sin(x \pm \pi) = -\sin x \tag{4.13}$$

● 以上を組み合わせると, 次が得られる.

$$\cos(\pi - x) = -\cos x, \ \sin(\pi - x) = \sin x, \ \tan(\pi - x) = -\tan x \tag{4.14}$$

---

**例題 4.7**　次の値をそれぞれ, 第1象限の角 $x \left(0 < x < \dfrac{\pi}{2}\right)$ に対する $\sin x, \cos x, \tan x$ を用いて表せ.

(1) $\sin \dfrac{22}{5}\pi$　　(2) $\cos \dfrac{9}{7}\pi$　　(3) $\sin\left(-\dfrac{14}{5}\pi\right)$　　(4) $\tan \dfrac{11}{8}\pi$

---

[解答]　(1) $\sin \dfrac{22}{5}\pi = \sin\left(\dfrac{2}{5}\pi + 4\pi\right) = \sin \dfrac{2}{5}\pi.$

(2) $\cos \dfrac{9}{7}\pi = \cos\left(\dfrac{2}{7}\pi + \pi\right) = -\cos \dfrac{2}{7}\pi.$

(3) $\sin\left(-\dfrac{14}{5}\pi\right) = \sin\left(\dfrac{\pi}{5} - 3\pi\right) = -\sin \dfrac{\pi}{5}.$

【別解1】　$\sin\left(-\dfrac{14}{5}\pi\right) = \sin\left(\dfrac{6}{5}\pi - 4\pi\right) = \sin \dfrac{6}{5}\pi =$
$\sin\left(\dfrac{\pi}{5} + \pi\right) = -\sin \dfrac{\pi}{5}.$

【別解2】　$\sin\left(-\dfrac{14}{5}\pi\right) = -\sin \dfrac{14}{5}\pi =$
$-\sin\left(\dfrac{4}{5}\pi + 2\pi\right) = -\sin \dfrac{4}{5}\pi =$
$-\sin\left(\pi - \dfrac{\pi}{5}\right) = -\sin \dfrac{\pi}{5}.$

(4) $\tan \dfrac{11}{8}\pi = \tan\left(\dfrac{3}{8}\pi + \pi\right) = \tan \dfrac{3}{8}\pi.$

[解説]　(1) (4.11) による.

(2) (4.13) による.

(3) (4.13) を3回使う.

【別解1】 (4.11) を2回使い, (4.13) を使う.

【別解2】 (4.10), (4.11), (4.14) による.

(4) (4.12) による.

---

**問 4.8**　次の値をそれぞれ, 第1象限の角 $x \left(0 < x < \dfrac{\pi}{2}\right)$ に対する $\sin x, \cos x, \tan x$ を用いて表せ.

(1) $\sin \dfrac{30}{7}\pi$　　(2) $\cos \dfrac{7}{5}\pi$　　(3) $\sin \dfrac{6}{5}\pi$　　(4) $\cos \dfrac{29}{7}\pi$

(5) $\sin\left(-\dfrac{26}{9}\pi\right)$　　(6) $\cos\left(-\dfrac{17}{9}\pi\right)$　　(7) $\tan \dfrac{10}{7}\pi$　　(8) $\tan\left(-\dfrac{13}{7}\pi\right)$

$\dfrac{\pi}{2} - x$ を考える $\left(\dfrac{\pi}{2} - x \text{ を } x \text{ の余角と呼ぶ}\right)$ と，

$$\cos\left(\frac{\pi}{2} - x\right) = \sin x, \ \sin\left(\frac{\pi}{2} - x\right) = \cos x, \ \tan\left(\frac{\pi}{2} - x\right) = \frac{1}{\tan x} \tag{4.15}$$

が成り立つ．これと (4.10) を使うと，$x + \dfrac{\pi}{2} = \dfrac{\pi}{2} - (-x)$ より

$$\cos\left(x + \frac{\pi}{2}\right) = -\sin x, \ \sin\left(x + \frac{\pi}{2}\right) = \cos x, \ \tan\left(x + \frac{\pi}{2}\right) = -\frac{1}{\tan x} \tag{4.16}$$

が成り立つ．また，$x - \dfrac{\pi}{2} = -\left(\dfrac{\pi}{2} - x\right)$ より

$$\cos\left(x - \frac{\pi}{2}\right) = \sin x, \ \sin\left(x - \frac{\pi}{2}\right) = -\cos x, \ \tan\left(x - \frac{\pi}{2}\right) = -\frac{1}{\tan x} \tag{4.17}$$

が成り立つ．

以上の公式をまとめると表 4.1 となる．

**表 4.1** 三角関数の基本公式

| | | |
|---|---|---|
| $\cos(-x) = \cos x$ | $\sin(-x) = -\sin x$ | $\tan(-x) = -\tan x$ |
| $\cos(x \pm 2\pi) = \cos x$ | $\sin(x \pm 2\pi) = \sin x$ | $\tan(x \pm 2\pi) = \tan x$ |
| $\cos(x \pm \pi) = -\cos x$ | $\sin(x \pm \pi) = -\sin x$ | $\tan(x \pm \pi) = \tan x$ |
| $\cos(\pi - x) = -\cos x$ | $\sin(\pi - x) = \sin x$ | $\tan(\pi - x) = -\tan x$ |
| $\cos\left(\dfrac{\pi}{2} - x\right) = \sin x$ | $\sin\left(\dfrac{\pi}{2} \quad x\right) = \cos x$ | $\tan\left(\dfrac{\pi}{2} - x\right) = \dfrac{1}{\tan x}$ |
| $\cos\left(x + \dfrac{\pi}{2}\right) = -\sin x$ | $\sin\left(x + \dfrac{\pi}{2}\right) = \cos x$ | $\tan\left(x + \dfrac{\pi}{2}\right) = -\dfrac{1}{\tan x}$ |
| $\cos\left(x - \dfrac{\pi}{2}\right) = \sin x$ | $\sin\left(x - \dfrac{\pi}{2}\right) = -\cos x$ | $\tan\left(x - \dfrac{\pi}{2}\right) = -\dfrac{1}{\tan x}$ |

**注意 4.3** これらの公式は，後で学ぶ加法定理により統合されるので，覚えなくとも何とかなるが，1 つの覚え方としては，$\pi$ が関係するものは，cos, sin, tan という記号は変わらず，$\dfrac{\pi}{2}$ が関係するものは，cos, sin という記号が入れ替わり，記号 tan は $\dfrac{1}{\tan}$ に変わる．符号については，$0 < x < \dfrac{\pi}{2}$ と仮定して，左辺の符号を単位円の図で考えればよい．例えば $\cos(\pi - x)$ の場合，$\pi$ が関係しているので $\cos(\pi - x) = \boxed{\phantom{-}}\cos x$ であり，$0 < x < \dfrac{\pi}{2}$ のとき $\pi - x$ は $\dfrac{\pi}{2} < \pi - x < \pi$ の範囲にあるから，左辺の $\cos(\pi - x)$ は $-$ である．したがって $\cos(\pi - x) = -\cos x$ である．$\sin\left(x - \dfrac{\pi}{2}\right)$ の場合は，$\dfrac{\pi}{2}$ が関係しているので $\sin\left(x - \dfrac{\pi}{2}\right) = \boxed{\phantom{-}}\cos x$ であり，$0 < x < \dfrac{\pi}{2}$ のとき $x - \dfrac{\pi}{2}$ は $-\dfrac{\pi}{2} < x - \dfrac{\pi}{2} < 0$ の範囲にあるから，左辺の $\sin\left(x - \dfrac{\pi}{2}\right)$ は $-$ である．したがって $\sin\left(x - \dfrac{\pi}{2}\right) = -\cos x$ である．

## 4.5　三角関数のグラフ

### 4.5.1　$y = \sin x$, $y = \cos x$ のグラフ

三角関数 $y = \cos x$, $y = \sin x$ のグラフはそれぞれ，図 4.11，4.12 のようになる．

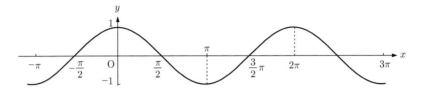

**図 4.11**　$y = \cos x$ のグラフ

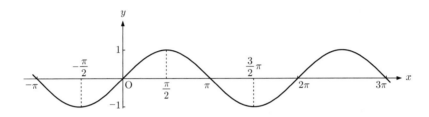

**図 4.12**　$y = \sin x$ のグラフ

重要なことは，基本周期が $2\pi$ であることと，$\dfrac{\pi}{2}$ の整数倍となる $x$ における $y$ の値を明示することである．1 周期分さえわかればいいから，$0 \le x \le 2\pi$（または $-\pi \le x \le \pi$）を考えればよい．

| $x$ | $-\pi$ | $-\dfrac{\pi}{2}$ | $0$ | $\dfrac{\pi}{2}$ | $\pi$ | $\dfrac{3}{2}\pi$ | $2\pi$ |
|---|---|---|---|---|---|---|---|
| $\cos x$ | $-1$ | $0$ | $1$ | $0$ | $-1$ | $0$ | $1$ |
| $\sin x$ | $0$ | $-1$ | $0$ | $1$ | $0$ | $-1$ | $0$ |

$y$ の値は 0 を中心に $\pm 1$ の間を変化する．このことを $y$ の**振幅**は 1 であるという．

公式 (4.16) でみたように $\cos x = \sin\left(x + \dfrac{\pi}{2}\right)$ なので，2 つのグラフは横に $\dfrac{\pi}{2}$ ずれているだけで同じ形の曲線であり，**正弦曲線**，**サインカーブ**などと呼ばれる．

---

**例題 4.8**　関数 $f(x) = \sin\left(x - \dfrac{\pi}{6}\right) + 1$ のグラフを描け．

---

**[解答]**　このグラフは $y = \sin x$ のグラフを $x$ 軸方向に $\dfrac{\pi}{6}$，$y$ 軸方向に 1 だけ平行移動したものであり，基本周期は $2\pi$ である．したがって，グラフは図 4.13 のようになる．　∎

**[解説]**　2.3.1 節で見たように，$y = f(x-a)+b$ のグラフは，$y = f(x)$ のグラフを $x$ 軸方向に $a$ だけ，$y$ 軸方向に $b$ だけ平行移動したものである．

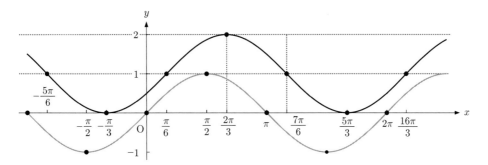

図 **4.13**　例題 4.8

例題 4.8 において, $x$ と $y$ の対応関係は以下のようになっている.

| $x - \dfrac{\pi}{6}$ | $0$ | $\dfrac{\pi}{2}$ | $\pi$ | $\dfrac{3}{2}\pi$ | $2\pi$ |
|:---:|:---:|:---:|:---:|:---:|:---:|
| ◎　$x$ | $\dfrac{\pi}{6}$ | $\dfrac{2}{3}\pi$ | $\dfrac{7}{6}\pi$ | $\dfrac{5}{3}\pi$ | $\dfrac{13}{6}\pi$ |
| ◎　$y$ | $1$ | $2$ | $1$ | $0$ | $1$ |

**問 4.9**　次の関数のグラフを描け.

(1)　$y = \sin\left(x - \dfrac{\pi}{3}\right)$　　　　(2)　$y = \cos\left(x + \dfrac{\pi}{3}\right)$　　　　(3)　$y = \cos\left(x + \dfrac{\pi}{2}\right) + 1$

### 4.5.2　$\tan x$ のグラフ

$y = \tan x$ のグラフは図 4.14 のようになる. $\dfrac{\pi}{2}$ の奇数倍のところ $\left(-\dfrac{\pi}{2}, \dfrac{\pi}{2}, \dfrac{3}{2}\pi, \dfrac{5}{2}\pi \text{など}\right)$ では定義されていないことに注意がいる. $x$ がこれらの値に近づくと, グラフは, $x$ 軸に垂直な直線 $x = \dfrac{\pi}{2}$,

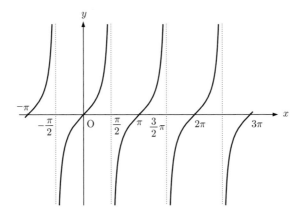

図 **4.14**　$y = \tan x$ のグラフ

$x = \dfrac{3}{2}\pi$ などに近づいていく．このような直線は漸近線と呼ばれる．

　重要なことは，基本周期が $\pi$ であることと，$\dfrac{\pi}{4}$ の整数倍となる $x$ における $y$ の値を明示することである．1 周期分さえわかればいいから，$0 \le x \le \pi$ $\left(\text{または} -\dfrac{\pi}{2} \le x \le \dfrac{\pi}{2}\right)$ を考えればよい．

| $x$ | | $-\dfrac{\pi}{2}$ | $-\dfrac{\pi}{4}$ | $0$ | $\dfrac{\pi}{4}$ | $\dfrac{\pi}{2}$ | $\dfrac{3}{4}\pi$ | $\pi$ |
|---|---|---|---|---|---|---|---|---|
| $\tan x$ | | | $-1$ | $0$ | $1$ | | $-1$ | $0$ |

### 4.5.3　周期

　4.4.2 節で述べたように，$\cos x$, $\sin x$ は，基本周期 $2\pi$ の周期関数であり，$\tan x$ は，基本周期 $\pi$ の周期関数である．

　$a > 0$ のとき $\sin(ax+b)$ や $\cos(ax+b)$ では，角度 $ax+b$ が $2\pi$ 変化するのは $ax$ が $2\pi$ 変化するときで，それは $x$ が $2\pi \times \dfrac{1}{a}$ 変化するときなので，$\sin(ax+b)$ や $\cos(ax+b)$ の基本周期は $2\pi \times \dfrac{1}{a}$ である．同様に，$\tan(ax+b)$ の基本周期は $\pi \times \dfrac{1}{a}$ である．

---

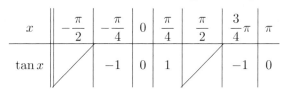

**例題 4.9**　関数 $y = 2\cos\left(3x - \dfrac{\pi}{6}\right) - 1$ の基本周期を求めよ．

[解答]　角度 $3x - \dfrac{\pi}{6}$ が $2\pi$ 変化するのは，$x$ が $\dfrac{2\pi}{3}$ 変化するときなので，求める基本周期は $\dfrac{2\pi}{3}$．

【別解】$\cos x \to \cos\left(x - \dfrac{\pi}{6}\right) - 1 \to 2\cos\left(3x - \dfrac{\pi}{6}\right) - 1$ とみると，この関数のグラフは $y = \cos x$ のグラフを $x$ 軸方向に $\dfrac{\pi}{6}$，$y$ 軸方向に $-1$ だけ平行移動してから，**$x$ 軸方向に $\dfrac{1}{3}$ 倍に縮小**し，$y$ 軸方向に 2 倍に拡大したものである．ゆえに基本周期は $2\pi \times \dfrac{1}{3} = \dfrac{2}{3}\pi$．

[解説]　$x$ が現れているのは $\cos$ の角度の部分だけであり，角度 $3x - \dfrac{\pi}{6}$ が $2\pi$ 変化するのは $3x$ が $2\pi$ 変化するときである．

【別解】（次節で述べる拡大・縮小を使うなら）平行移動や $y$ 軸方向の拡大・縮小では，周期は変わらない．$x$ 軸方向の拡大・縮小だけ周期に影響を与える．

**問 4.10**　次の関数の基本周期を求めよ．

(1) $y = \sin\left(x - \dfrac{\pi}{3}\right)$　　　　(2) $y = \cos 3x$　　　　(3) $y = 3\sin\dfrac{x}{2}$

(4) $y = 2\cos\left(2x + \dfrac{\pi}{6}\right)$　　　(5) $y = \tan\left(x + \dfrac{\pi}{6}\right)$　　(6) $y = 3\tan\dfrac{x}{3}$

(7) $y = 3\cos\left(\dfrac{x}{3} - \dfrac{\pi}{4}\right) - 5$

### 4.5.4 グラフの拡大・縮小

$y = \cos\left(2x - \dfrac{\pi}{3}\right)$ など，角度のところに $px - q$ の入っている関数も考えるため，まずは，関数 $y = bf(ax)$ のグラフと関数 $y = f(x)$ のグラフとの関係を考えよう．

> **例 4.4**　$y = \cos x$ に対して，$y = \cos 2x$ を考える．

| ◎ $x$ | $-\pi$ | $-\dfrac{\pi}{2}$ | $0$ | $\dfrac{\pi}{2}$ | $\pi$ | $\dfrac{3}{2}\pi$ | $2\pi$ |
|---|---|---|---|---|---|---|---|
| $\cos x$ | $-1$ | $0$ | $1$ | $0$ | $-1$ | $0$ | $1$ |
| ◎ $y = \cos 2x$ | $1$ | $-1$ | $1$ | $-1$ | $1$ | $-1$ | $1$ |

となり，図 4.15 からもわかるように，$y = \cos 2x$ の周期は $\dfrac{1}{2}$ 倍になり，$2\pi \times \dfrac{1}{2} = \pi$ である．また，$y = \cos 2x$ のグラフは $y = \cos x$ のグラフを $x$ 軸方向に $\dfrac{1}{2}$ 倍に縮小した曲線になっている．

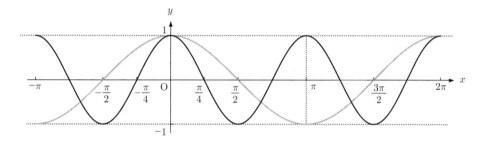

**図 4.15**　例 4.4: $y = \cos 2x$ のグラフ

　一般に，$y = bf(ax)$ のグラフは，基本周期が $\dfrac{1}{a}$ 倍，振幅が $b$ 倍になり，$y = f(x)$ のグラフを $x$ 軸方向に $\dfrac{1}{a}$ 倍に拡大・縮小し，$y$ 軸方向に $b$ 倍に拡大・縮小したものになる．

$$y = f(x) \text{ のグラフ} \rightarrow \boxed{\begin{array}{l} x \text{ 軸方向に } \dfrac{1}{a} \text{ 倍} \\ y \text{ 軸方向に } b \text{ 倍} \end{array}} \rightarrow y = bf(ax) \text{ のグラフ}$$

$$\boxed{\text{基本周期は } \dfrac{1}{a} \text{ 倍，振幅は } b \text{ 倍}}$$

> **例題 4.10**　関数 $f(x) = 2\sin 2x$ のグラフを描け．

**[解答]**　このグラフは $y = \sin x$ のグラフを $x$ 軸方向に $\dfrac{1}{2}$ 倍，$y$ 軸方向に 2 倍に拡大・縮小したものである．したがって，グラフは図 4.16 のようになる．

**[解説]**　図 4.16 では，縦軸の 1 と横軸の 1 の長さが同じだが，見やすさなどに応じて，縦横の縮尺を適宜変えてもよい．

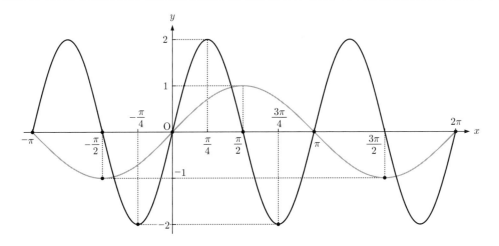

図 **4.16**　例題 4.10: $y = 2\sin 2x$ のグラフ

例題 4.10 において，$x$ と $y$ の対応関係は以下のようになっている．

| $2x$ | $-\pi$ | $-\dfrac{\pi}{2}$ | $0$ | $\dfrac{\pi}{2}$ | $\pi$ | $\dfrac{3}{2}\pi$ | $2\pi$ |
|---|---|---|---|---|---|---|---|
| ◎　$x$ | $-\dfrac{\pi}{2}$ | $-\dfrac{\pi}{4}$ | $0$ | $\dfrac{\pi}{4}$ | $\dfrac{\pi}{2}$ | $\dfrac{3}{4}\pi$ | $\pi$ |
| $\sin 2x$ | $0$ | $-1$ | $0$ | $1$ | $0$ | $-1$ | $0$ |
| ◎　$y = 2\sin 2x$ | $0$ | $-2$ | $0$ | $2$ | $0$ | $-2$ | $0$ |

**問 4.11**　次の関数のグラフを描け．

(1)　$y = \sin \dfrac{x}{2}$　　　　(2)　$y = \cos 3x$　　　(3)　$y = 2\cos 2x$

(4)　$y = -2\sin 3x$　　(5)　$y = \tan \dfrac{x}{2}$

## 4.6　角の和と三角関数

$\sin(\alpha + \beta)$ と $\sin\alpha + \sin\beta$ は常に等しいか? この問いに対する答えは **NO** である．

$$\sin(\alpha + \beta) \text{ は } \sin\alpha + \sin\beta \text{ と常に等しいとは限ら} \boxed{\text{ない}} \text{ !!}$$

**例 4.5**　$\sin\left(\dfrac{\pi}{6} + \dfrac{\pi}{3}\right) = \sin\dfrac{\pi}{3} = 1$ である．一方 $\sin\dfrac{\pi}{6} = \dfrac{1}{2}$，$\sin\dfrac{\pi}{3} = \dfrac{\sqrt{3}}{2}$ であるから，$\sin\dfrac{\pi}{6} + \sin\dfrac{\pi}{3} = \dfrac{1 + \sqrt{3}}{2}$ である．以上より，$\sin\left(\dfrac{\pi}{6} + \dfrac{\pi}{3}\right)$ と $\sin\dfrac{\pi}{6} + \sin\dfrac{\pi}{3}$ は等しくない!!

**例題 4.11** 以下の問いに答えよ.

(1) $\cos\dfrac{\pi}{6}$ および $\cos\dfrac{\pi}{3}$ の値を求めよ.

(2) $\cos\left(\dfrac{\pi}{6}+\dfrac{\pi}{3}\right)$ の値を求めよ.

(3) $\cos\left(\dfrac{\pi}{6}+\dfrac{\pi}{3}\right)$ と $\cos\dfrac{\pi}{6}+\cos\dfrac{\pi}{3}$ は等しいか,等しくないかどちらであるか答えよ.

**解答** (1) $\cos\dfrac{\pi}{6}=\dfrac{\sqrt{3}}{2}$, $\cos\dfrac{\pi}{3}=\dfrac{1}{2}$.

(2) $\cos\left(\dfrac{\pi}{6}+\dfrac{\pi}{3}\right)=\cos\dfrac{\pi}{3}=0$.

(3) (1) より,$\cos\dfrac{\pi}{6}+\cos\dfrac{\pi}{3}=\dfrac{1+\sqrt{3}}{2}$. 一方で,(2) より $\cos\left(\dfrac{\pi}{6}+\dfrac{\pi}{3}\right)=0$. 以上より,この 2 つの値は等しくない.

**解説** $\cos\dfrac{\pi}{6}$ の値は,図 4.2 からわかるのであった.

**問 4.12** 以下の問いに答えよ.

(1) $\cos\left(\dfrac{\pi}{3}-\dfrac{\pi}{6}\right)$ の値を求めよ.

(2) $\cos\left(\dfrac{\pi}{3}-\dfrac{\pi}{6}\right)$ と $\cos\dfrac{\pi}{3}-\cos\dfrac{\pi}{6}$ は等しいか,等しくないかどちらであるか答えよ.

## 4.7 加法定理

**公式 4.7 (加法定理)** $\sin(\alpha\pm\beta)$ あるいは $\cos(\alpha\pm\beta)$ を $\alpha$ や $\beta$ の sin や cos で計算する公式が加法定理である. 具体的には,

$$\sin(\alpha+\beta)=\sin\alpha\cos\beta+\cos\alpha\sin\beta$$

$$\sin(\alpha-\beta)=\sin\alpha\cos\beta-\cos\alpha\sin\beta$$

$$\cos(\alpha+\beta)=\cos\alpha\cos\beta-\sin\alpha\sin\beta$$

$$\cos(\alpha-\beta)=\cos\alpha\cos\beta+\sin\alpha\sin\beta$$

tan についても加法定理が得られる.

$$\tan(\alpha\pm\beta)=\frac{\tan\alpha\pm\tan\beta}{1\mp\tan\alpha\tan\beta}\quad(\text{複号同順})$$

**例 4.6** $\sin\left(\dfrac{\pi}{4}+\dfrac{\pi}{3}\right)=\sin\dfrac{\pi}{4}\cos\dfrac{\pi}{3}+\cos\dfrac{\pi}{4}\sin\dfrac{\pi}{3}=\dfrac{1}{\sqrt{2}}\times\dfrac{1}{2}+\dfrac{1}{\sqrt{2}}\times\dfrac{\sqrt{3}}{2}=\dfrac{1+\sqrt{3}}{2\sqrt{2}}=\dfrac{\sqrt{2}+\sqrt{6}}{4}$ このことから,$\sin\dfrac{7}{12}\pi=\dfrac{\sqrt{2}+\sqrt{6}}{4}$ であることがわかる.

---

**例題 4.12**　以下の問いに答えよ.
(1) $\sin \dfrac{5}{12}\pi$ の値を求めよ.　　(2) $\cos \dfrac{5}{12}\pi$ の値を求めよ.

---

**解答**　(1)　$\sin \dfrac{5}{12}\pi = \sin\left(\dfrac{\pi}{4} + \dfrac{\pi}{6}\right) =$

$\sin \dfrac{\pi}{4} \cos \dfrac{\pi}{6} + \cos \dfrac{\pi}{4} \sin \dfrac{\pi}{6} = \dfrac{1}{\sqrt{2}} \times \dfrac{\sqrt{3}}{2} +$

$\dfrac{1}{\sqrt{2}} \times \dfrac{1}{2} = \dfrac{\sqrt{3}+1}{2\sqrt{2}} = \dfrac{\sqrt{6}+\sqrt{2}}{4}$.

(2)　$\cos \dfrac{5}{12}\pi = \cos\left(\dfrac{\pi}{4} + \dfrac{\pi}{6}\right) =$

$\cos \dfrac{\pi}{4} \cos \dfrac{\pi}{6} - \sin \dfrac{\pi}{4} \sin \dfrac{\pi}{6} = \dfrac{1}{\sqrt{2}} \times \dfrac{\sqrt{3}}{2} -$

$\dfrac{1}{\sqrt{2}} \times \dfrac{1}{2} = \dfrac{\sqrt{3}-1}{2\sqrt{2}} = \dfrac{\sqrt{6}-\sqrt{2}}{4}$.

**解説**　$\sin \dfrac{5}{12}\pi$ は,

$\sin \dfrac{\pi}{4}$ と $\sin \dfrac{\pi}{6}$ を

ただ単に加えるのではなくて,

$\cos \dfrac{\pi}{6}$ や $\cos \dfrac{\pi}{4}$ をかけてから

加えるのである.

---

**問 4.13**　以下の問いに答えよ.
(1)　$\sin \dfrac{\pi}{12}$ の値を求めよ.　　(2)　$\cos \dfrac{\pi}{12}$ の値を求めよ.　　(3)　$\tan \dfrac{5}{12}\pi$ の値を求めよ.

---

**例題 4.13**　$\sin \alpha = \dfrac{3}{5}$, $\cos \beta = \dfrac{1}{2}$ であるとき, $\sin(\alpha - \beta)$ の値を求めよ. ただし, $-\dfrac{\pi}{2} \leq \alpha \leq \dfrac{\pi}{2}$, $0 \leq \beta \leq \pi$ とする.

---

**解答**　$\cos^2 \alpha = 1 - \sin^2 \alpha = 1 - \left(\dfrac{3}{5}\right)^2 = \dfrac{16}{25}$ [(a)] よ

り, $\cos \alpha = \pm\dfrac{4}{5}$ である. ここで, $-\dfrac{\pi}{2} \leq \alpha \leq \dfrac{\pi}{2}$ である

から $\cos \alpha \geq 0$ である. [(b)] したがって, $\cos \alpha = \dfrac{4}{5}$ であ

る. また, $\sin^2 \beta = 1 - \cos^2 \beta = 1 - \left(\dfrac{1}{2}\right)^2 = \dfrac{1}{4}$ [(c)] よ

り, $\sin \beta = \pm\dfrac{\sqrt{3}}{2}$ である. ここで, $0 \leq \beta \leq \pi$ であるか

ら $\sin \beta \geq 0$ である. [(d)] したがって, $\sin \beta = \dfrac{\sqrt{3}}{2}$ であ

る. 以上より,

$$\sin(\alpha - \beta) = \sin \alpha \cos \beta - \cos \alpha \sin \beta$$

$$= \dfrac{3}{5} \times \dfrac{1}{2} - \dfrac{4}{5} \times \dfrac{\sqrt{3}}{2} = \dfrac{3 - 4\sqrt{3}}{10}$$

**解説**

(a) 基本的な関係式 (4.9), 例題 4.5 をみよ.
非常に頻繁に用いる.

(b)

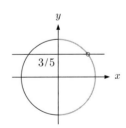

(c) 基本的な関係式 (4.9), 例題 4.5 をみよ.
非常に頻繁に用いる.

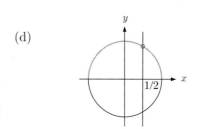

(d)

■

**問 4.14** $\sin\alpha = \dfrac{4}{5}$, $\cos\beta = \dfrac{5}{13}$ であるとき，以下の問いに答えよ．ただし，$-\dfrac{\pi}{2} \leq \alpha \leq \dfrac{\pi}{2}$, $0 \leq \beta \leq \pi$ とする．

(1) $\cos\alpha$, $\sin\beta$ の値を求めよ． (2) $\cos(\alpha - \beta)$ の値を求めよ．

(3) $\sin(\alpha + \beta)$ の値を求めよ．

**問 4.15** $\sin\alpha = \dfrac{4}{5}$ であるとき，以下の問いに答えよ．ただし，$-\dfrac{\pi}{2} \leq \alpha \leq \dfrac{\pi}{2}$ とする．

(1) $\cos\left(\alpha + \dfrac{\pi}{3}\right)$ の値を求めよ． (2) $\sin\left(\alpha - \dfrac{\pi}{4}\right)$ の値を求めよ．

## 4.8 倍角の公式・半角の公式

加法定理の特別な場合 $(\alpha = \beta)$ として使用頻度の高い倍角の公式が得られる．

**公式 4.8 (倍角の公式)**

$$\sin 2\alpha = 2\sin\alpha\cos\alpha$$

$$\cos 2\alpha = 2\cos^2\alpha - 1 = 1 - 2\sin^2\alpha$$

**例 4.7** $\sin\alpha = \dfrac{3}{5}$, $\cos\alpha = \dfrac{4}{5}$ であるとき，$\sin 2\alpha = 2 \times \dfrac{3}{5} \times \dfrac{4}{5} = \dfrac{24}{25}$ である．また，$\cos 2\alpha = 2 \times \left(\dfrac{4}{5}\right)^2 - 1 = 2 \times \dfrac{16}{25} - 1 = \dfrac{7}{25}$ である．

**例 4.8** 例題 4.12 より, $\sin\dfrac{5}{12}\pi = \dfrac{\sqrt{6}+\sqrt{2}}{4}$, $\cos\dfrac{5}{12}\pi = \dfrac{\sqrt{6}-\sqrt{2}}{4}$ であったから，$2\sin\dfrac{5}{12}\pi\cos\dfrac{5}{12}\pi = 2 \times \dfrac{\sqrt{6}+\sqrt{2}}{4} \times \dfrac{\sqrt{6}-\sqrt{2}}{4} = \dfrac{1}{2}$ である．一方 $\sin\left(2 \times \dfrac{5}{12}\pi\right) = \sin\dfrac{5}{6}\pi = \dfrac{1}{2}$ である．よって，

$$\sin\left(2 \times \dfrac{5}{12}\pi\right) = 2\sin\dfrac{5}{12}\pi\cos\dfrac{5}{12}\pi$$

が成り立つことが確かめられた．

例題 **4.14** 以下の問いに答えよ.

(1) $\cos\alpha = \dfrac{1}{3}$ であるとき,$\cos 2\alpha$ の値を求めよ.

(2) $\sin\alpha = \dfrac{1}{4}$ であるとき,$\cos 2\alpha$ の値を求めよ.

(3) $\sin\alpha = \dfrac{1}{4}$ であるとき,$\sin 2\alpha$ の値を求めよ.ただし,$-\dfrac{\pi}{2} \leq \alpha \leq \dfrac{\pi}{2}$ とする.

[解答]　(1) $\cos 2\alpha = 2 \times \left(\dfrac{1}{3}\right)^2 - 1 = \dfrac{2}{9} - 1 = \dfrac{7}{9}$ である.

(2) $\cos 2\alpha = 1 - 2\sin^2\alpha = 1 - 2 \times \left(\dfrac{1}{4}\right)^2 = \dfrac{7}{8}$ である.

(3) $\cos^2\alpha = 1 - \sin^2\alpha = 1 - \left(\dfrac{1}{4}\right)^2 = \dfrac{15}{16}$ (a) より,$\cos\alpha = \pm\dfrac{\sqrt{15}}{4}$ である.ここで,$-\dfrac{\pi}{2} \leq \alpha \leq \dfrac{\pi}{2}$ であるから $\cos\alpha \geq 0$ である.(b) したがって,$\cos\alpha = \dfrac{\sqrt{15}}{4}$ である.以上より,$\sin 2\alpha = 2\sin\alpha\cos\alpha = 2 \times \dfrac{1}{4} \times \dfrac{\sqrt{15}}{4} = \dfrac{\sqrt{15}}{8}$

[解説]

(a) 基本的な関係式 (4.9) をみよ.非常に頻繁に用いる.

(b)

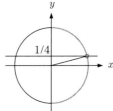

【(3) の別解】 $\sin^2 2\alpha = 1 - \cos^2 2\alpha = \dfrac{15}{64}$ より $\sin 2\alpha = \pm\dfrac{\sqrt{15}}{8}$ であることがわかる.ここで,$-\dfrac{\pi}{2} \leq \alpha \leq \dfrac{\pi}{2}$ であることにくわえ,$\sin\alpha = \dfrac{1}{4} > 0$ より,$0 < \alpha \leq \dfrac{\pi}{2}$ であることもわかる.以上より,$\sin 2\alpha = \dfrac{\sqrt{15}}{8}$ であることがわかる.

**問 4.16** 以下の問いに答えよ.

(1) $\cos\alpha = \dfrac{5}{13}$ であるとき,$\cos 2\alpha$ の値を求めよ.

(2) $\sin\alpha = \dfrac{5}{13}$ であるとき,$\cos 2\alpha$ の値を求めよ.

(3) $\sin\alpha = \dfrac{5}{13}$ であるとき,$\sin 2\alpha$ の値を求めよ.ただし,$-\dfrac{\pi}{2} \leq \alpha \leq \dfrac{\pi}{2}$ とする.

　倍角の公式は，角度を 2 倍にする操作によって三角関数の値がどうなるかを教えてくれている．この結果を「逆にたどる」ことで，角度を半分にする操作で三角関数の値がどうなるかもわかる．

**公式 4.9 (半角の公式)**

$$\sin^2 \frac{\alpha}{2} = \frac{1 - \cos \alpha}{2}$$

$$\cos^2 \frac{\alpha}{2} = \frac{1 + \cos \alpha}{2}$$

例 4.9　$\cos^2 \dfrac{\pi}{12} = \cos^2 \dfrac{\frac{\pi}{6}}{2} = \dfrac{1 + \cos \frac{\pi}{6}}{2} = \dfrac{1 + \frac{\sqrt{3}}{2}}{2} = \dfrac{1 + \frac{\sqrt{3}}{2}}{2} \times \dfrac{2}{2} = \dfrac{2 + \sqrt{3}}{4}$ である．した

がって，$\cos \dfrac{\pi}{12} = \pm \sqrt{\dfrac{2 + \sqrt{3}}{4}}$ である．$-\dfrac{\pi}{3} \leq \dfrac{\pi}{12} \leq \dfrac{\pi}{2}$ より $\cos \dfrac{\pi}{12} \geq 0$ であるから，$\cos \dfrac{\pi}{12} =$

$\sqrt{\dfrac{2 + \sqrt{3}}{4}} = \dfrac{\sqrt{6} + \sqrt{2}}{4}$ となる．最後の等号は，

$$\sqrt{(a + b) + 2\sqrt{ab}} = \sqrt{(\sqrt{a} + \sqrt{b})^2} = \sqrt{a} + \sqrt{b}$$

であることを用いて

$$\sqrt{\frac{2 + \sqrt{3}}{4}} = \sqrt{\frac{4 + 2\sqrt{3}}{8}} = \frac{\sqrt{4 + 2\sqrt{3}}}{\sqrt{8}} = \frac{\sqrt{3} + \sqrt{1}}{\sqrt{8}} = \frac{\sqrt{3} + \sqrt{1}}{\sqrt{8}} \times \frac{\sqrt{2}}{\sqrt{2}} = \frac{\sqrt{6} + \sqrt{2}}{4}$$

と変形することで得られる．2 重根号のままでもよい．

---

例題 4.15　$\sin \dfrac{\pi}{8}$ の値を求めよ．

---

解答　$\sin^2 \dfrac{\pi}{8} = \sin^2 \left( \dfrac{1}{2} \times \dfrac{\pi}{4} \right) =$

$\dfrac{1 - \cos \frac{\pi}{4}}{2} = \dfrac{1 - \frac{\sqrt{2}}{2}}{2} = \dfrac{\sqrt{2 - \sqrt{2}}}{4}$ である．ここで，

$0 < \dfrac{\pi}{8} < \pi$ より $\sin \dfrac{\pi}{8} > 0$ であるから，$\sin \dfrac{\pi}{8} =$

$\dfrac{\sqrt{2 - \sqrt{2}}}{2}$. (a)

解説

(a) この 2 重根号は，はずすことはできない．

問 4.17　$\cos \dfrac{3\pi}{8}$ の値を求めよ．

例 4.10　$\cos \theta = \dfrac{2}{3}$ であるとき，$\sin \dfrac{\theta}{2}$, $\cos \dfrac{\theta}{2}$ を求めよう．半角の公式より，$\sin^2 \dfrac{\theta}{2} = \dfrac{1 - \frac{2}{3}}{2} =$

$\dfrac{1 - \frac{2}{3}}{2} \times \dfrac{3}{3} = \dfrac{3 - 2}{6} = \dfrac{1}{6}$ であり，$\cos^2 \dfrac{\theta}{2} = \dfrac{1 + \frac{2}{3}}{2} = \dfrac{1 + \frac{2}{3}}{2} \times \dfrac{3}{3} = \dfrac{3 + 2}{6} = \dfrac{5}{6}$ である．もし

$0 \leq \theta \leq 2\pi$ であれば，$0 \leq \dfrac{\theta}{2} \leq \pi$ であるから $\sin \dfrac{\theta}{2} \geq 0$ である．したがって，$\sin \dfrac{\theta}{2} = \sqrt{\dfrac{1}{6}} = \dfrac{1}{\sqrt{6}}$

である. また, $-\pi \leq \theta \leq \pi$ であれば, $-\dfrac{\pi}{2} \leq \dfrac{\theta}{2} \leq \dfrac{\pi}{2}$ であるから $\cos\dfrac{\theta}{2} \geq 0$ である. したがって, $\cos\dfrac{\theta}{2} = \sqrt{\dfrac{5}{6}} = \dfrac{\sqrt{30}}{6}$ である.

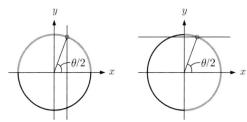

---

**例題 4.16**　$\cos\theta = \dfrac{1}{4}$ のとき, 以下の問いに答えよ.

(1) $-\pi \leq \theta \leq \pi$ であるとき, $\cos\dfrac{\theta}{2}$ の値を求めよ.

(2) $0 \leq \theta \leq 2\pi$ であるとき, $\sin\dfrac{\theta}{2}$ の値を求めよ.

---

**解答**　(1) 半角の公式より, $\cos^2\dfrac{\theta}{2} = \dfrac{1 + \frac{1}{4}}{2} = \dfrac{4+1}{8} = \dfrac{5}{8}$ であるから $\cos\dfrac{\theta}{2} = \pm\dfrac{\sqrt{10}}{4}$ である. ここで $-\pi \leq \theta \leq \pi$ であるから, $-\dfrac{\pi}{2} \leq \dfrac{\theta}{2} \leq \dfrac{\pi}{2}$ より, $\cos\dfrac{\theta}{2} \geq 0$ である. [(a)] したがって, $\cos\dfrac{\theta}{2} = \dfrac{\sqrt{10}}{4}$ である.

(2) 半角の公式より, $\sin^2\dfrac{\theta}{2} = \dfrac{1 - \frac{1}{4}}{2} = \dfrac{4-1}{8} = \dfrac{3}{8}$ である [(b)] から $\sin\dfrac{\theta}{2} = \pm\dfrac{\sqrt{6}}{4}$ である. ここで $0 \leq \theta \leq 2\pi$ であるから, $0 \leq \dfrac{\theta}{2} \leq \pi$ より, $\sin\dfrac{\theta}{2} \geq 0$ である. [(c)] したがって, $\sin\dfrac{\theta}{2} = \dfrac{\sqrt{6}}{4}$ である.

**解説**

(a)
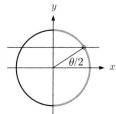

(b) もちろん, $\sin^2\dfrac{\theta}{2} = 1 - \cos^2\dfrac{\theta}{2} = 1 - \dfrac{5}{8} = \dfrac{3}{8}$ と考えても求められる.

(c)
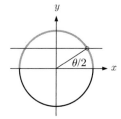

---

**問 4.18**　$\cos\theta = \dfrac{3}{5}$ のとき, 以下の問いに答えよ.

(1) $\cos^2\dfrac{\theta}{2}$ および $\sin^2\dfrac{\theta}{2}$ の値を求めよ.

(2) $-\pi \leq \theta \leq \pi$ であるとき, $\cos\dfrac{\theta}{2}$ の値を求めよ.

(3) $0 \leq \theta \leq 2\pi$ であるとき, $\sin\dfrac{\theta}{2}$ の値を求めよ.

## 4.9　三角関数の合成公式

(基本) 周期の等しい三角関数 $\sin ax$ や $\cos ax$ を重ね合わせると，そのグラフの波形は崩れず，もとの周期と同じ三角関数 $\sin$ (または $\cos$) で表される．例えば，$y = 3\sin\pi x$ のグラフと $y = 4\cos\pi x$ のグラフを重ね合わせて (足し合わせて) みると，下図のように周期は等しく 2 で振幅が 5 のグラフが現れる．ただし，グラフは横方向に平行移動 $\alpha$ が生じている．(この $\alpha$ のことを「位相のズレ」と呼ぶこともある．) このことを，式で表すと

$$3\sin\pi x + 4\cos\pi x = 5\sin(\pi x + \alpha)$$

となり，これが三角関数の合成公式に他ならない．ここで，平行移動 $\alpha$ がいくらになるのかを教えてくれる関係式が $\cos\alpha = \dfrac{4}{5}$，$\sin\alpha = \dfrac{3}{5}$ で与えられる．

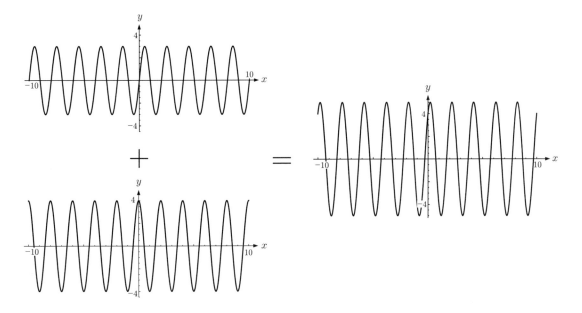

図 4.17

公式 4.10 (三角関数の合成公式)

$$a\sin x + b\cos x = r\sin(x + \alpha)$$

ここで，$r = \sqrt{a^2 + b^2}$，$\alpha$ は $\cos\alpha = \dfrac{a}{r}$，$\sin\alpha = \dfrac{b}{r}$ をみたす角度である．

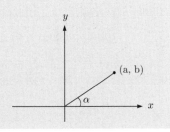

上記も加法定理 (あるいはその証明と同様の考察) から導かれる．

例 **4.11**　$\sin 2x + \sqrt{3}\cos 2x = \sqrt{1^2 + (\sqrt{3})^2}\sin(2x + \alpha) = 2\sin(2x + \alpha)$ である. ただし, $\alpha$ は $\cos\alpha = \dfrac{1}{2}$, $\sin\alpha = \dfrac{\sqrt{3}}{2}$ をみたす角度であるから, $\alpha = \dfrac{\pi}{3} + 2n\pi$ ($n$ は整数). したがって, $\sin 2x + \sqrt{3}\cos 2x = 2\sin\left(2x + \dfrac{\pi}{3} + 2n\pi\right)$ が成立する. $n$ はどんな整数であろうとも, この等式をみたすので, $n = 0$ でもよい. 結局,

$$\sin 2x + \sqrt{3}\cos 2x = 2\sin\left(2x + \frac{\pi}{3}\right)$$

が得られる. (これは, 角振動数の等しい正弦関数と余弦関数の重ね合わせは, もとの正弦関数 (あるいは余弦関数) を平行移動した (位相をずらした) ものであることを表している. )

---

例題 **4.17**　$f(x) = \cos x + \sin x$ について以下の問いに答えよ.
 (1)　$f(x) = r\sin(x + \alpha)$ がどんな $x$ でも成立するような, 正の定数 $r$ および $-\pi < \alpha \leq \pi$ なる定数 $\alpha$ を求めよ.
 (2)　$x$ が $0 \leq x \leq \pi$ の範囲の値をとるとき, $f(x)$ の最大値および最小値を求めよ.

---

[解答]　(1)　$f(x) = \cos x + \sin x = \sqrt{1^2 + 1^2}\sin(x + \alpha) = \sqrt{2}\sin(x + \alpha)$ が成立する. つまり, $r = \sqrt{2}$ である. ここで, $\alpha$ は $\cos\alpha = \dfrac{1}{\sqrt{2}}$, $\sin\alpha = \dfrac{1}{\sqrt{2}}$ をみたす角度であるから, $-\pi < \alpha \leq \pi$ の範囲にあるものは $\alpha = \dfrac{\pi}{4}$ である.

(2)　$0 \leq x \leq \pi$ より, $\dfrac{\pi}{4} \leq x + \dfrac{\pi}{4} \leq \dfrac{5\pi}{4}$ であるから, $f(x) = \sqrt{2}\sin\left(x + \dfrac{\pi}{4}\right)$ の最大値は $\sqrt{2}$ ($\sin\left(x + \dfrac{\pi}{4}\right)$ が最大である $1$ となるとき, すなわち, $x + \dfrac{\pi}{4} = \dfrac{\pi}{2}$ となるとき), 最小値は $-1$ ($\sin\left(x + \dfrac{\pi}{4}\right)$ がこの範囲における最小である $-\dfrac{1}{\sqrt{2}}$ となるとき, すなわち, $x + \dfrac{\pi}{4} = \dfrac{5\pi}{4}$ となるとき) である. 以上まとめると, $x = \dfrac{\pi}{4}$ のとき最大値 $\sqrt{2}$ をとり, $x = \pi$ のとき最小値 $-1$ をとる. ∎

[解説]

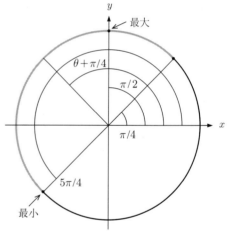

---

問 **4.19**　$f(x) = \cos x - \sin x$ について以下の問いに答えよ.
 (1)　$f(x) = r\sin(x + \alpha)$ がどんな $x$ でも成立するような, 正の定数 $r$ および $-\pi < \alpha \leq \pi$ なる定数 $\alpha$ を求めよ.
 (2)　$x$ が $0 \leq x \leq \pi$ の範囲の値をとるとき, $f(x)$ の最大値および最小値を求めよ.

例題 **4.18**　$\sin\left(2x - \dfrac{\pi}{12}\right) + \sqrt{2}\sin\left(2x + \dfrac{\pi}{3}\right) = r\sin(2x + \alpha)$ がどんな $x$ でも成立するような，

正の定数 $r$ および $-\pi < \alpha \leq \pi$ なる定数 $\alpha$ を求めよ．ただし必要ならば，$\cos\dfrac{\pi}{12} = \dfrac{\sqrt{6} + \sqrt{2}}{4}$，

$\sin\dfrac{\pi}{12} = \dfrac{\sqrt{6} - \sqrt{2}}{4}$ であることを用いよ．

**解答**　加法定理より

$$\sin\left(2x - \frac{\pi}{12}\right) = \cos\frac{\pi}{12}\sin 2x - \sin\frac{\pi}{12}\cos 2x$$
$$= \frac{\sqrt{6} + \sqrt{2}}{4}\sin 2x - \frac{\sqrt{6} - \sqrt{2}}{4}\cos 2x,$$

$\sin\left(2x + \dfrac{\pi}{3}\right) = \dfrac{1}{2}\sin 2x + \dfrac{\sqrt{3}}{2}\cos 2x$ であるから，

$$\sin\left(2x - \frac{\pi}{12}\right) + \sqrt{2}\sin\left(2x + \frac{\pi}{3}\right)$$
$$= \frac{\sqrt{6} + 3\sqrt{2}}{4}\sin 2x + \frac{\sqrt{6} + \sqrt{2}}{4}\cos 2x$$

となる．ここで，三角関数の合成公式を用いると

$$\sin\left(2x - \frac{\pi}{12}\right) + \sqrt{2}\sin\left(2x + \frac{\pi}{3}\right)$$
$$= \frac{\sqrt{6} + 3\sqrt{2}}{4}\sin 2x + \frac{\sqrt{6} + \sqrt{2}}{4}\cos 2x = r\sin(2x + \alpha)$$

が，どんな $x$ でも成立する．ここで，

$$r = \sqrt{\left(\frac{\sqrt{6} + 3\sqrt{2}}{4}\right)^2 + \left(\frac{\sqrt{6} + \sqrt{2}}{4}\right)^2}$$
$$= \sqrt{\left(\frac{\sqrt{3}(\sqrt{2} + \sqrt{6})}{4}\right)^2 + \left(\frac{\sqrt{6} + \sqrt{2}}{4}\right)^2}$$
$$= \frac{\sqrt{6} + \sqrt{2}}{4}\sqrt{(\sqrt{3})^2 + 1} = \frac{\sqrt{6} + \sqrt{2}}{2},$$

$\alpha$ は

$$\cos\alpha = \frac{\frac{\sqrt{6} + 3\sqrt{2}}{4}}{r} = \frac{\sqrt{3}(\sqrt{2} + \sqrt{6})}{4} \times \frac{2}{\sqrt{6} + \sqrt{2}} = \frac{\sqrt{3}}{2}$$

$$\sin\alpha = \frac{\frac{\sqrt{6} + \sqrt{2}}{4}}{r} = \frac{\sqrt{6} + \sqrt{2}}{4} \times \frac{2}{\sqrt{6} + \sqrt{2}} = \frac{1}{2}$$

をみたす角度であるから，$-\pi < \alpha \leq \pi$ の範囲にあるもの
は $\alpha = \dfrac{\pi}{6}$ である．

**解説**　三角関数の合成公式を用いるために，
$\sin\left(2x - \dfrac{\pi}{12}\right) + \sqrt{2}\sin\left(2x + \dfrac{\pi}{3}\right)$ を，
$\sin 2x$ と $\cos 2x$ の重ね合わせで表すことを目
指す．

問 **4.20** $\sin\left(3x+\dfrac{\pi}{6}\right)+\sqrt{3}\sin\left(3x-\dfrac{\pi}{3}\right)=r\sin(3x+\alpha)$ がどんな $x$ でも成立するような, 正の定数 $r$ および $-\pi<\alpha\leq\pi$ なる定数 $\alpha$ を求めよ.

## 4.10 　積を和になおす公式・和を積になおす公式

加法定理の2つの式を足し引きすることで以下の公式が得られる.

**公式 4.11 (積を和になおす公式)**

$$\sin\alpha\cos\beta=\frac{1}{2}\left(\sin(\alpha+\beta)+\sin(\alpha-\beta)\right)$$

$$\cos\alpha\sin\beta=\frac{1}{2}\left(\sin(\alpha+\beta)-\sin(\alpha-\beta)\right)$$

$$\cos\alpha\cos\beta=\frac{1}{2}\left(\cos(\alpha+\beta)+\cos(\alpha-\beta)\right)$$

$$\sin\alpha\sin\beta=-\frac{1}{2}\left(\cos(\alpha+\beta)-\cos(\alpha-\beta)\right)$$

上記を $\alpha+\beta=A$, $\alpha-\beta=B$ として変形することで以下の公式が得られる.

**公式 4.12 (和を積になおす公式)**

$$\sin A+\sin B=2\sin\frac{A+B}{2}\cos\frac{A-B}{2}$$

$$\sin A-\sin B=2\cos\frac{A+B}{2}\sin\frac{A-B}{2}$$

$$\cos A+\cos B=2\cos\frac{A+B}{2}\cos\frac{A-B}{2}$$

$$\cos A-\cos B=-2\sin\frac{A+B}{2}\sin\frac{A-B}{2}$$

例えば, $y=\sin 5\pi x$ のグラフと $y=\sin 6\pi x$ のグラフを重ね合わせて (足し合わせて) みよう. 和を積になおす公式より

$$\sin 5\pi x+\sin 6\pi x=2\sin\frac{11}{2}\pi x\cdot\cos\left(-\frac{1}{2}\pi x\right)=2\cos\frac{1}{2}\pi x\cdot\sin\frac{11}{2}\pi x$$

であるが, そのグラフの「外枠」(振幅) として $2\cos\dfrac{1}{2}\pi x$ が, その内部で「波打っている」(振動している) 因子として $\sin\dfrac{11}{2}\pi x$ が現れていることを, 図4.18 からみてとることができる.

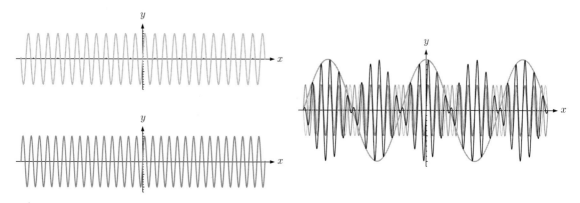

**図 4.18**　$y = \sin 5\pi x$ と $y = \sin 6\pi x$ の重ね合わせ

**例 4.12**

$$
\begin{aligned}
\sin\left(x + \frac{\pi}{6}\right)\sin\left(x + \frac{\pi}{3}\right) &= -\frac{1}{2}\left(\cos\left(x + \frac{\pi}{6} + x + \frac{\pi}{3}\right) - \cos\left(x + \frac{\pi}{6} - x - \frac{\pi}{3}\right)\right) \\
&= -\frac{1}{2}\left(\cos\left(2x + \frac{\pi}{2}\right) - \cos\left(-\frac{\pi}{6}\right)\right) \\
&= \frac{1}{2}\sin 2x + \frac{\sqrt{3}}{4}
\end{aligned}
$$

この結果の応用として，関数

$$
f(x) = \sin\left(x + \frac{\pi}{6}\right)\sin\left(x + \frac{\pi}{3}\right) = \frac{1}{2}\sin 2x + \frac{\sqrt{3}}{4}
$$

の最大値は $\dfrac{1}{2} + \dfrac{\sqrt{3}}{4}$（$\sin 2x$ が最大である 1 となるとき，すなわち，$x = \dfrac{\pi}{4} + n\pi$（$n$ は整数）となるとき），最小値は $-\dfrac{1}{2} + \dfrac{\sqrt{3}}{4}$（$\sin 2x$ が最小である $-1$ となるとき，すなわち，$x = -\dfrac{\pi}{4} + n\pi$（$n$ は整数）となるとき）であることがわかる．

**例 4.13**

$$
\begin{aligned}
\cos\left(x + \frac{\pi}{12}\right) - \cos\left(x + \frac{\pi}{4}\right) &= -2\sin\frac{x + \frac{\pi}{12} + x + \frac{\pi}{4}}{2}\sin\frac{x + \frac{\pi}{12} - x - \frac{\pi}{4}}{2} \\
&= -2\sin\left(x + \frac{\pi}{6}\right)\sin\left(-\frac{\pi}{12}\right) = 2\sin\left(x + \frac{\pi}{6}\right)\sin\frac{\pi}{12}
\end{aligned}
$$

である．

**例題 4.19** $f(x) = \sin\left(x + \dfrac{\pi}{4}\right)\cos\left(x - \dfrac{\pi}{12}\right)$ について以下の問いに答えよ.

(1) $f(x) = r\sin(2x + \alpha) + c$ がどんな $x$ でも成立するような, 定数 $c$, 正の定数 $r$ および $-\pi < \alpha \leq \pi$ なる定数 $\alpha$ を求めよ.

(2) $x$ が $0 \leq x \leq \dfrac{\pi}{2}$ の範囲の値をとるとき, $f(x)$ の最大値および最小値を求めよ.

**解答** (1) $f(x) = \sin\left(x + \dfrac{\pi}{4}\right)\cos\left(x - \dfrac{\pi}{12}\right)$

$= \dfrac{1}{2}\left\{\sin\left(x + \dfrac{\pi}{4} + x - \dfrac{\pi}{12}\right)\right.$

$\left. + \sin\left(x + \dfrac{\pi}{4} - x + \dfrac{\pi}{12}\right)\right\}$

$= \dfrac{1}{2}\left\{\sin\left(2x + \dfrac{\pi}{6}\right) + \sin\dfrac{\pi}{3}\right\} =$

$\dfrac{1}{2}\sin\left(2x + \dfrac{\pi}{6}\right) + \dfrac{\sqrt{3}}{4}$ が成立する.

よって, $c = \dfrac{\sqrt{3}}{4}$, $r = \dfrac{1}{2}$ である. $\alpha$ は $-\pi < \alpha \leq \pi$ の

範囲にある角度であるから, $\alpha = \dfrac{\pi}{6}$ である.

(2) $0 \leq x \leq \dfrac{\pi}{2}$ より, $\dfrac{\pi}{6} \leq 2x + \dfrac{\pi}{6} \leq \dfrac{7\pi}{6}$ であるか

ら, $f(x) = \dfrac{1}{2}\sin\left(2x + \dfrac{\pi}{6}\right) + \dfrac{\sqrt{3}}{4}$ の最大値は $\dfrac{2 + \sqrt{3}}{4}$

$\left(\sin\left(2x + \dfrac{\pi}{6}\right)\right.$ が最大である $1$ となるとき, すなわち, $2x +$

$\dfrac{\pi}{6} = \dfrac{\pi}{2}$ となるとき), 最小値は $\dfrac{-1 + \sqrt{3}}{4}$ $\left(\sin\left(2x + \dfrac{\pi}{6}\right)\right.$

がこの範囲における最小である $-\dfrac{1}{2}$ となるとき, すなわ

ち, $2x + \dfrac{\pi}{6} = \dfrac{7\pi}{6}$ となるとき) である. 以上まとめると,

$x = \dfrac{\pi}{6}$ のとき最大値 $\dfrac{2 + \sqrt{3}}{4}$ をとり, $x = \dfrac{\pi}{2}$ のとき最

小値 $\dfrac{-1 + \sqrt{3}}{4}$ をとる.

**解説**

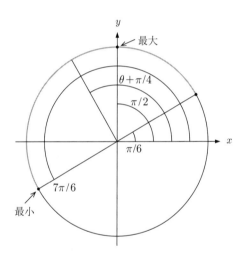

**問 4.21** $f(x) = \cos\left(x + \dfrac{\pi}{4}\right)\cos\left(x + \dfrac{5}{12}\pi\right)$ について以下の問いに答えよ.

(1) $f(x) = r\sin(2x + \alpha) + c$ がどんな $x$ でも成立するような, 定数 $c$, 正の定数 $r$ および $-\pi < \alpha \leq \pi$ なる定数 $\alpha$ を求めよ.

(2) $x$ が $0 \leq x \leq \dfrac{\pi}{2}$ の範囲の値をとるとき, $f(x)$ の最大値および最小値を求めよ.

---

> **例題 4.20** $f(x) = \sin\left(x + \dfrac{\pi}{12}\right) + \sin\left(x - \dfrac{\pi}{4}\right)$ について以下の問いに答えよ.
>
> (1) $f(x) = r\sin(x + \alpha)$ がどんな $x$ でも成立するような,正の定数 $r$ および $-\pi < \alpha \le \pi$ なる定数 $\alpha$ を求めよ.
>
> (2) $x$ が $0 \le x \le \pi$ の範囲の値をとるとき,$f(x)$ の最大値および最小値を求めよ.

**解答** (1) $f(x) =$
$\sin\left(x + \dfrac{\pi}{12}\right) + \sin\left(x - \dfrac{\pi}{4}\right) =$
$2\sin\dfrac{x + \frac{\pi}{12} + x - \frac{\pi}{4}}{2}\cos\dfrac{x + \frac{\pi}{12} - x + \frac{\pi}{4}}{2} =$
$2\sin\dfrac{2x - \frac{\pi}{6}}{2}\cos\dfrac{\pi}{3} = \sin\left(x - \dfrac{\pi}{12}\right)$ が成立する.よって,$r = 1$ である.$\alpha$ は $-\pi < \alpha \le \pi$ の範囲にある角度であるから,$\alpha = -\dfrac{\pi}{12}$ である.

(2) $0 \le x \le \pi$ より,$-\dfrac{\pi}{12} \le x - \dfrac{\pi}{12} \le \dfrac{11\pi}{12}$ であるから,(a) $f(x) = \sin\left(x - \dfrac{\pi}{12}\right)$ の最大値は $1$($x - \dfrac{\pi}{12} = \dfrac{\pi}{2}$ となるとき),最小値は $\sin\left(-\dfrac{\pi}{12}\right) = \dfrac{-\sqrt{6} + \sqrt{2}}{4}$ (b) ($x - \dfrac{\pi}{12} = -\dfrac{\pi}{12}$ となるとき)である.以上まとめると,$x = \dfrac{7\pi}{12}$ のとき最大値 $1$ をとり,$x = 0$ のとき最小値 $\dfrac{-\sqrt{6} + \sqrt{2}}{4}$ をとる.

**解説**

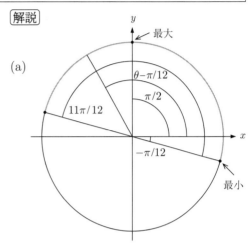

(a)

(b) $\sin\left(-\dfrac{\pi}{12}\right)$
$= \sin\left(\dfrac{\pi}{4} - \dfrac{\pi}{3}\right)$
$= \sin\dfrac{\pi}{4}\cos\dfrac{\pi}{3} - \cos\dfrac{\pi}{4}\sin\dfrac{\pi}{3}$
$= \dfrac{\sqrt{2}}{2} \times \dfrac{1}{2} - \dfrac{\sqrt{2}}{2} \times \dfrac{\sqrt{3}}{2}$

> **問 4.22** $f(x) = \cos\left(x + \dfrac{\pi}{3}\right) + \cos x$ について以下の問いに答えよ.
>
> (1) $f(x) = r\sin(x + \alpha)$ がどんな $x$ でも成立するような,正の定数 $r$ および $0 \le \alpha < 2\pi$ なる定数 $\alpha$ を求めよ.
>
> (2) $x$ が $0 \le x \le \pi$ の範囲を動くとき,$f(x)$ の最大値および最小値を求めよ.

> **例題 4.21** $\sin 2x - \cos 3x = 0$ をみたす $x$ の値を求めよ.ただし,$0 \le x \le 2\pi$ とする.

**解答** $\cos 3x = \sin\left(3x + \dfrac{\pi}{2}\right)$ であるから,$\sin 2x - \cos 3x = \sin 2x - \sin\left(3x + \dfrac{\pi}{2}\right) =$
$2\cos\dfrac{2x + 3x + \frac{\pi}{2}}{2}\sin\dfrac{2x - 3x - \frac{\pi}{2}}{2} =$
$2\cos\dfrac{10x + \pi}{4}\sin\dfrac{-2x - \pi}{4}$ が $0$ となればよい.したがって,(i) $\cos\dfrac{10x + \pi}{4} = 0$ または (ii) $\sin\dfrac{-2x - \pi}{4} = 0$.

**解説** このような方程式を解くための基本手筋は左辺を積に分解することである.しかし,左辺が $\sin 2x - \cos 3x$ のままでは,和を積になおす公式は使えない.そこで,sin あるいは cos にそろえることを考える.

(i) $\dfrac{\pi}{4} \leq \dfrac{10x+\pi}{4} \leq \dfrac{21}{4}\pi$ の範囲で $\cos\dfrac{10x+\pi}{4} = 0$

となるのは,

$\dfrac{10x+\pi}{4} = \dfrac{1}{2}\pi, \dfrac{3}{2}\pi, \dfrac{5}{2}\pi, \dfrac{7}{2}\pi, \dfrac{9}{2}\pi$, すなわち, $x =$

$\dfrac{1}{10}\pi, \dfrac{1}{2}\pi, \dfrac{9}{10}\pi, \dfrac{13}{10}\pi, \dfrac{17}{10}\pi$ のとき.

(ii) $-\dfrac{5}{4}\pi \leq \dfrac{-2x-\pi}{4} \leq -\dfrac{\pi}{4}$ の範囲で $\sin\dfrac{-2x-\pi}{4} =$

$0$ となるのは, $\dfrac{-2x-\pi}{4} = -\pi$, すなわち $x = \dfrac{3}{2}\pi$ のと

き.

以上より, $x = \dfrac{1}{10}\pi, \dfrac{1}{2}\pi, \dfrac{9}{10}\pi, \dfrac{13}{10}\pi, \dfrac{3}{2}\pi, \dfrac{17}{10}\pi$

**問 4.23**　$\sin 3x + \cos x = 0$ をみたす $x$ の値を求めよ. ただし, $0 \leq x \leq 2\pi$ とする.

## 4.11　補足

### 4.11.1　$\cos x,\ \sin x$ の値の変化

単位円による三角関数の定義 (§4.3) をより理解するために, 定義に基づいて三角関数の値の変化の様子をみてみよう.

**例 4.14**　$x$ が $-\dfrac{\pi}{6}$ から $\dfrac{4}{3}\pi$ まで動くとき, $\sin x,\ \cos x$ の値はそれぞれどのように変化するかを見てみよう. 図 4.19 により, $x$ が $-\dfrac{\pi}{6}$ から $\dfrac{4}{3}\pi$ まで動くとき, $\sin x$ は $\sin\left(-\dfrac{\pi}{6}\right) = -\dfrac{1}{2}$ から増加して $\sin\dfrac{\pi}{2} = 1$ まで行き, そのあと減少して $\sin\dfrac{4}{3}\pi = -\dfrac{\sqrt{3}}{2}$ になる. 表にまとめると,

| $x$ | $-\dfrac{\pi}{6}$ | $\cdots$ | $\dfrac{\pi}{2}$ | $\cdots$ | $\dfrac{4}{3}\pi$ |
|---|---|---|---|---|---|
| $\sin x$ | $-\dfrac{1}{2}$ | $\nearrow$ | $1$ | $\searrow$ | $-\dfrac{\sqrt{3}}{2}$ |

**図 4.19**　例 4.14

となっている. 同様に, $\cos x$ は $\cos\left(-\dfrac{\pi}{6}\right) = \dfrac{\sqrt{3}}{2}$ から増加して $\cos 0 = 1$ まで行き, そのあと減少して $\cos\pi = -1$ まで行き, そのあと再び増加して $\cos\dfrac{4}{3}\pi = -\dfrac{1}{2}$ になる. まとめると,

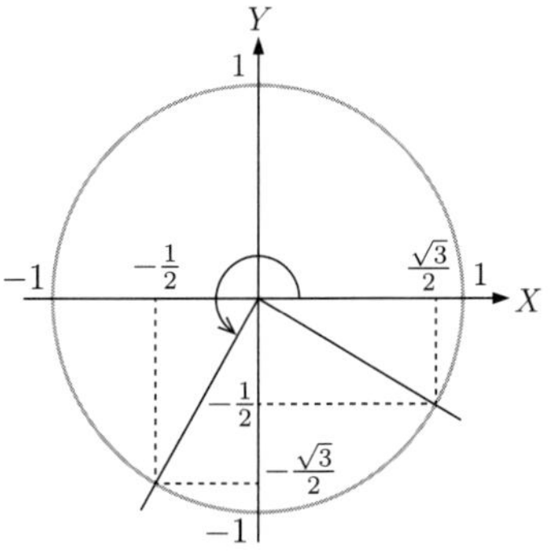

| $x$ | $-\dfrac{\pi}{6}$ | $\cdots$ | $0$ | $\cdots$ | $\pi$ | $\cdots$ | $\dfrac{4}{3}\pi$ |
|---|---|---|---|---|---|---|---|
| $\cos x$ | $\dfrac{\sqrt{3}}{2}$ | $\nearrow$ | $1$ | $\searrow$ | $-1$ | $\nearrow$ | $-\dfrac{1}{2}$ |

となっている.

また，$-\dfrac{\pi}{6} \leq x \leq \dfrac{4}{3}\pi$ の範囲で，$\sin x = b$ となる $x$ の個数は，図より，$-1 \leq b < -\dfrac{\sqrt{3}}{2}$ のとき 0 個，$-\dfrac{\sqrt{3}}{2} \leq b < -\dfrac{1}{2}$，$b = 1$ のとき 1 個，$-\dfrac{1}{2} \leq b < 1$ のとき 2 個であることがわかる．

### 4.11.2　三角関数を含む関数の最大・最小

例題 4.22　関数 $y = \sin^2 x - \cos x + 1$ の最大値および最小値を求めよ．

解答　$\sin^2 x = 1 - \cos^2 x$ なので，$\cos x = t$ とおくと，

$$y = 1 - t^2 - t + 1 = -(t^2 + t) + 2 = -\left(t + \dfrac{1}{2}\right)^2 + \dfrac{9}{4}.$$

$t$ は $-1 \leq t \leq 1$ の範囲を動くので，$y = -t^2 - t + 2$ のグラフより，$t = -\dfrac{1}{2}$ のとき最大値 $y = \dfrac{9}{4}$ をとる．このとき $x = \pm\dfrac{2}{3}\pi + 2n\pi$（$n$ は整数）である．また，$t = 1$ のとき最小値 $y = 0$ をとる．このとき $x = 2n\pi$（$n$ は整数）である．

解説　$\cos x$ だけで書けるので，$\cos x = t$ とおいて，$t$ の関数とみると，2 次関数となり，平方完成すれば最大・最小がわかる．（第 2 章参照．）

問 4.24　次の関数の最大値および最小値を求めよ．

(1) $y = -\sin^2 x + \cos x + 2$　　　(2) $y = \cos^2 x + 3\sin x + 1$

### 4.11.3　周波数，振動数

応用分野では，独立変数が時刻を表すことも多い．この節では独立変数を $t$（秒, s）とする．

関数 $y = A\sin(at + b) + B$ や $y = A\cos(at + b) + B$ において，$t$ が時刻（秒, s）を表すとき，周期 $T = \dfrac{2\pi}{a}$ は時間の意味を持ち，同じ変化を $T$（s）間隔で繰り返す．1（s）の間に $\nu = \dfrac{1}{T} = \dfrac{a}{2\pi}$ 回同じ変化を繰り返すので，$\nu$ を「周波数」や「振動数」という．単位は Hz（ヘルツ）である．$\omega = 2\pi\nu = a$ は，1 回の変化を $2\pi$（rad）と考えて，変化の回数を角度（$2\pi$ で 1 回，1 周）で表したものであり，「角周波数」や「角振動数」と呼ばれる．単位は rad/s である．周期，周波数，角周波数は $t$ の係数 $a$ だけで決まり，基本的な関係は次のように書ける．

$$T = \dfrac{1}{\nu}, \qquad \omega = 2\pi\nu. \tag{4.18}$$

例題 4.23　次の関数において，$t$ が時刻（s）を表すとき，周期，周波数，角周波数を単位をつけて答えよ．

(1) $y = 2\sin\left(3t + \dfrac{\pi}{6}\right) + 5$　　　(2) $y = 3\sin\left(\dfrac{t}{2} - \dfrac{\pi}{4}\right) - 1$

**解答** (1) 角周波数は $\omega = 3$ (rad/s), 周波数は $\nu = \dfrac{\omega}{2\pi} = \dfrac{3}{2\pi}$ (Hz), 周期は $T = \dfrac{1}{\nu} = \dfrac{2\pi}{3}$ (s). ($\pi \fallingdotseq 3.14$ なので, 近似値は $\nu \fallingdotseq 0.477$ (Hz), $T = 2.09$ (s). )

**解説** (4.18) を活用する. $\nu = \dfrac{\omega}{2\pi}$ である.

(2) 角周波数は $\omega = \dfrac{1}{2}$ (rad/s), 周波数は $\nu = \dfrac{\omega}{2\pi} = \dfrac{1}{4\pi}$ (Hz), 周期は $T = \dfrac{1}{\nu} = 4\pi$ (s). ($\pi \fallingdotseq 3.14$ なので, 近似値は $\nu \fallingdotseq 0.0796$ (Hz), $T = 12.56$ (s). )

この例題のように, 式がわかっているときは $t$ の係数 $a$ が角周波数 $\omega$ であることから求めるとよい. グラフなどから求めるときは, 周期 $T$ から求めていけばよいだろう.

**問4.25** 次の関数において, $t$ が時刻 (s) を表すとき, 周期, 周波数, 角周波数を単位をつけて答えよ.

(1) $y = 5\sin\left(4t - \dfrac{2}{3}\pi\right) - 3$     (2) $y = -2\cos\left(3t + \dfrac{3}{5}\pi\right) + 6$

### 4.11.4 加法定理の証明

平面上の単位ベクトル $\boldsymbol{e}_0$ に対して, それを反時計回りに $\dfrac{\pi}{2}$ 回転させて得られる単位ベクトルを $\boldsymbol{e}_0^\perp$ とおく. $\boldsymbol{e}_0$ に対して, それを反時計回りに $\theta$ 回転させて得られる単位ベクトル $\boldsymbol{e}$ を, $\boldsymbol{e}_0$ と $\boldsymbol{e}_0^\perp$ で表すとき, $\boldsymbol{e}_0$ の係数を $\cos\theta$, $\boldsymbol{e}_0^\perp$ の係数を $\sin\theta$ と<u>定義した</u>のであった:

$$\boldsymbol{e} = \cos\theta\,\boldsymbol{e}_0 + \sin\theta\,\boldsymbol{e}_0^\perp$$

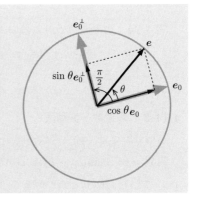

$\boldsymbol{e}_0 = \begin{pmatrix} \cos\alpha \\ \sin\alpha \end{pmatrix} = \cos\alpha \begin{pmatrix} 1 \\ 0 \end{pmatrix} + \sin\alpha \begin{pmatrix} 0 \\ 1 \end{pmatrix}$, つまり $\begin{pmatrix} 1 \\ 0 \end{pmatrix}$ を反時計回りに $\alpha$ 回転させて得られる単位ベクトルを $\boldsymbol{e}_0$ とし, $\theta = \beta$ ととる. すると,

$\boldsymbol{e}_0^\perp$ は $\begin{pmatrix} 1 \\ 0 \end{pmatrix}$ を反時計回りに $\alpha + \dfrac{\pi}{2}$ 回転させて得られる単位ベクトル,

$\boldsymbol{e}$ は $\begin{pmatrix} 1 \\ 0 \end{pmatrix}$ を反時計回りに $\alpha + \beta$ 回転させて得られる単位ベクトル

であるから,

$$\boldsymbol{e}_0^\perp = \cos\left(\alpha + \dfrac{\pi}{2}\right) \begin{pmatrix} 1 \\ 0 \end{pmatrix} + \sin\left(\alpha + \dfrac{\pi}{2}\right) \begin{pmatrix} 0 \\ 1 \end{pmatrix} = \begin{pmatrix} \cos\left(\alpha + \dfrac{\pi}{2}\right) \\ \sin\left(\alpha + \dfrac{\pi}{2}\right) \end{pmatrix},$$

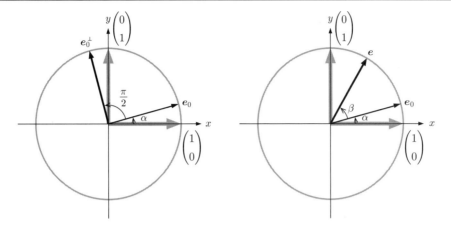

$$e = \cos(\alpha + \beta) \begin{pmatrix} 1 \\ 0 \end{pmatrix} + \sin(\alpha + \beta) \begin{pmatrix} 0 \\ 1 \end{pmatrix} = \begin{pmatrix} \cos(\alpha + \beta) \\ \sin(\alpha + \beta) \end{pmatrix}$$

である.

**公式 4.13**

$$\begin{pmatrix} \cos\left(\alpha + \dfrac{\pi}{2}\right) \\ \sin\left(\alpha + \dfrac{\pi}{2}\right) \end{pmatrix} = \begin{pmatrix} -\sin\alpha \\ \cos\alpha \end{pmatrix}$$

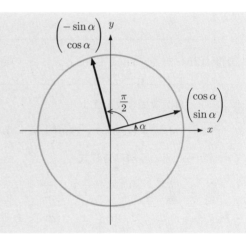

であったから, $e_0^\perp = \begin{pmatrix} \cos\left(\alpha + \dfrac{\pi}{2}\right) \\ \sin\left(\alpha + \dfrac{\pi}{2}\right) \end{pmatrix} = \begin{pmatrix} -\sin\alpha \\ \cos\alpha \end{pmatrix}$. さらに

上記定義に従えば, $\begin{pmatrix} \cos(\alpha + \beta) \\ \sin(\alpha + \beta) \end{pmatrix} = e = \cos\beta \, e_0 + \sin\beta \, e_0^\perp =$

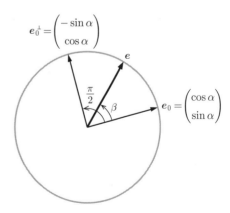

$\cos\beta \begin{pmatrix} \cos\alpha \\ \sin\alpha \end{pmatrix} + \sin\beta \begin{pmatrix} -\sin\alpha \\ \cos\alpha \end{pmatrix} =$

$\begin{pmatrix} \cos\alpha\cos\beta - \sin\alpha\sin\beta \\ \sin\alpha\cos\beta + \cos\alpha\sin\beta \end{pmatrix}$ それぞれの成分ごとに等しいのだ

から, 結局,

$$\cos(\alpha + \beta) = \cos\alpha\cos\beta - \sin\alpha\sin\beta$$

$$\sin(\alpha + \beta) = \sin\alpha\cos\beta + \cos\alpha\sin\beta$$

### 4.11.5　三角方程式，不等式

> 例題 4.24　方程式 $\sin x + \sqrt{3}\cos x = 1$ の解の中で $0 \leq x < 2\pi$ の範囲にあるものを求めよ．

[解答]　三角関数の合成公式より，

$$\sin x + \sqrt{3}\cos x = 2\sin\left(x + \frac{\pi}{3}\right)$$

であるから，求める解は方程式

$$\sin\left(x + \frac{\pi}{3}\right) = \frac{1}{2}$$

の解である．ここで，$0 \leq x < 2\pi$ であるから $\dfrac{\pi}{3} \leq$ $x + \dfrac{\pi}{3} < 2\pi + \dfrac{\pi}{3}$ なので，上記をみたす $x + \dfrac{\pi}{3}$ は，$x + \dfrac{\pi}{3} = \dfrac{5\pi}{6}, \dfrac{\pi}{6} + 2\pi$ である．以上より，$x = \dfrac{\pi}{2}, \dfrac{11\pi}{6}$ である．

[解説]

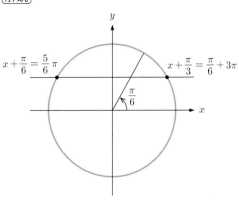

> 例題 4.25　不等式 $\sin x + \cos x > \dfrac{1}{\sqrt{2}}$ の解の中で $0 \leq x < 2\pi$ の範囲にあるものを求めよ．

[解答]　三角関数の合成公式より，

$$\sin x + \cos x = \sqrt{2}\sin\left(x + \frac{\pi}{4}\right)$$

であるから，求める解は方程式

$$\sin\left(x + \frac{\pi}{4}\right) > \frac{1}{2}$$

の解である．ここで，$0 \leq x < 2\pi$ であるから $\dfrac{\pi}{4} \leq$ $x + \dfrac{\pi}{4} < 2\pi + \dfrac{\pi}{4}$ なので，上記をみたす $x + \dfrac{\pi}{4}$ は，$\dfrac{\pi}{4} \leq x + \dfrac{\pi}{4} < \dfrac{5\pi}{6}, \dfrac{\pi}{6} + 2\pi < x + \dfrac{\pi}{4} < 2\pi + \dfrac{\pi}{4}$ である．以上より，$0 \leq x < \dfrac{7\pi}{12}, \dfrac{23\pi}{12} < x < 2\pi$ である．

[解説]

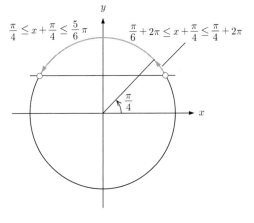

## ◆第 4 章の演習問題◆

## *A*

**4.1** 図 4.1 の直角三角形において，3 辺の長さが以下のようにわかっているとき，$\cos\theta$, $\sin\theta$, $\tan\theta$ の値を求めよ．

(1) $AB = 2$, $BC = 5$　　(2) $AB = 7$, $BC = 3$　　(3) $AB = 3$, $AC = 8$

(4) $AB = 4$, $BC = 5$　　(5) $AB = 3$, $BC = 5$　　(6) $BC = 3$, $AC = 7$

**4.2** 図 4.1 の直角三角形において，次の問いに答えよ．

(1) $\cos\theta = \dfrac{3}{7}$, $AC = 4$ のとき，$AB$, $BC$ の長さを求めよ．

(2) $\cos\theta = \dfrac{4}{7}$, $AB = 6$ のとき，$AC$, $BC$ の長さを求めよ．

(3) $\sin\theta = \dfrac{3}{4}$, $AC = 5$ のとき，$BC$, $AB$ の長さを求めよ．

(4) $\sin\theta = \dfrac{3}{4}$, $BC = 5$ のとき，$AC$, $AB$ の長さを求めよ．

**4.3** 次の角度を弧度法で表せ．

(1) $210°$　　(2) $240°$　　(3) $285°$　　(4) $480°$　　(5) $195°$　　(6) $18°$

(7) $5°$　　(8) $104°$

**4.4** 次の角度を度数法で表せ．

(1) $\dfrac{5}{3}\pi$　　(2) $\dfrac{11}{6}\pi$　　(3) $\dfrac{9}{4}\pi$　　(4) $\dfrac{4}{9}\pi$　　(5) $\dfrac{7}{12}\pi$

(6) $\dfrac{7}{5}\pi$　　(7) $\dfrac{3}{8}\pi$　　(8) $\dfrac{2}{5}$

**4.5** 次の角度 $\theta$ に対して $\cos\theta$, $\sin\theta$, $\tan\theta$ の値を求めよ．

(1) $\theta = \dfrac{3}{4}\pi$　　(2) $\theta = \dfrac{4}{3}\pi$　　(3) $\theta = \dfrac{11}{4}\pi$　　(4) $\theta = \dfrac{19}{6}\pi$　　(5) $\theta = \dfrac{7}{3}\pi$

(6) $\theta = \dfrac{11}{3}\pi$　　(7) $\theta = -\dfrac{9}{4}\pi$　　(8) $\theta = -\dfrac{7}{6}\pi$　　(9) $\theta = -\dfrac{8}{3}\pi$

**4.6** (1) 方程式 $\sin\theta = \dfrac{1}{\sqrt{2}}$ を $0 \le \theta \le 2\pi$ の範囲で解け．

(2) 方程式 $\cos\theta = \dfrac{\sqrt{3}}{2}$ を $0 \le \theta \le 2\pi$ の範囲で解け．

(3) 方程式 $\sin\theta = -\dfrac{\sqrt{3}}{2}$ を $0 \le \theta \le 2\pi$ の範囲で解け．

(4) 方程式 $\cos\theta = -\dfrac{1}{\sqrt{2}}$ を $0 \le \theta \le 2\pi$ の範囲で解け．

(5) 不等式 $\sin\theta < \dfrac{\sqrt{3}}{2}$ を $0 \le \theta \le 2\pi$ の範囲で解け．

(6) 不等式 $\cos\theta \ge -\dfrac{1}{2}$ を $0 \le \theta \le 2\pi$ の範囲で解け．

(7) 方程式 $2\sin\theta + \sqrt{3} = 0$ を $-\pi \le \theta \le \pi$ の範囲で解け．

(8) 不等式 $2\cos\theta + \sqrt{3} \le 0$ を $-\pi \le \theta \le \pi$ の範囲で解け．

(9) 方程式 $\tan\theta = \dfrac{1}{\sqrt{3}}$ を $0 \leq \theta \leq 2\pi$ の範囲で解け.

(10) 不等式 $\tan\theta > -\dfrac{1}{\sqrt{3}}$ を $0 \leq \theta \leq 2\pi$ の範囲で解け.

**4.7** (1) $0 \leq x \leq \pi,\ \cos x = \dfrac{2}{3}$ のとき, $\sin x,\ \tan x$ の値を求めよ.

(2) $-\dfrac{\pi}{2} \leq x \leq \dfrac{\pi}{2},\ \sin x = \dfrac{2}{5}$ のとき, $\cos x,\ \tan x$ の値を求めよ.

(3) $\pi \leq x \leq 2\pi,\ \cos x = -\dfrac{3}{4}$ のとき, $\sin x,\ \tan x$ の値を求めよ.

(4) $-\dfrac{\pi}{2} < x < \dfrac{\pi}{2},\ \tan x = 3$ のとき, $\cos x,\ \sin x$ の値を求めよ.

(5) $-\dfrac{\pi}{2} < x < \dfrac{\pi}{2},\ \tan x = -2$ のとき, $\cos x,\ \sin x$ の値を求めよ.

**4.8** 次の値をそれぞれ, 第1象限の角 $x\left(0 < x < \dfrac{\pi}{2}\ \text{の範囲の}\ \theta\right)$ の $\sin x,\ \cos x,\ \tan x$ を用いて表せ.

(1) $\cos\dfrac{30}{7}\pi$　　　(2) $\sin\dfrac{7}{5}\pi$　　　(3) $\cos\dfrac{6}{5}\pi$　　(4) $\sin\dfrac{29}{7}\pi$

(5) $\cos\left(-\dfrac{26}{9}\pi\right)$　　(6) $\sin\left(-\dfrac{17}{9}\pi\right)$　　(7) $\tan\dfrac{9}{7}\pi$　　(8) $\tan\left(-\dfrac{11}{7}\pi\right)$

**4.9** 次の関数のグラフを描け.

(1) $y = \sin\left(x + \dfrac{\pi}{6}\right)$　　　(2) $y = \cos\left(x - \dfrac{\pi}{4}\right)$　　　(3) $y = \sin\left(x - \dfrac{\pi}{2}\right) - 1$

**4.10** 次の関数のグラフを描け.

(1) $y = \sin\dfrac{x}{3}$　　(2) $y = \cos 2x$　　(3) $y = 2\cos 3x$　　(4) $y = -3\sin 2x$　　(5) $y = \tan\dfrac{x}{3}$

**4.11** 次の関数の基本周期を求めよ.

(1) $y = \cos\left(x + \dfrac{5}{6}\pi\right)$　　　　(2) $y = \sin\left(2x - \dfrac{\pi}{3}\right)$　　　(3) $y = 2\cos\left(\dfrac{x}{2} + \dfrac{\pi}{6}\right)$

(4) $y = -3\sin\left(\dfrac{x}{3} - \dfrac{\pi}{4}\right) + 1$　　(5) $y = \tan\left(2x - \dfrac{\pi}{3}\right)$　　(6) $y = 4\tan\left(\dfrac{x}{3} + \dfrac{\pi}{4}\right) + 2$

**4.12** $2\cos\dfrac{\pi}{6}$ と $\cos\dfrac{\pi}{3}$ は等しいか, 等しくないかどちらであるか答えよ.

**4.13** $\sin 105°$ の値を求めよ.

**4.14** $\sin\alpha = \dfrac{1}{3},\ \cos\beta = \dfrac{1}{4}$ であるとき, $\sin(\alpha+\beta)$ の値を求めよ. ただし, $-\dfrac{\pi}{2} \leq \alpha \leq \dfrac{\pi}{2},\ 0 \leq \beta \leq \pi$ とする.

**4.15** $\sin\alpha = \dfrac{1}{5}$ であるとき, 以下の問いに答えよ. ただし, $-\dfrac{\pi}{2} \leq \alpha \leq \dfrac{\pi}{2}$ とする.

(1) $\cos 2\alpha$ の値を求めよ.　　　(2) $\sin 2\alpha$ の値を求めよ.

**4.16** $\cos\theta = \dfrac{1}{3}$ のとき, 以下の問いに答えよ.

(1) $-\pi \leq \theta \leq \pi$ であるとき, $\cos\dfrac{\theta}{2}$ の値を求めよ.

(2) $0 \leq \theta \leq 2\pi$ であるとき, $\sin\dfrac{\theta}{2}$ の値を求めよ.

**4.17** $f(x) = \sqrt{3}\cos x - \sin x$ について以下の問いに答えよ.

(1) $f(x) = r\sin(x+\alpha)$ がいかなる $x$ でも成立するような, 正の定数 $r$ および $-\pi < \alpha \leq \pi$ なる定数 $\alpha$ を求めよ.

(2)　$x$ が $0 \leq x \leq \pi$ の範囲を動くとき，$f(x)$ の最大値および最小値を求めよ．

**4.18**　$f(x) = \cos\left(\dfrac{x}{2} + \dfrac{2\pi}{3}\right)\sin\left(\dfrac{x}{2} + \dfrac{\pi}{6}\right)$ について以下の問いに答えよ．

(1)　$f(x) = r\sin(x+\alpha) + a$ がいかなる $x$ でも成立するような，定数 $a$, 正の定数 $r$ および $-\pi < \alpha \leq \pi$ なる定数 $\alpha$ を求めよ．

(2)　$x$ が $0 \leq x \leq \pi$ の範囲を動くとき，$f(x)$ の最大値および最小値を求めよ．

**4.19**　$f(x) = \sin\left(\dfrac{x}{3} + \dfrac{\pi}{4}\right) + \cos\left(\dfrac{x}{3} + \dfrac{1}{12}\pi\right)$ について以下の問いに答えよ．

(1)　$f(x) = r\sin\left(\dfrac{x}{3} + \alpha\right)$ がいかなる $x$ でも成立するような，正の定数 $r$ および $-\pi < \alpha \leq \pi$ なる定数 $\alpha$ を求めよ．

(2)　$x$ が $0 \leq x \leq \pi$ の範囲を動くとき，$f(x)$ の最大値および最小値を求めよ．

**4.20**　$\sin x + \sin 3x = 0$ をみたす $x$ で，$0 \leq x \leq 2\pi$ にあるものを求めよ．

# B

**4.1** (1) 方程式 $\sin\theta = -\dfrac{\sqrt{3}}{2}$ を解け.

(2) 不等式 $\sin\theta < \dfrac{\sqrt{3}}{2}$ を解け.

(3) 方程式 $\cos\theta = -\dfrac{1}{2}$ を解け.

(4) 不等式 $\cos\theta \le -\dfrac{\sqrt{3}}{2}$ を解け.

(5) 方程式 $\sqrt{2}\cos\theta + 1 = 2$ を解け.

(6) 不等式 $\sqrt{2}\sin\theta + 1 \ge 2$ を解け.

(7) 不等式 $\tan\theta \ge 1$ を解け.

**4.2** 公式 (4.14) をそれ以前の公式を使って示せ.

**4.3** (1) $\cos x = \dfrac{3}{4}$ のとき, $\sin x,\ \tan x$ の値を求めよ.

(2) $\sin x = \dfrac{1}{3}$ のとき, $\cos x,\ \tan x$ の値を求めよ.

(3) $\cos x = \dfrac{4}{5}$ のとき, $\sin x,\ \tan x$ の値を求めよ.

(4) $\sin x = -\dfrac{2}{3}$ のとき, $\sin x,\ \tan x$ の値を求めよ.

(5) $\tan x = -\dfrac{1}{2}$ のとき, $\cos x,\ \sin x$ の値を求めよ.

(6) $0 < x < \pi,\ \tan x = -3$ のとき, $\cos x,\ \sin x$ の値を求めよ.

**4.4** $x$ が次の条件をみたすとき, $\cos x,\ \sin x$ の値を求めよ.

(1) $\cos x - 2\sin x = 1$ 　　(2) $(1+\sqrt{2})\cos x - \sin x = 1$

(3) $2\cos x - \sin x = \sqrt{2}$ 　　(4) $\tan x = \dfrac{1}{2\cos x} + 1$

**4.5** $\sin x + \cos x = \dfrac{1}{2}$ のとき, $\sin x \cos x$ および $\sin^4 x + \cos^4 x$ の値を求めよ.

**4.6** 次の関数のグラフを描け.

(1) $y = \sin\left(2x - \dfrac{\pi}{3}\right)$ 　　(2) $y = 2\cos\left(\dfrac{x}{3} - \dfrac{3}{2}\pi\right) - 1$ 　　(3) $y = 3\sin\left(\dfrac{x}{2} + \dfrac{5}{6}\pi\right) + 2$

(4) $y = |\sin x|$ 　　　　　(5) $y = \sin|x|$ 　　　　　(6) $y = \sin\left|x + \dfrac{\pi}{4}\right|$

**4.7** $\sin\alpha = a,\ \cos\beta = b$ であるとき, 以下の問いに答えよ.

(1) $\sin(\alpha+\beta)$ の値を $a, b$ を用いて表せ. ただし, $-\dfrac{\pi}{2} \le \alpha \le \dfrac{\pi}{2},\ 0 \le \beta \le \pi$ とする.

(2) $\sin(\alpha+\beta)$ の値を $a, b$ を用いて表せ. ただし, $\dfrac{\pi}{2} \le \alpha \le \dfrac{3\pi}{2},\ 0 \le \beta \le \pi$ とする.

(3) $\cos(\alpha+\beta)$ の値を $a, b$ を用いて表せ. ただし, $\dfrac{\pi}{2} \le \alpha \le \dfrac{3\pi}{2},\ \pi \le \beta \le 2\pi$ とする.

(4) $\cos(\alpha+\beta)$ の値を $a, b$ を用いて表せ. ただし, $-\dfrac{\pi}{2} \le \alpha \le \dfrac{\pi}{2},\ \pi \le \beta \le 2\pi$ とする.

**4.8** $\sin\alpha = a$ であるとき, 以下の問いに答えよ.

(1)　$\cos 2\alpha$ の値を $a$ を用いた式で表せ.

(2)　$\sin 2\alpha$ の値を $a$ を用いた式で表せ. ただし, $-\dfrac{\pi}{2} \leq \alpha \leq \dfrac{\pi}{2}$ とする.

(3)　$\sin 2\alpha$ の値を $a$ を用いた式で表せ. ただし, $\dfrac{\pi}{2} \leq \alpha \leq \dfrac{3\pi}{2}$ とする.

**4.9**　$\cos\theta = a$ のとき, 以下の問いに答えよ.

(1)　$-\pi \leq \theta \leq \pi$ であるとき, $\cos\dfrac{\theta}{2}$ の値を $a$ を用いた式で表せ.

(2)　$0 \leq \theta \leq 2\pi$ であるとき, $\sin\dfrac{\theta}{2}$ の値を $a$ を用いた式で表せ.

(3)　$\pi \leq \theta \leq 3\pi$ であるとき, $\cos\dfrac{\theta}{2}$ の値を $a$ を用いた式で表せ.

(4)　$-2\pi \leq \theta \leq 0$ であるとき, $\sin\dfrac{\theta}{2}$ の値を $a$ を用いた式で表せ.

**4.10**　$\sin(\omega t + \alpha) + \sin(\omega t + \beta) = r\sin(\omega t + \phi)$ がいかなる $t$ でも成立するような正の定数 $r$ および $\phi$ を, $\omega, \alpha, \beta$ を用いた式で表せ.

**4.11**　加法定理　$\sin(\alpha + \beta) = \sin\alpha\cos\beta + \cos\alpha\sin\beta$　を用いて,

$$\cos(\alpha + \beta) = \cos\alpha\cos\beta - \sin\alpha\sin\beta$$

を導け.

**4.12**　加法定理　$\sin(\alpha + \beta) = \sin\alpha\cos\beta + \cos\alpha\sin\beta$　を用いて, 倍角の公式

$$\sin 2\alpha = 2\sin\alpha\cos\alpha$$

を導け.

**4.13**　加法定理　$\sin(\alpha \pm \beta) = \sin\alpha\cos\beta \pm \cos\alpha\sin\beta$　を用いて, 積を和になおす公式

$$\sin\alpha\cos\beta = \frac{1}{2}\left(\sin(\alpha + \beta) + \sin(\alpha - \beta)\right)$$

を導け.

**4.14**　積を和になおす公式　$\sin\alpha\cos\beta = \dfrac{1}{2}\left(\sin(\alpha + \beta) + \sin(\alpha - \beta)\right)$　を用いて, 和を積になおす公式

$$\sin A + \sin B = 2\sin\frac{A + B}{2}\cos\frac{A - B}{2}$$

を導け.

**4.15**　$a\sin x + b\cos x = r\sin(x + \alpha)$, ただし, $r = \sqrt{a^2 + b^2}, \cos\alpha = \dfrac{a}{r}, \sin\alpha = \dfrac{b}{r}$, と変形できることを加法定理を使って証明せよ.

# 5

# 複素数

この章では，2乗すると −1 になる数の 1 つである虚数単位 $i$ を導入し，実数 $a, b$ を用いて $a + bi$ の形で表される数 "複素数" を考える．複素数の四則演算を定義し，複素数と平面上の点を 1 対 1 対応させた平面 "複素平面" を用いて，これらの演算を図形的に理解する．

# 5.1 複素数の四則

2乗して $-1$ となる数を $i$ で表し,**虚数単位**という. $i = \sqrt{-1}$ と書くこともある.実数 $a, b$ に対して,

$$a + bi$$

の形で表される数を**複素数**という.複素数 $z = a + bi$ に対して,$a$ を $z$ の**実部**といい,$b$ を $z$ の**虚部**という. $b = 0$ のとき,実数と同じものと考える. $b \neq 0$ のとき,すなわち実数でない複素数のことを**虚数**という. $a = 0, b \neq 0$ のとき,**純虚数**という.

複素数どうしが等しいかどうかは,次のように定める.

---

**定義 5.1 (複素数の相等)** 2つの複素数 $a + bi$, $c + di$ $(a, b, c, d$ は実数$)$ が等しいとはそれらの実部および虚部がそれぞれ等しいときにいう.すなわち,

$$a + bi = c + di \overset{\text{定義}}{\Longleftrightarrow} a = c \text{ かつ } b = d.$$

特に

$$a + bi = 0 \Longleftrightarrow a = b = 0.$$

---

**例題 5.1** $2x + (y - 1)i = 4 - 6i$ をみたす実数 $x, y$ を求めよ.

**解答** $x, y$ は実数より,$2x, y - 1$ も実数である.した  **解説** 定義5.1を適用する.
がって,両辺の実部を比較すると $2x = 4$ より $x = 2$,虚
部を比較すると $y - 1 = -6$ より $y = -5$ である. ▮

**問 5.1** $2x + (1 - y)i = 3y + 5i$ をみたす実数 $x, y$ を求めよ.

複素数の計算は,$i$ を文字と思い,普通の文字式の計算と同じ要領で行い,$i \times i = i^2$ が現れたら $-1$ で置き換えればよい.

---

**定義 5.2 (複素数の四則演算)** 複素数 $z_1 = a + bi$, $z_2 = c + di$ に対して,和,差,積,商は次のように定義する.

和 $z_1 + z_2 = (a + c) + (b + d)i$,

差 $z_1 - z_2 = (a - c) + (b - d)i$,

積 $z_1 z_2 = (ac - bd) + (ad + bc)i$,

商 $\dfrac{z_1}{z_2} = \dfrac{(a + bi)(c - di)}{(c + di)(c - di)} = \dfrac{(ac + bd) + (bc - ad)i}{c^2 + d^2}$ (ただし,$z_2 \neq 0$)

---

特に商の計算は分母の実数化と呼ばれる.

この定義に従えば,例えば

$$(\sqrt{2}i)^2 = -2, \quad (-\sqrt{2}i)^2 = -2$$

となるので，$-2$ の平方根は $\pm\sqrt{2}i$ である．これらの数をそれぞれ

$$\sqrt{-2} = \sqrt{2}i, \quad -\sqrt{-2} = -\sqrt{2}i$$

のように表す．一般に，次のように定める．

---

**定義 5.3 (負の数の平方根)** $a > 0$ のとき，

$$\sqrt{-a} = \sqrt{a}i$$

と定める．

---

**注意 5.1** 一般に 2 つの複素数 $z, w$ に対して，$\sqrt{z}\sqrt{w} = \sqrt{zw}$ は成り立たない．例えば，

$$\sqrt{-1}\sqrt{-1} = \sqrt{(-1)(-1)} = \sqrt{1} = 1$$

$$\sqrt{-2}\sqrt{-3} = \sqrt{(-2)(-3)} = \sqrt{6}$$

という計算をしてはいけない．正しくは，次の例題のように $i$ を用いた形にしてから計算を行う．

---

**例題 5.2** 次を計算せよ．

(1) $\sqrt{-1}\sqrt{-1}$    (2) $\sqrt{-2}\sqrt{-3}$    (3) $\dfrac{\sqrt{14}}{\sqrt{-2}}$    (4) $\dfrac{\sqrt{-14}}{\sqrt{2}}$    (5) $\dfrac{\sqrt{-14}}{\sqrt{-2}}$

---

**解答** (1) $\sqrt{-1}\sqrt{-1} = i \cdot i = -1$

(2) $\sqrt{-2}\sqrt{-3} = \sqrt{2}i \cdot \sqrt{3}i = \sqrt{6}i^2 = -\sqrt{6}$

(3) $\dfrac{\sqrt{14}}{\sqrt{-2}} = \dfrac{\sqrt{14}}{\sqrt{2}i} = \dfrac{\sqrt{7}i}{i^2} = -\sqrt{7}i$

(4) $\dfrac{\sqrt{-14}}{\sqrt{2}} = \dfrac{\sqrt{14}i}{\sqrt{2}} = \sqrt{7}i$

(5) $\dfrac{\sqrt{-14}}{\sqrt{-2}} = \dfrac{\sqrt{14}i}{\sqrt{2}i} = \sqrt{7}$

**解説** 定義にしたがって $\sqrt{-1}$ を $i$ に替えてから計算する．

---

**問 5.2** 次の計算をせよ．

(1) $\sqrt{-3}\sqrt{-15}$    (2) $\dfrac{\sqrt{8}}{\sqrt{-2}}$    (3) $\dfrac{\sqrt{-8}}{\sqrt{2}}$

複素数 $z_1, z_2, z_3$ に対して，次のような計算が成り立つ．

---

**公式 5.1** (1) $z_1 + z_2 = z_2 + z_1$

(2) $z_1 z_2 = z_2 z_1$

(3) $(z_1 + z_2) + z_3 = z_1 + (z_2 + z_3)$

(4) $(z_1 z_2)z_3 = z_1(z_2 z_3)$

(5) $z_1(z_2 + z_3) = z_1 z_2 + z_1 z_3$

(6) $(z_1 + z_2)z_3 = z_1 z_3 + z_2 z_3$

(7) $z_1 + 0 = z_1$

(8)　$z_1 + (-z_1) = 0$

(9)　$1z_1 = z_1$

　特に，(1), (2) は交換法則，(3), (4) は結合法則，(5), (6) は分配法則と呼ばれ，文字式の場合と同じ規則で成り立つ．(7) における 0 は $0 + 0i$ で実数の 0 である．(8) において，$z_1 = a + bi$ とすると，$-a - bi$ を $-z_1$ と表す．

---

**例題 5.3**　次の計算をせよ．ただし，(3) は分母の実数化をせよ．

(1)　$2(7 + 3i) - 5(1 - 2i)$　　　(2)　$(2 + 3i)(1 - 4i)$　　　(3)　$\dfrac{1 + 3i}{1 + i}$

---

**解答**　(1)　$2(7 + 3i) - 5(1 - 2i) = 14 + 6i - 5 + 10i =$ $(14 - 5) + (6 + 10)i = 9 + 16i$

(2)　$(2 + 3i)(1 - 4i) = 2 \cdot 1 - 2 \cdot 4i + 3i \cdot 1 - 3i \cdot 4i =$ $2 - 8i + 3i - 12(-1) = 14 - 5i$

(3)　$\dfrac{1 + 3i}{1 + i} = \dfrac{(1 + 3i)(1 - i)}{(1 + i)(1 - i)} = \dfrac{4 + 2i}{1^2 - i^2} = \dfrac{4 + 2i}{1 + 1} = 2 + i$

**解説**　定義 5.2 と公式 5.1 を適用する．

(3)　分母を実数化するために，分子分母に $1 - i$ をかける．

---

**問 5.3**　次の計算をせよ．ただし，(7) 〜 (10) は分母の実数化をせよ．

(1)　$(2 + i) + (2 + 3i)$　　　(2)　$(3 - 8i) - (4 - 9i)$　　　(3)　$(1 + 3i)(2 + i)$

(4)　$(2 + 3i)(1 - i)$　　　(5)　$(3 - 2i)(3 + 2i)$　　　(6)　$(3 - 2i)^2$

(7)　$\dfrac{3}{2 + i}$　　　(8)　$\dfrac{1}{i}$　　　(9)　$\dfrac{2 + i}{2 - i}$　　　(10)　$\dfrac{1 + i}{3 + 2i}$

---

**定理 5.1**　複素数 $z_1, z_2$ に対して，

$$z_1 z_2 = 0 \iff z_1 = 0 \text{ または } z_2 = 0.$$

---

**証明**　右から左は明らか．左から右を示そう．複素数 $z_1 = a + bi$, $z_2 = c + di$ ($a, b, c, d$ は実数) に対して，

$$z_1 z_2 = (ac - bd) + (ad + bc)i$$

より $z_1 z_2 = 0$ ならば $ac - bd = ad + bc = 0$ である．ここで，$(ac - bd)^2 + (ad + bc)^2 = (a^2 + b^2)(c^2 + d^2)$ を用いると，$a^2 + b^2 = 0$ または $c^2 + d^2 = 0$ である．$a, b, c, d$ は実数なので $a = b = 0$ または $c = d = 0$ となり，$z_1 = 0$ または $z_2 = 0$ を得る．

## 5.2　共役複素数

　複素数 $z = a + bi$ に対して，$a - bi$ を複素数 $z$ の**共役複素数**といい，$\bar{z}$ で表す．すなわち，

$$\bar{z} = \overline{a + bi} = a - bi$$

と定める.

複素数の商 $\dfrac{z_1}{z_2}$ の分母の実数化の計算の際に分子分母にかけた複素数は,分母 $z_2$ の共役複素数である.

例 5.1　$\overline{5-3i} = 5+3i$

上の例のように,虚部の符号だけが異なる 2 つの複素数を**互いに共役**であるといい,一方を他方の**共役複素数**であるという.

複素数 $z_1, z_2$ に対して,次の性質が成り立つ.

公式 5.2　(1)　$\overline{\overline{z_1}} = z_1$

(2)　$\overline{z_1 \pm z_2} = \overline{z_1} \pm \overline{z_2}$

(3)　$\overline{z_1 z_2} = \overline{z_1} \cdot \overline{z_2}$

(4)　$\overline{\left(\dfrac{z_1}{z_2}\right)} = \dfrac{\overline{z_1}}{\overline{z_2}}$ (ただし,$z_2 \neq 0$)

問 5.4　次の複素数の共役複素数を求めよ.

(1) $2+i$　　(2) $-2-5i$　　(3) $-2i$　　(4) $-3$

## 5.3　複素数の絶対値

複素数の実部と虚部それぞれの 2 乗の和の平方根を複素数 $z$ の**絶対値**といい,$|z|$ で表す.すなわち,複素数 $z = a+bi$ に対して,

$$|z| = |a+bi| = \sqrt{a^2+b^2}$$

と定める.

**注意 5.2**　虚部は $bi$ の部分の実数 $b$ を示す.$|z| = \sqrt{a^2+(bi)^2}$ としないこと.

例 5.2　$|-1+3i| = \sqrt{(-1)^2+3^2} = \sqrt{1+9} = \sqrt{10}$

問 5.5　次の複素数の絶対値を求めよ.

(1) $i$　　(2) $-7+2i$　　(3) $4-3i$　　(4) $-2i$　　(5) $-5$

複素数 $z_1, z_2$ に対して,次の性質が成り立つ.

公式 5.3　(1)　$|z_1| = |\overline{z_1}|$

(2)　$z_1\overline{z_1} = |z_1|^2$

(3)　$|z_1 z_2| = |z_1||z_2|, \left|\dfrac{z_1}{z_2}\right| = \dfrac{|z_1|}{|z_2|}$

---

**例題 5.4**
$$\begin{cases} z + \overline{z} = 4 \\ z\overline{z} = 13 \end{cases}$$
をみたす複素数 $z$ を求めよ.

---

**[解答]**　$z = a + bi$ とおくと $\overline{z} = a - bi$, $z + \overline{z} = 2a$, $z\overline{z} = a^2 + b^2$ なので, $z + \overline{z} = 4$ より $2a = 4$ となり, $a = 2$ を得る. また, $z\overline{z} = 13$ より $a^2 + b^2 = 4 + b^2 = 13$ となり, $b = \pm 3$ を得る. したがって, 求める複素数は $z = 2 \pm 3i$ である. ▌

**[解説]**　$z\overline{z}$ を求める際に, 公式 5.3(2) を用いてもよい.

$b^2 = 9$ の解は $b = 3$, $-3$ の 2 つであることに注意する.

**問 5.6**
$$\begin{cases} z - \overline{z} = -8i \\ z\overline{z} = 25 \end{cases}$$
をみたす複素数 $z$ を求めよ.

## 5.4　複素数と 2 次方程式の解

第 2 章で学んだ 2 次方程式を, 複素数の範囲で解くことを考える. 2 次方程式の解の公式は以下のようであった.

---

**定理 5.2 (2 次方程式の解の公式)**　2 次方程式 $ax^2 + bx + c = 0$ の解は
$$x = \frac{-b \pm \sqrt{b^2 - 4ac}}{2a}$$
である.

---

特に $D = b^2 - 4ac$ を 2 次方程式の判別式といい, 方程式の (実数) 解の個数を判別するものであった. $D < 0$ のとき, $\sqrt{b^2 - 4ac}$ は虚数単位 $i$ を用いて表すことができるので, 2 次方程式の解の判別は以下のように書き換えることができる.

---

**定理 5.3 (2 次方程式の解の判別)**　2 次方程式
$$ax^2 + bx + c = 0 \, (a, b, c \text{ は実数}) \tag{5.1}$$
の判別式を $D = b^2 - 4ac$ とすると,
1. $D > 0 \Longleftrightarrow$ (5.1) は異なる 2 つの実数解
2. $D = 0 \Longleftrightarrow$ (5.1) は重解
3. $D < 0 \Longleftrightarrow$ (5.1) は異なる 2 つの**虚数解**
をもつ.

例題 **5.5** 2次方程式 $3x^2 + 6x + 8 = 0$ の解を求めよ.

**解答** 解の公式より,求める解は

$$x = \frac{-6 \pm \sqrt{6^2 - 4 \cdot 3 \cdot 8}}{2 \cdot 3} = \frac{-6 \pm \sqrt{36 - 96}}{6}$$

$$= \frac{-6 \pm \sqrt{-60}}{6} = \frac{-6 \pm \sqrt{60}i}{6}$$

$$= \frac{-6 \pm 2\sqrt{15}i}{6} = \frac{-3 \pm \sqrt{15}i}{3}$$

である.

**解説** $\sqrt{-1}$ を $i$ と替える.最後に分子分母を2で約分することに注意する.

問 **5.7** 次の2次方程式の解を判別せよ.

(1) $4x^2 - 7x + 2 = 0$ (2) $9x^2 + 12x + 4 = 0$ (3) $3x^2 + 5x + 4 = 0$

問 **5.8** 次の2次方程式の解を求めよ.

(1) $x^2 + 3x + 10 = 0$ (2) $x^2 - 4x + 8 = 0$ (3) $3x^2 + x + 1 = 0$

(4) $3x^2 - 5x + 3 = 0$ (5) $3x^2 - 2x + 5 = 0$

## 5.5 複素平面

この節では,複素数を平面上の点で表すことを考える.そうすることで,複素数の共役複素数や絶対値,和・差・積・商を幾何学的に解釈することができる.

複素数 $z = a + bi$ に座標平面上の点 $(a, b)$ を対応させる.すると,すべての複素数と平面上の点は1対1に対応する.複素数を表示するための平面を**複素平面**,または**ガウス平面**という.複素平面では,$x$ 軸を**実軸**,$y$ 軸を**虚軸**という.複素数 $z = a + bi$ を表す点 P を点 $z$ や点 $a + bi$ と呼んだり,P$(a + bi)$ と表すことにする.原点を表す複素数は $0 = 0 + 0i$ である.

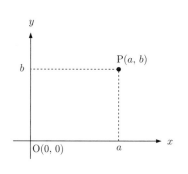

図 **5.1** $xy$–平面

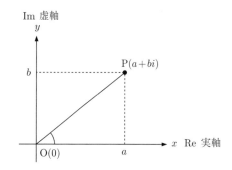

図 **5.2** 複素平面

5.2節で学んだ共役複素数を複素平面で考えると次ページのようになる.

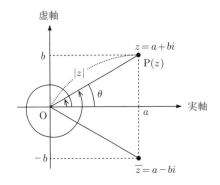

図 5.3　共役複素数

つまり，$z = a + bi$ とその共役複素数 $\bar{z} = a - bi$ は実軸に関して対称である．

また，5.3 節で学んだ複素数 $z = a + bi$ の絶対値 $|z| = \sqrt{a^2 + b^2}$ は，原点 O(0) と点 $z$ の距離である．$z \neq 0$ のとき，動径 OP の表す角を $\arg z$ で表し，複素数 $z$ の**偏角**という．つまり，

$$\arg z = \theta + 2n\pi \ (n \text{ は整数}).$$

とくに，$-\pi < \theta \leq \pi$ にあるものを複素数 $z$ の偏角の**主値**といい，$\theta = \operatorname{Arg} z$ で表す．

**例題 5.6**　複素数 $z = 1 + \sqrt{3}i$ について，$|z|$, $\operatorname{Arg} z$, $\arg z$ を求めよ．

**解答**　$|z| = \sqrt{1+3} = 2$, $\operatorname{Arg} z = \dfrac{\pi}{3}$, $\arg z = \dfrac{\pi}{3} +$　**解説**　絶対値，主値，偏角の定義を適用する．$2n\pi$ ($n$ は整数)

**注意 5.3**　偏角を表すときに，$2n\pi$ ($n$ は整数) は省略することも多い．この場合，$2\pi$ の整数倍の違いは同じ偏角を表すとものとみなす．偏角の中で，主値または $0 \leq \theta < 2\pi$ にあるものを選んで代表値として表すことが多い．以後，**偏角を表すときには $2n\pi$ ($n$ は整数) を省略し，$\theta$ は $0 \leq \theta < 2\pi$ の範囲とする**．つまり，上の例で $\arg(1 + \sqrt{3}i) = \dfrac{\pi}{3}$ とするということである．

**問 5.9**　次の複素数の偏角を求めよ．

(1) $-2$　　(2) $2i$　　(3) $-1 + \sqrt{3}i$　　(4) $\sqrt{3} - i$

**複素数の和と差**　2 つの複素数をそれぞれ $\alpha = a + bi$, $\beta = c + di$ とおくと，和と差は

$$\alpha + \beta = (a + c) + (b + d)i$$

$$\alpha - \beta = (a - c) + (b - d)i$$

であった．これらを複素平面上に図示すると次のようになる．

ここで，4 点 O, $\alpha$, $\alpha + \beta$, $\beta$ を頂点とする四角形は平行四辺形となる．また，差においては，$\alpha$ と $\beta$ を結ぶ線分と O と $\alpha - \beta$ を結ぶ線分は平行で同じ長さである．

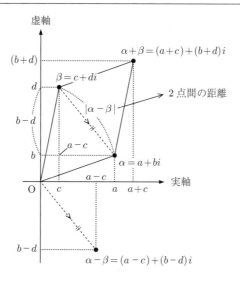

図 **5.4** 複素数の和と差

■**複素数の積**■ まず, 複素数と虚数単位 $i$ の積を考える. $\alpha = a + bi$ とすると, $\alpha$ と $i$ の積は $i\alpha = -b + ai$ である. O と $\alpha$ を結ぶ線分の傾き $m$ は $m = \dfrac{b}{a}$ で, O と $i\alpha$ を結ぶ線分の傾き $m'$ は $m' = -\dfrac{a}{b}$ であるので $mm' = -1$ が成り立ち, O と $\alpha$ を結ぶ直線と O と $i\alpha$ を結ぶ直線は直交する. さらに, $|i\alpha| = \sqrt{b^2 + a^2} = |\alpha|$ である. 一般の積については, $\beta = c + di$ とおくと

$$\alpha\beta = \beta\alpha = (c + di)\alpha = c\alpha + d(i\alpha)$$

となるので, 下図のように $c\alpha$ と $d(i\alpha)$ の和である.

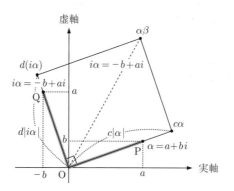

図 **5.5** 複素数の積

■**三角不等式**■ 複素数 $\alpha, \beta$ に対して

$$|\alpha + \beta| \leq |\alpha| + |\beta|$$

が成り立つ. 等号成立は, O, $\alpha, \beta$ が一直線上にあり, かつ $\alpha, \beta$ が O に関して同じ側にある場合に限る.

**注意 5.4**　O, $\alpha$, $\beta$ が一直線上にない場合，3 点 O, $\alpha$, $\alpha + \beta$ を頂点とする三角形の 1 辺の長さは，他の 2 辺の長さの和よりも小さいということを表している．

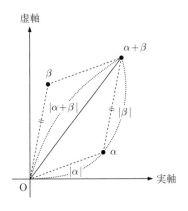

図 5.6　三角不等式

## 5.6　複素数の極形式

複素数 $z$ に対して，$r = |z|$, $\theta = \arg z$ とすると，

$$z = r(\cos\theta + i\sin\theta)$$

と表せる．これを複素数 $z$ の**極形式**という．

---

**例題 5.7**　次の複素数を極形式で表せ．
(1) $-2 + 2i$　　(2) $-2$　　(3) $-i$　　(4) $3 - 3\sqrt{3}i$

---

**解答**　(1) $|-2 + 2i| = \sqrt{4 + 4} = 2\sqrt{2}$,
$\arg(-2 + 2i) = \dfrac{3}{4}\pi$ より，

$-2 + 2i = 2\sqrt{2}\left(\cos\dfrac{3}{4}\pi + i\sin\dfrac{3}{4}\pi\right)$

(2) $|-2| = 2$, $\arg(-2) = \pi$ より，

$-2 = 2(\cos\pi + \sin\pi)$.

(3) $|-i| = 1$, $\arg(-i) = \dfrac{3}{2}\pi$ より，

$-i = \cos\dfrac{3}{2}\pi + i\sin\dfrac{3}{2}\pi$.

(4) $|3 - 3\sqrt{3}i| = \sqrt{3^2 + (3\sqrt{3})^2} = \sqrt{9 + 27} = 6$,

$\arg(3 - 3\sqrt{3}i) = \dfrac{5}{3}\pi$ より，

$3 - 3\sqrt{3}i = 6\left(\cos\dfrac{5}{3}\pi + i\sin\dfrac{5}{3}\pi\right)$.

**解説**　$r = |z|$, $\theta = \arg z$ を求めて，極形式の公式にあてはめる．ただし，$0 \le \theta < 2\pi$ であること注意する（注意 5.3 参照）．

**問 5.10**　次の複素数を極形式で表せ.

(1)　$1 + i$　　(2)　$\sqrt{3} + i$　　(3)　$-2$　　(4)　$-1 + \sqrt{3}i$

(5)　$-3i$　　(6)　$-2 + 2i$　　(7)　$-2\sqrt{3} + 2i$　　(8)　$\sqrt{2} - \sqrt{6}i$

**定理 5.4 (複素数の積・商の絶対値・偏角)**　複素数 $z_1, z_2$ に対して, 以下が成り立つ.

(1)　$z_1 = r_1(\cos\theta_1 + i\sin\theta_1), z_2 = r_2(\cos\theta_2 + i\sin\theta_2)$ のとき,

$$z_1 z_2 = r_1 r_2 \left\{ \cos(\theta_1 + \theta_2) + i\sin(\theta_1 + \theta_2) \right\},$$

$$\frac{z_1}{z_2} = \frac{r_1}{r_2} \left\{ \cos(\theta_1 - \theta_2) + i\sin(\theta_1 - \theta_2) \right\}$$

(2)　$|z_1 z_2| = |z_1||z_2|,\ \left|\dfrac{z_1}{z_2}\right| = \dfrac{|z_1|}{|z_2|}$

(3)　$\arg(z_1 z_2) = \arg z_1 + \arg z_2,\ \arg\left(\dfrac{z_1}{z_2}\right) = \arg z_1 - \arg z_2$

[証明]　$|z_1| = r_1, \arg z_1 = \theta_1, |z_2| = r_2, \arg z_2 = \theta_2$ であり, 積 $z_1 z_2$ を計算すると,

$$z_1 z_2 = r_1 r_2 (\cos\theta_1 + i\sin\theta_1)(\cos\theta_2 + i\sin\theta_2)$$

$$= r_1 r_2 \left\{ (\cos\theta_1 \cos\theta_2 - \sin\theta_1 \sin\theta_2) + i(\cos\theta_1 \sin\theta_2 + \sin\theta_1 \cos\theta_2) \right\}$$

$$= r_1 r_2 \left\{ \cos(\theta_1 + \theta_2) + i\sin(\theta_1 + \theta_2) \right\}$$

となる. したがって, $|z_1 z_2| = r_1 r_2 = |z_1||z_2|, \arg(z_1 z_2) = \theta_1 + \theta_2 = \arg z_1 + \arg z_2$ を得る.

　商 $\dfrac{z_1}{z_2}$ を計算すると,

$$\frac{z_1}{z_2} = \frac{r_1(\cos\theta_1 + i\sin\theta_1)}{r_2(\cos\theta_2 + i\sin\theta_2)} \frac{(\cos\theta_2 - i\sin\theta_2)}{(\cos\theta_2 - i\sin\theta_2)}$$

$$= \frac{r_1}{r_2} \frac{(\cos\theta_1 \cos\theta_2 + \sin\theta_1 \sin\theta_2) + i(\sin\theta_1 \cos\theta_2 - \cos\theta_1 \sin\theta_2)}{\cos^2\theta_2 + \sin^2\theta_2}$$

$$= \frac{r_1}{r_2} \left\{ \cos(\theta_1 - \theta_2) + i\sin(\theta_1 - \theta_2) \right\}$$

となる. したがって, $\left|\dfrac{z_1}{z_2}\right| = \dfrac{r_1}{r_2} = \dfrac{|z_1|}{|z_2|}, \arg\left(\dfrac{z_1}{z_2}\right) = \theta_1 - \theta_2 = \arg z_1 - \arg z_2$ を得る.

**例題 5.8**　$z = 1 + i,\ w = \sqrt{3} + i$ に対して, 次の複素数を極形式で表せ.

(1)　$zw$　　(2)　$\dfrac{z}{w}$　　(3)　$\dfrac{w}{z}$

[解答]　$|z| = \sqrt{2}, \arg(z) = \dfrac{\pi}{4}$ より

$z = \sqrt{2}\left(\cos\dfrac{\pi}{4} + i\sin\dfrac{\pi}{4}\right)$ であり, $|w| = 2, \arg(z) = \dfrac{\pi}{6}$

より $w = 2\left(\cos\dfrac{\pi}{6} + i\sin\dfrac{\pi}{6}\right)$ である.

[解説]　$z, w$ を極形式で表し, 定理 5.4 を適用する.

(1)

$$zw = 2\sqrt{2}\left\{\cos\left(\frac{\pi}{4} + \frac{\pi}{6}\right) + i\sin\left(\frac{\pi}{4} + \frac{\pi}{6}\right)\right\}$$

$$= 2\sqrt{2}\left(\cos\frac{5}{12}\pi + i\sin\frac{5}{12}\pi\right)$$

(2)

$$\frac{z}{w} = \frac{\sqrt{2}}{2}\left\{\cos\left(\frac{\pi}{4} - \frac{\pi}{6}\right) + i\sin\left(\frac{\pi}{4} - \frac{\pi}{6}\right)\right\}$$

$$= \frac{\sqrt{2}}{2}\left(\cos\frac{\pi}{12} + i\sin\frac{\pi}{12}\right)$$

(3)

$$\frac{w}{z} = \frac{2}{\sqrt{2}}\left\{\cos\left(\frac{\pi}{6} - \frac{\pi}{4}\right) + i\sin\left(\frac{\pi}{6} - \frac{\pi}{4}\right)\right\}$$

$$= \sqrt{2}\left(\cos\frac{-\pi}{12} + i\sin\frac{-\pi}{12}\right)$$

$$= \sqrt{2}\left(\cos\frac{23}{12}\pi + i\sin\frac{23}{12}\pi\right)$$

**問 5.11**　次の複素数 $z, w$ に対して，$zw, \dfrac{z}{w}, \dfrac{w}{z}$ を極形式で表せ.

(1) $z = 1 + \sqrt{3}i, w = i$　　(2) $z = 1 - \sqrt{3}i, w = 1 + i$　　(3) $z = -1 + \sqrt{3}i, w = 1 - i$

定理 5.4(1) より次のことが成り立つことがわかる.

**定理 5.5**　点 $z$ に $r(\cos\theta + i\sin\theta)$ をかけてできる点 $rz(\cos\theta + i\sin\theta)$ は，点 $z$ の絶対値を $r$ 倍し，原点のまわりに $\theta$ 回転した点である.

**例題 5.9**　次の複素数が表す点は点 $z$ をどのように移動した点か.

(1) $\alpha = zi$　　(2) $\beta = z\dfrac{1+i}{\sqrt{2}}$　　(3) $\gamma = z(1+i)$

**解答**　(1) $i = \cos\dfrac{\pi}{2} + i\sin\dfrac{\pi}{2}$ なので，

$\alpha = z\left(\cos\dfrac{\pi}{2} + i\sin\dfrac{\pi}{2}\right)$ である. よって，点 $\alpha$ は，

点 $z$ を原点のまわりに $\dfrac{\pi}{2}$ だけ回転した点である.

(2) $\dfrac{1+i}{\sqrt{2}} = \cos\dfrac{\pi}{4} + i\sin\dfrac{\pi}{4}$ なので，

$\beta = z\left(\cos\dfrac{\pi}{4} + i\sin\dfrac{\pi}{4}\right)$ である. よって，点 $\beta$ は，

点 $z$ を原点のまわりに $\dfrac{\pi}{4}$ だけ回転した点である.

**解説**　(1) は $i$, (2) は $\dfrac{1+i}{\sqrt{2}}$, (3) は $1+i$ をそれぞれ極形式で表し，定理 5.5 を適用する.

(3) $\gamma = \sqrt{2}\beta$ なので，点 $\gamma$ は点 $\beta$ を原点を中心に $\sqrt{2}$ 倍だけ拡大した点である．したがって，点 $\gamma$ は点 $z$ を原点を中心に $\sqrt{2}$ 倍だけ拡大し，原点のまわりに $\dfrac{\pi}{4}$ だけ回転した点である．∎

**問 5.12** 次の複素数が表す点は点 $z$ どのように移動した点か．

(1) $\alpha = z\,\dfrac{1+\sqrt{3}i}{2}$　　(2) $\beta = z\,(1+\sqrt{3}i)$

## 5.7　ド・モワブルの公式

$n$ を正整数とし，$0$ でない複素数 $z$ に対して，$z^0 = 1,\ z^{-n} = \dfrac{1}{z^n}$ と定義する．次のことが成り立つ．

**定理 5.6 (ド・モワブルの公式)**　複素数 $z = r(\cos\theta + i\sin\theta)$ の対して，
$$z^n = r^n(\cos\theta + i\sin\theta)^n = r^n(\cos n\theta + i\sin n\theta)$$
が成り立つ．ただし，$n$ は整数とする．

**[証明]**　(I) $n$ を $0$ 以上の整数とする．

$n = 0$ のときは定義による．

$n = 1$ のとき，明らかである．

$n = k$ ($k$ は正の整数) のとき成り立つと仮定すると，$n = k+1$ のとき
$$\begin{aligned}
z^{k+1} &= r^{k+1}(\cos\theta + i\sin\theta)^{k+1} \\
&= r^{k+1}(\cos\theta + i\sin\theta)^k \cdot (\cos\theta + i\sin\theta) \\
&= r^{k+1}(\cos k\theta + i\sin k\theta) \cdot (\cos\theta + i\sin\theta) \\
&= r^{k+1}\{\cos(k+1)\theta + i\sin(k+1)\theta\}
\end{aligned}$$
となり，$n = k+1$ のときも成り立つ．したがって，$0$ 以上の整数に対して成り立つ．

(II) 正の整数 $n$ に対して，
$$\begin{aligned}
z^{-n} &= r^{-n}(\cos\theta + i\sin\theta)^{-n} \\
&= r^{-n}\frac{1}{(\cos\theta + i\sin\theta)^n} \\
&= r^{-n}\frac{\cos 0 + i\sin 0}{(\cos n\theta + i\sin n\theta)} \\
&= r^{-n}\{\cos(-n)\theta + i\sin(-n)\theta\}
\end{aligned}$$
が成り立つ．

したがって，全ての整数に対して成り立つ．∎

例題 **5.10** $(1+i)^{-5}$ を計算せよ.

解答 $1+i = \sqrt{2}\left(\cos\dfrac{\pi}{4} + i\sin\dfrac{\pi}{4}\right)$ であるから, ド・モワブルの公式より | 解説 $1+i$ を極形式で表し, 定理 5.6 (ド・モワブルの公式) を適用する.

$$
\begin{aligned}
(1+i)^{-5} &= \left\{\sqrt{2}\left(\cos\frac{\pi}{4} + i\sin\frac{\pi}{4}\right)\right\}^{-5} \\
&= (\sqrt{2})^{-5}\left(\cos\frac{\pi}{4} + i\sin\frac{\pi}{4}\right)^{-5} \\
&= \frac{1}{4\sqrt{2}}\left(\cos\frac{-5}{4}\pi + i\sin\frac{-5}{4}\pi\right) \\
&= \frac{1}{4\sqrt{2}}\left(\cos\frac{3}{4}\pi + i\sin\frac{3}{4}\pi\right) \\
&= \frac{1}{8}(-1+i).
\end{aligned}
$$

問 **5.13** 次の計算をせよ.

(1) $(\sqrt{3}+i)^6$    (2) $(\sqrt{3}+i)^{-5}$    (3) $(-1+i)^{10}$    (4) $(-1+i)^{-11}$

## 5.8 $n$ 乗根

$n$ を正の整数とする. 方程式 $z^n - 1 = 0$ をみたす複素数 $z$ を **1 の $n$ 乗根**という.

定理 **5.7 (1 の $n$ 乗根)** $n$ を正の整数とする. $\alpha = \cos\dfrac{2\pi}{n} + i\sin\dfrac{2\pi}{n}$ とすると, 1 の $n$ 乗根は $1, \alpha, \alpha^2, \alpha^3, \ldots, \alpha^{n-1}$ の $n$ 個である.

複素平面上でこの $n$ 個の点を順に結ぶと, 単位円に内接する正 $n$ 角形ができる.

証明 1 の $n$ 乗根は $z^n = 1$ の解である. 両辺の絶対値をとると $|z|^n = 1$ なので $|z| = 1$ である. よって, $z = \cos\theta + i\sin\theta$ $(0 \le \theta < 2\pi)$ と表せる. ド・モワブルの公式より, $z^n = \cos n\theta + i\sin n\theta$ となる. したがって, $\cos n\theta = 1, \sin n\theta = 0$ を得る. $0 \le n\theta < 2n\pi$ なので $n\theta = 2k\pi$ $(0 \le k \le n-1)$ より $\theta = \dfrac{2k\pi}{n}$ $(0 \le k \le n-1)$ である. したがって, $z = \cos\dfrac{2k\pi}{n} + i\sin\dfrac{2k\pi}{n} = \alpha^k$ $(0 \le k \le n-1)$ の $n$ 個である.

定理 5.7 とド・モワブルの公式より, 方程式 $z^n - 1 = 0$ の解は

$$
z = \cos\frac{2k\pi}{n} + i\sin\frac{2k\pi}{n}, \quad (k = 0, 1, 2, \ldots, n-1)
$$

と表せることがわかる.

---

**例題 5.11**　方程式 $z^3 - 1 = 0$ をみたす複素数 $z$ を求めよ.

---

**解答**　$z^3 = 1 = \cos 2k\pi + i \sin 2k\pi, \ (k = 0, 1, 2)$ より,

$$z = \cos \frac{2k\pi}{3} + i \sin \frac{2k\pi}{3}, \ (k = 0, 1, 2)$$

$k = 0$ のとき, $z = \cos 0 + i \sin 0 = 1$,

$k = 1$ のとき,

$$z = \cos \frac{2}{3}\pi + i \sin \frac{2}{3}\pi = \frac{-1 + \sqrt{3}i}{2}.$$

$k = 2$ のとき,

$$z = \cos \frac{4}{3}\pi + i \sin \frac{4}{3}\pi = \frac{-1 - \sqrt{3}i}{2}.$$

したがって, 与えられた方程式とみたす複素数 $z$ は,

$1, \dfrac{-1 + \sqrt{3}i}{2}, \dfrac{-1 - \sqrt{3}i}{2}$ である.

**解説**　$z^3 = 1$ より $|z|^3 = |z^3| = 1$

$\therefore \ |z| = 1$ よって $z = \cos \theta + i \sin \theta$ とおくことができる. 定理 5.6 より $z^3 = \cos 3\theta + i \sin 3\theta = 1$ となるので $\cos 3\theta = 1, \ \sin 3\theta = 0$.

$0 \leq \theta < 2\pi$ より $0 \leq 3\theta < 6\pi$ であるので $3\theta = 0, \ 2\pi, \ 4\pi$. よって $z^3 = 1 = \cos 2k\pi + i \sin 2k\pi \ (k = 0, 1, 2)$ となる.

つまり, $z^n = 1$ のとき, $z = \cos 2k\pi + i \sin 2k\pi \ (k = 0, 1, 2, \cdots, n-1)$ と表すことができる.

**問 5.14**　方程式 $z^8 - 1 = 0$ をみたす複素数 $z$ を求めよ.

---

$n$ を正の整数とする. 方程式 $z^n - \alpha = 0 \ (\alpha : 複素数)$ をみたす複素数 $z$ を $\boldsymbol{\alpha}$ の $\boldsymbol{n}$ 乗根という.

---

**定理 5.8 ($\boldsymbol{\alpha}$ の $\boldsymbol{n}$ 乗根)**　$n$ を正の整数, $\alpha = \rho(\cos \phi + i \sin \phi)$ とする. $\alpha$ の $n$ 乗根は $n$ 個存在し,

$$\sqrt[n]{\rho} \left\{ \cos \frac{\phi}{n} + i \sin \frac{\phi}{n} \right\},$$

$$\sqrt[n]{\rho} \left\{ \cos \left( \frac{\phi}{n} + \frac{2\pi}{n} \right) + i \sin \left( \frac{\phi}{n} + \frac{2\pi}{n} \right) \right\},$$

$$\sqrt[n]{\rho} \left\{ \cos \left( \frac{\phi}{n} + \frac{4\pi}{n} \right) + i \sin \left( \frac{\phi}{n} + \frac{4\pi}{n} \right) \right\}, \ldots,$$

$$\sqrt[n]{\rho} \left\{ \cos \left( \frac{\phi}{n} + \frac{2(n-1)\pi}{n} \right) + i \sin \left( \frac{\phi}{n} + \frac{2(n-1)\pi}{n} \right) \right\} \text{ と表される.}$$

---

複素平面上でこの $n$ 点を順に結ぶと, 半径 $\sqrt[n]{\rho}$ の円に内接する正 $n$ 角形ができる.

---

**例題 5.12**　(1) 方程式 $z^4 + 1 = 0$ をみたす複素数 $z$ を求めよ.

(2) 方程式 $z^3 = 2 - 2i$ をみたす複素数 $z$ を求めよ.

---

**解答**　(1) $z^4 = -1 = \cos(\pi + 2k\pi) + i \sin(\pi + 2k\pi) \ (k = 0, 1, 2, 3)$ より,

$$z = \cos \frac{1 + 2k}{4}\pi + i \sin \frac{1 + 2k}{4}\pi \ (k = 0, 1, 2, 3).$$

$k = 0$ のとき,

$$z = \cos \frac{\pi}{4} + i \sin \frac{\pi}{4} = \frac{1 + i}{\sqrt{2}},$$

**解説**　$z^4 = -1 = \cos \pi + i \sin \pi$ であるので定理 5.8 より $z = \cos \left( \dfrac{\pi}{4} + \dfrac{2k}{4}\pi \right) + i \sin \left( \dfrac{\pi}{4} + \dfrac{2k}{4}\pi \right) \ (k = 0, 1, 2, 3)$ と表すことができる.

$k = 1$ のとき,

$$z = \cos\frac{3}{4}\pi + i\sin\frac{3}{4}\pi = \frac{-1+i}{\sqrt{2}},$$

$k = 2$ のとき,

$$z = \cos\frac{5}{4}\pi + i\sin\frac{5}{4}\pi = \frac{-1-i}{\sqrt{2}},$$

$k = 3$ のとき,

$$z = \cos\frac{7}{4}\pi + i\sin\frac{7}{4}\pi = \frac{1-i}{\sqrt{2}}.$$

したがって, 与えられた方程式をみたす複素数 $z$ は,
$\dfrac{1+i}{\sqrt{2}}, \dfrac{-1+i}{\sqrt{2}}, \dfrac{-1-i}{\sqrt{2}}, \dfrac{1-i}{\sqrt{2}}$ である.

(2) $|z^3| = \sqrt{8}$, $\arg(z^3) = \dfrac{7}{4}\pi$ より,

$$z^3 = \sqrt{8}\left\{\cos\left(\frac{7}{4}\pi + 2k\pi\right) + i\sin\left(\frac{7}{4}\pi + 2k\pi\right)\right\}$$

$(k = 0, 1, 2)$ なので,

$$z = (\sqrt{8})^{\frac{1}{3}}\left(\cos\frac{7+8k}{12}\pi + i\sin\frac{7+8k}{12}\pi\right)$$

$$= \sqrt{2}\left(\cos\frac{7+8k}{12}\pi + i\sin\frac{7+8k}{12}\pi\right)$$

$$(k = 0, 1, 2).$$

$k = 0$ のとき,

$$z = \sqrt{2}\left(\cos\frac{7}{12}\pi + i\sin\frac{7}{12}\pi\right)$$

$$= \sqrt{2}\left\{\cos\left(\frac{1}{3}\pi + \frac{1}{4}\pi\right) + i\sin\left(\frac{1}{3}\pi + \frac{1}{4}\pi\right)\right\}$$

$$= \sqrt{2}\left\{\cos\frac{1}{3}\pi\cos\frac{1}{4}\pi - \sin\frac{1}{3}\pi\sin\frac{1}{4}\pi \right.$$

$$\left. +i\left(\sin\frac{1}{3}\pi\cos\frac{1}{4}\pi + \cos\frac{1}{3}\pi\sin\frac{1}{4}\pi\right)\right\}$$

$$= \sqrt{2}\left\{\frac{1-\sqrt{3}}{2\sqrt{2}} + \frac{\sqrt{3}+1}{2\sqrt{2}}i\right\}$$

$$= \frac{1-\sqrt{3}}{2} + \frac{\sqrt{3}+1}{2}i,$$

(2) $\cos\dfrac{7}{12}\pi$, $\sin\dfrac{7}{12}\pi$, $\cos\dfrac{23}{12}\pi$, $\sin\dfrac{23}{12}\pi$
の値は加法定理を用いて計算する.

$k = 1$ のとき,
$$z = \sqrt{2}\left(\cos\frac{15}{12}\pi + i\sin\frac{15}{12}\pi\right)$$
$$= \sqrt{2}\left(\cos\frac{5}{4}\pi + i\sin\frac{5}{4}\pi\right)$$
$$= \sqrt{2}\left(\frac{-1}{\sqrt{2}} + \frac{-1}{\sqrt{2}}i\right) = -1 - i,$$

$k = 2$ のとき,
$$z = \sqrt{2}\left(\cos\frac{23}{12}\pi + i\sin\frac{23}{12}\pi\right)$$
$$= \sqrt{2}\left\{\cos\left(\frac{5}{3}\pi + \frac{1}{4}\pi\right) + i\sin\left(\frac{5}{3}\pi + \frac{1}{4}\pi\right)\right\}$$
$$= \sqrt{2}\left\{\cos\frac{5}{3}\pi\cos\frac{1}{4}\pi - \sin\frac{5}{3}\pi\sin\frac{1}{4}\pi\right.$$
$$\left. + i\left(\sin\frac{5}{3}\pi\cos\frac{1}{4}\pi + \cos\frac{5}{3}\pi\sin\frac{1}{4}\pi\right)\right\}$$
$$= \sqrt{2}\left\{\frac{1+\sqrt{3}}{2\sqrt{2}} + \frac{-\sqrt{3}+1}{2\sqrt{2}}i\right\}$$
$$= \frac{1+\sqrt{3}}{2} + \frac{-\sqrt{3}+1}{2}i.$$

したがって, 与えられた方程式をみたす複素数 $z$ は,
$\dfrac{1-\sqrt{3}}{2} + \dfrac{\sqrt{3}+1}{2}i,\ -1-i,\ \dfrac{1+\sqrt{3}}{2} + \dfrac{-\sqrt{3}+1}{2}i$ で
ある.

**問 5.15** 次の方程式をみたす複素数 $z$ を求めよ.
  (1) $z^6 + 1 = 0$　　　(2) $z^4 = 1 + i$

## 5.9 オイラーの公式

実数 $\theta$ に対して,
$$e^{i\theta} = \cos\theta + i\sin\theta$$
と定義する. これを**オイラーの公式**という. (ここでは, この関係式を定義として扱う)

複素数 $z = x + iy$ ($x,\ y$ は実数) に対して
$$e^z = e^{x+iy} = e^x e^{iy} = e^x(\cos y + i\sin y)$$
と定義する.

**注意 5.5**　$e^x > 0$ より, $|e^z| = |e^x||\cos y + i\sin y| = e^x$ が成り立つ.

**定理 5.9 (複素数の指数法則)**

(1)　複素数 $z, w$ に対して，$e^z e^w = e^{z+w}$

(2)　複素数 $z$ と 整数 $n$ に対して，$(e^z)^n = e^{nz}$

[証明]　(1)　$z = x + iy, w = u + iv$ ($x, y, u, v$ は実数) とすると，定義より
$e^z = e^x(\cos y + i\sin y), e^w = e^u(\cos v + i\sin v)$ なので

$$e^z e^w = e^x e^u(\cos y + i\sin y)(\cos v + i\sin v) = e^{x+u}(\cos(y+v) + i\sin(y+v))$$

$$= e^{x+u}e^{i(y+v)} = e^{(x+u)+i(y+v)} = e^{z+w}$$

(2)　$n = 0$ のとき明らか.

(i)　$n$ を正の整数とする．(1) を繰り返し用いると

$$(e^z)^n = \underbrace{e^z \cdot e^z \cdots e^z}_{n\text{ 個}} = e^{\overbrace{z + z + \cdots + z}^{n\text{ 個}}} = e^{nz}.$$

(ii)　$-n$ (負の整数) について (i) を用いると

$$(e^z)^{-n} = \frac{1}{(e^z)^n} = \frac{1}{e^{nz}} = \frac{1}{e^{nx}(\cos(ny) + i\sin(ny))}$$

$$= \frac{e^{-nx}}{(\cos(ny) + i\sin(ny))} \frac{(\cos(ny) - i\sin(ny))}{(\cos(ny) - i\sin(ny))}$$

$$= e^{-nx}(\cos(ny) - i\sin(ny))$$

$$= e^{-nx}(\cos(-ny) + i\sin(-ny))$$

$$= e^{-nx}e^{-iny} = e^{-nz}.$$

**例 5.3**　(1)　$e^{\pi i} = \cos \pi + i\sin \pi = -1$

(2)　$e^{\frac{\pi}{3}i} = \cos \frac{\pi}{3} + i\sin \frac{\pi}{3} = \frac{1 + \sqrt{3}i}{2}$

(3)　$e^{(1+i)\pi} = e^\pi e^{i\pi} = -e^\pi$

**例題 5.13**　$1 + \sqrt{3}i$ をオイラーの公式を用いて表せ.

[解答]　$1 + \sqrt{3}i = 2\left(\dfrac{1 + \sqrt{3}i}{2}\right) = 2e^{\frac{\pi}{3}i}$　　[解説]　オイラーの公式
$e^{i\theta} = \cos\theta + i\sin\theta$ を適用する.

**問 5.16**　次の複素数をオイラーの公式を用いて表せ.

(1)　$1 + i$　　　(2)　$\sqrt{3} + i$　　　(3)　$-2$　　　(4)　$-1 + \sqrt{3}i$　　(5)　$-3i$

(6)　$-2 + 2i$　　(7)　$-2\sqrt{3} + 2i$　　(8)　$\sqrt{2} - \sqrt{6}i$

オイラーの公式を用いると，三角関数の加法定理やド・モワブルの定理を次のように表すことができる．

---

**公式 5.4 (三角関数の加法定理，ド・モワブルの定理)**

(1) 実数 $\theta_1, \theta_2$ に対して，$e^{i\theta_1}e^{i\theta_2} = e^{i(\theta_1+\theta_2)}$  (三角関数の加法定理)

(2) 実数 $\theta$ と整数 $n$ に対して，$(e^{i\theta})^n = e^{in\theta}$  (ド・モワブルの定理)

---

このように，オイラーの公式を用いると，複素数の積，商，ド・モワブルの定理が指数法則と解釈できる．

例 5.4  $(1+\sqrt{3}i)^{10} = (2e^{\frac{\pi}{3}i})^{10} = 2^{10}e^{\frac{10\pi}{3}i}$

---

**例題 5.14**  次をオイラーの公式を用いて計算せよ．

(1) $(1+i)(1+\sqrt{3}i)$    (2) $\dfrac{1+\sqrt{3}i}{1+i}$

---

解答  (1) $(1+i)(1+\sqrt{3}i) = \sqrt{2}e^{\frac{\pi}{4}i} \cdot 2e^{\frac{\pi}{3}i} = 2\sqrt{2}e^{\frac{7\pi}{12}i}$  解説  $1+i, 1+\sqrt{3}i$ をオイラーの公式を用

(2) $\dfrac{1+\sqrt{3}i}{1+i} = \dfrac{2e^{\frac{\pi}{3}i}}{\sqrt{2}e^{\frac{\pi}{4}i}} = \sqrt{2}e^{\frac{\pi}{12}i}$  いて表し，公式 5.4 を適用する．

問 5.17  次をオイラーの公式を用いて計算せよ．

(1) $(1+i)(\sqrt{3}+i)$    (2) $\dfrac{-2+2i}{-1+\sqrt{3}i}$    (3) $(\sqrt{2}-\sqrt{6}i)^5$    (4) $\dfrac{-\sqrt{3}+i}{-2+2i}$

## ◆◆第5章の演習問題◆◆

## *A*

**5.1** 次の計算をせよ

(1) $(3-5i)+(6+8i)$　　(2) $3(2+4i)-4(3-2i)$　　(3) $(5+7i)(1-3i)$

(4) $(2-i)^2$　　　　　　(5) $\dfrac{2-4i}{3+i}$　　　　　　　(6) $2i(4+3i)(i-2)$

(7) $\sqrt{-4}-\sqrt{-9}$　　　(8) $\sqrt{-4}\sqrt{-9}$　　　　　(9) $|\cos\theta+i\sin\theta|$

**5.2** 次の複素数の絶対値と偏角を求めて極形式で表せ.

(1) $\sqrt{3}-\dfrac{1-i}{1+i}$　　(2) $\dfrac{-3+i}{1-2i}$

**5.3** $\left(\dfrac{1-\sqrt{3}i}{\sqrt{3}+3i}\right)^{10}$ を簡単にせよ.

**5.4** (1) $z+\dfrac{1}{z}=\sqrt{3}$ をみたす複素数 $z$ の極形式を求めよ.

(2) $z^{12}+\dfrac{1}{z^{15}}$ の値を求めよ.

**5.5** 次の2次方程式を解け.

(1) $3x^2-6x+4=0$　　(2) $x^2+(2+i)x+1+i=0$

**5.6** $z=\sqrt{3}+i$ とする. 点 $z$ を原点のまわりに次の角度だけ回転してできる点を表す複素数を求めよ.

(1) $\dfrac{\pi}{2}$　　(2) $\dfrac{\pi}{3}$　　(3) $\dfrac{\pi}{4}$　　(4) $\dfrac{2}{3}\pi$　　(5) $\dfrac{3}{4}\pi$

## B

**5.1** 次の計算をせよ.

(1) $(5 - \sqrt{-9})(2 - \sqrt{-9})$　　(2) $\dfrac{1+i}{1-i} + \dfrac{1-i}{1+i}$　　(3) $\dfrac{2+3i}{4-5i} + \dfrac{4+5i}{2-3i}$　　(4) $(1-i)^3$

**5.2** $a = \sqrt{2} + \sqrt{3}i$, $\overline{a}$ は $a$ の共役複素数とする.

(1) $z^2 = \dfrac{a}{\overline{a}}$ となる複素数 $z$ を求めよ.

(2) $\dfrac{a}{\overline{a}} + \dfrac{\overline{a}}{a}$ の値を求めよ.

**5.3** $\dfrac{1+i}{\sqrt{3}+i}$ を計算し, さらに $\sin\dfrac{\pi}{12}$, $\cos\dfrac{\pi}{12}$ の値を求めよ.

**5.4** 2 次方程式 $z^2 + 6|z| - 5 = 0$ を解け.

**5.5** 図において, OACB は正方形, ACD は正三角形である. A を表す複素数 $\alpha$ は $\sqrt{3}+i$ であるとき, B, C, D を表す複素数 $\beta$, $\gamma$, $\delta$ を求めよ.

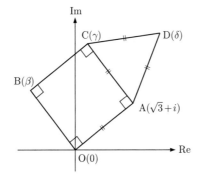

**6**

# 微分

17 世紀にニュートン，ライプニッツによって創始された
微分積分学は，18 世紀にオイラー，ラグランジュらの研究
により整備されて以降，自然科学，工学の諸分野で広く用
いられてきた重要な分野である．この章では，多項式関数
の微分に重点を置き，基礎知識を解説する．

# 6.1　微分係数

第 2 章でみたように，関数 $y = f(x)$ において，$x$ の値が $a$ から $a+h$ まで変化するときの**平均変化率**は，

$$\frac{\Delta y}{\Delta x} = \frac{f(a+h) - f(a)}{(a+h) - a} = \frac{f(a+h) - f(a)}{h} \tag{6.1}$$

で表される．このとき，$h$ を限りなく 0 に近づけることを考えたい．そのためには，関数の極限について知っておく必要がある．

---

**定義 6.1 (関数の極限)**　$x$ が $a$ でない値をとりながら限りなく $a$ に近づくとき，関数 $f(x)$ がある一定の実数 $\alpha$ に近づくとする．この $\alpha$ を関数 $f(x)$ の**極限値**といい，$\alpha = \lim_{x \to a} f(x)$ で表す．

---

**例 6.1**　**(極限の例)**

(1) $\displaystyle \lim_{x \to 1}(x^2 - 1) = 0$　　(2) $\displaystyle \lim_{h \to 0} \frac{3h - h^2}{h} = \lim_{h \to 0}(3 - h) = 3$

関数の極限は常に存在するわけではない．$f(x)$ がどんな実数にも近づかないとき，**発散する**という．特に，$x$ が $a$ でない値をとりながら限りなく $a$ に近づくとき，$f(x)$ が限りなく大きくなるならば，$f(x)$ は**正の無限大に発散する**といい，$\displaystyle \lim_{x \to a} f(x) = \infty$ で表す．また，$x$ が $a$ でない値をとりながら限りなく $a$ に近づくとき，$f(x)$ が負の値をとりながら，その絶対値が限りなく大きくなるならば，$f(x)$ は**負の無限大に発散する**といい，$\displaystyle \lim_{x \to a} f(x) = -\infty$ で表す．

$x$ の値が $a$ から $a+h$ まで変化するときの $y = f(x)$ の平均変化率 (6.1) において，$h$ が 0 でない値をとりながら限りなく 0 に近づくとき，平均変化率 $\dfrac{\Delta y}{\Delta x}$ がある一定の値に近づくならば，$f(x)$ は $x = a$ で**微分可能**であるという．この極限値を $f(x)$ の $x = a$ における**微分係数**といい，$f'(a)$ で表す．

---

**定義 6.2 (微分係数)**　関数 $f(x)$ の $x = a$ における微分係数を

$$f'(a) = \lim_{h \to 0} \frac{f(a+h) - f(a)}{h}$$

と定義する．

---

一般の関数は常に微分可能であるとは限らないが，この章で扱う多項式関数は，すべて微分可能である．

**例 6.2**　関数 $f(x) = x^2 + 1$ について，$x = 3$ における微分係数 $f'(3)$ を定義から求めると，次のようになる．

$$f'(3) = \lim_{h \to 0} \frac{f(3+h) - f(3)}{h} = \lim_{h \to 0} \frac{(3+h)^2 + 1 - (3^2 + 1)}{h}$$

$$= \lim_{h \to 0} \frac{6h + h^2}{h} = \lim_{h \to 0}(6 + h) = 6$$

## 6.2 導関数

関数 $f(x)$ が与えられたとき，定義域のすべての $a$ に対して微分係数 $f'(a)$ を対応させる関数のことを $f(x)$ の**導関数**といい，$f'(x)$ で表す．

---

**定義 6.3 (導関数)**　関数 $f(x)$ の導関数を

$$f'(x) = \lim_{h \to 0} \frac{f(x+h) - f(x)}{h}$$

と定義する．

---

関数 $f(x)$ の導関数を求めることを，**$f(x)$ を $x$ で微分する**という．導関数を表す記号として，他にも $y'$, $\{f(x)\}'$, $\dfrac{dy}{dx}$, $\dfrac{d}{dx}f(x)$ などが用いられる．

指数を自然数に限定した $x$ のべき関数および定数関数の導関数について，次の公式が成り立つ (なお，指数が実数であっても同様の公式が成立するが，ここでは触れない).

**公式 6.1 (べき関数, 定数関数の導関数)**

(1)　$n$ が自然数のとき，$f(x) = x^n$ の導関数は $f'(x) = (x^n)' = nx^{n-1}$.

(2)　定数 $C$ について，定数関数 $f(x) = C$ の導関数は $f'(x) = (C)' = 0$.

[証明]　(1)　第 1 章で紹介した二項定理を用いると，

$$
\begin{aligned}
f'(x) &= \lim_{h \to 0} \frac{(x+h)^n - x^n}{h} \\
&= \lim_{h \to 0} \frac{{}_n\mathrm{C}_0 x^n + {}_n\mathrm{C}_1 x^{n-1}h + {}_n\mathrm{C}_2 x^{n-2}h^2 + \cdots + {}_n\mathrm{C}_n h^n - x^n}{h} \\
&= \lim_{h \to 0} ({}_n\mathrm{C}_1 x^{n-1} + {}_n\mathrm{C}_2 x^{n-2}h + \cdots + {}_n\mathrm{C}_n h^{n-1}) \\
&= nx^{n-1}
\end{aligned}
$$

が成り立つ．

(2)　$f(x+h) = f(x) = C$ だから，$f'(x) = \lim_{h \to 0} \dfrac{0-0}{h} = 0$ が成り立つ．

また，定義から，関数の定数倍および和と差に関して次の基本公式が得られる．

**公式 6.2 (導関数の基本公式)**

(1)　定数 $k$ に対して，$\{kf(x)\}' = kf'(x)$.

(2)　$\{f(x) \pm g(x)\}' = f'(x) \pm g'(x)$ (複号同順)

今後，導関数は，定義から求めるのではなく，これらの公式を用いて計算する．

---

例題 **6.1**　次の関数の導関数を求めよ.

(1)　$f(x) = x^3 - 4x^2 + 7x - 2$　　　(2)　$f(x) = (x+3)(2x-1)$

---

解答

(1)　$f'(x) = (x^3)' - 4(x^2)' + 7(x)' - (2)'$

$\qquad = 3x^2 - 4 \cdot 2x + 7 \cdot 1$

$\qquad = 3x^2 - 8x + 7$

(2)　$f'(x) = (2x^2 + 5x - 3)'$

$\qquad = 2(x^2)' + 5(x)' - (3)'$

$\qquad = 2 \cdot 2x + 5 \cdot 1$

$\qquad = 4x + 5$

解説

(1)　$(x)' = x^0 = 1$ に注意する.

(2)　展開してから公式を適用する.

---

問 **6.1**　次の関数の導関数を求めよ.

(1)　$f(x) = 2x^3 + x^2 - 5x + 3$　　　(2)　$f(x) = -3x^2 + 4x + 1$

(3)　$f(x) = (1 + 2x)(1 - 2x)$　　　(4)　$f(x) = (3x - 5)^2$

(5)　$f(x) = \dfrac{1}{2}x^4 - 3x^3 + 4x$　　　(6)　$f(x) = -(x - 3)^3$

## 6.3　導関数の応用

### 6.3.1　接線

関数 $f(x)$ の $x = a$ における微分係数

$$f'(a) = \lim_{h \to 0} \frac{f(a+h) - f(a)}{h}$$

の図形的な意味を考える.

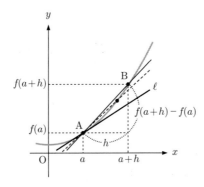

図 **6.1**　微分係数の図形的意味

$x$ の値が $a$ から $a+h$ まで変化するときの関数 $y = f(x)$ の平均変化率

$$\frac{f(a+h) - f(a)}{h}$$

は，$y = f(x)$ のグラフ上の 2 点 A$(a, f(a))$，B$(a+h, f(a+h))$ を通る直線 AB の傾きを表す．ここで，$h$ を限りなく 0 に近づけると，点 B は曲線 $y = f(x)$ 上を動きながら点 A に近づく．このとき

$$\lim_{h \to 0} \frac{f(a+h) - f(a)}{h} = f'(a)$$

であるから，直線 AB の傾きは限りなく微分係数 $f'(a)$ に近づく．すなわち，図 6.1 より，直線 AB は，点 A を通り傾き $f'(a)$ の直線 $\ell$ に限りなく近づくことがわかる．この直線 $\ell$ を，点 A における $y = f(x)$ の**接線**といい，点 A を**接点**という．

**公式 6.3 (接線の方程式)** 曲線 $y = f(x)$ 上の点 $(a, f(a))$ における接線の方程式は，

$$y - f(a) = f'(a)(x - a)$$

である．

**例題 6.2** 曲線 $y = -x^2 + x$ 上の点 $(-1, -2)$ における接線の方程式を求めよ．

**解答** $f(x) = -x^2 + x$ とする．$f'(x) = -2x + 1$ より，接線の傾きは $f'(-1) = 3$．また点 $(-1, -2)$ を通るから，求める接線の方程式は $y - (-2) = 3\{x - (-1)\}$ すなわち $y = 3x + 1$ である．

**解説** 微分係数 $f'(a)$ は定義から求めるのではなく，先に導関数 $f'(x)$ を求めてから $x = a$ を代入する．

**問 6.2** 次の曲線の，与えられた点における接線の方程式を求めよ．

(1) $y = 3x^2 + x - 1$，　点 $(1, 3)$　　　(2) $y = -x^3$，　点 $(-1, 1)$

**例題 6.3** 点 $(0, 4)$ から曲線 $y = -x^2 + x$ に引いた接線の方程式を求めよ．

**解答** $f(x) = -x^2 + x$ とする．$f'(a) = -2a + 1$ より，接点が $(a, -a^2 + a)$ であるような接線の方程式は $y - (-a^2 + a) = (-2a + 1)(x - a)$, すなわち $y = (-2a + 1)x + a^2$ で表される．これが点 $(0, 4)$ を通るから，$a^2 = 4$. したがって $a = \pm 2$ が得られるので，求める接線の方程式は $y = -3x + 4$ と $y = 5x + 4$ である．

**解説** 点 $(0, 4)$ はグラフ外の点であり，接点ではないことに注意する．

**問 6.3** 点 $(1, -6)$ から曲線 $y = x^2 - 3$ に引いた接線の方程式を求めよ．

### 6.3.2 関数の増加・減少

第2章でみたように，$y = f(x)$ がある区間で**単調増加**のとき，$y = f(x)$ のグラフはその区間で右上がりであり，また**単調減少**のときは，その区間で右下がりである．

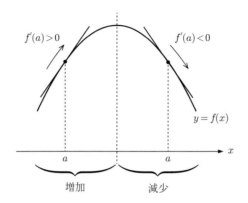

**図 6.2** グラフの増減と接線の傾き

$y = f(x)$ の増減を，接線の傾きの符号に注目して考察する．$y = f(x)$ のグラフ上の点 $A(a, f(a))$ における接線は，点 A の近くでは曲線 $y = f(x)$ にほぼ一致しているとみなすことができる．点 A における接線の傾きは $f'(a)$ であるから，もし $f'(a) > 0$ ならば，接線の傾きは右上がりであり，点 A の近くでは，$y = f(x)$ のグラフも右上がり，つまり増加している．同様に，もし $f'(a) < 0$ ならば，接線の傾きは右下がりであり，点 A の近くでは，$y = f(x)$ のグラフも右下がり，つまり減少している．

以上をまとめると，次のことが成り立つ．

**定理 6.1 (導関数の符号と関数の増減)** ある区間で常に $f'(x) > 0$ ならば，その区間で $f(x)$ は単調増加であり，常に $f'(x) < 0$ ならば，その区間で $f(x)$ は単調減少である．

関数の増減は，増加を ↗，減少を ↘ で表した**増減表**により明らかになる．

**例 6.3** 関数 $f(x) = x^3 + 3x^2 - 5$ の増減を調べる．$f'(x) = 3x^2 + 6x = 3x(x+2)$ だから，$x = -2, 0$ のとき $f'(x) = 0$ であり，増減表は次のようになる．

| $x$ | $\cdots$ | $-2$ | $\cdots$ | $0$ | $\cdots$ |
|---|---|---|---|---|---|
| $f'(x)$ | $+$ | $0$ | $-$ | $0$ | $+$ |
| $f(x)$ | ↗ | $-1$ | ↘ | $-5$ | ↗ |

### 6.3.3 関数の極大・極小

例 6.3 の増減表によると，$x = -2$ の前後で $f(x)$ は増加から減少にかわり，$x = 0$ の前後で $f(x)$ は減少から増加にかわっている．

---

**定義 6.4 (極大，極小)** 一般に，連続な関数 $f(x)$ が，$x = a$ の前後で増加から減少にかわるとき，関数 $f(x)$ は $x = a$ で**極大**であるといい，$f(a)$ を**極大値**という．また，$x = b$ の前後で減少から増加にかわるとき，関数 $f(x)$ は $x = b$ で**極小**であるといい，$f(b)$ を**極小値**という．極大値と極小値をあわせて**極値**という．

---

例 6.3 では，$f(x)$ は $x = -2$ で極大で，極大値は $-1$ であり，$x = 0$ で極小で，極小値は $-5$ である．導関数の符号と関連付けると，以下の通りである．

**定理 6.2 (導関数の符号と関数の極大・極小)** 関数 $y = f(x)$ において，$f'(a) = 0$ をみたす $x = a$ の前後で $f'(x)$ の符号が正から負に変わるとき，$f(x)$ は $x = a$ で**極大**である．また $f'(x)$ の符号が負から正に変わるとき，$f(x)$ は $x = a$ で**極小**である．

**注意 6.1** $f'(a) = 0$ であっても，$x = a$ で極値をとるとは限らない．例えば $f(x) = x^3$ について，$f'(x) = 3x^2$ より $f'(0) = 0$ であるが，増減表は以下のようになり，$x = 0$ の前後で $f'(x)$ の符号は変化しないことがわかる．

| $x$ | $\cdots$ | $0$ | $\cdots$ |
|---|---|---|---|
| $f'(x)$ | $+$ | $0$ | $+$ |
| $f(x)$ | $\nearrow$ | $0$ | $\nearrow$ |

したがって，$f(x)$ は $x = 0$ において極大でも極小でもない．

---

**例題 6.4** 関数 $f(x) = -x^4 + 2x^2 - 1$ の極値を求めよ．

---

**解答** $f'(x) = -4x^3 + 4x = -4x(x+1)(x-1)$ だから，$x = -1, 0, 1$ のとき $f'(x) = 0$ であり，増減表は次のようになる．

**解説** 符号の変化がよくわかるように，$f'(x)$ を因数分解しておく．

| $x$ | $\cdots$ | $-1$ | $\cdots$ | $0$ | $\cdots$ | $1$ | $\cdots$ |
|---|---|---|---|---|---|---|---|
| $f'(x)$ | $+$ | $0$ | $-$ | $0$ | $+$ | $0$ | $-$ |
| $f(x)$ | $\nearrow$ | $0$ | $\searrow$ | $-1$ | $\nearrow$ | $0$ | $\searrow$ |

したがって，$x = -1, 1$ で極大，$x = 0$ で極小となり，極大値は 0，極小値は $-1$ である．

**問 6.4** 次の関数の極値を求めよ．

(1) $f(x) = x^3 - 12x + 8$　　(2) $f(x) = x^4 - 2x^2 + 2$

### 6.3.4 関数の最大・最小

関数の最大値・最小値について考える．

---

例題 **6.5**　関数 $f(x) = x^3 - 3x^2 - 9x$ の，区間 $-2 \le x \le 2$ での最大値と最小値を求めよ．

**解答**　$f'(x) = 3x^2 - 6x - 9 = 3(x+1)(x-3)$ だから，$x = -1, 3$ のとき $f'(x) = 0$ であり，$-2 \le x \le 2$ での増減表は次のようになる．

**解説**　区間の端点に注意して増減表を作る．また，最大値・最小値をとるときの $x$ の値も明記する．

| $x$ | $-2$ | $\cdots$ | $-1$ | $\cdots$ | $2$ |
|---|---|---|---|---|---|
| $f'(x)$ | | $+$ | $0$ | $-$ | |
| $f(x)$ | $-2$ | $\nearrow$ | $5$ | $\searrow$ | $-22$ |

したがって，$x = -1$ で最大値 $5$，$x = 2$ で最小値 $-22$ をとる．

**問 6.5**　与えられた区間での，次の関数の最大値・最小値を求めよ．

(1)　$f(x) = \dfrac{1}{3}x^3 - x^2 + 1, \qquad 1 \le x \le 3$

(2)　$f(x) = x(3-x)^2, \qquad 0 \le x \le 2$

### 6.3.5　方程式の実数解の個数

関数の増減表やグラフを使って，$x$ についての方程式の解を求めることを考える．

**定理 6.3 (方程式の実数解の個数)**　定数 $a$ に対して，方程式 $f(x) = a$ の異なる実数解の個数は，関数 $y = f(x)$ のグラフと $x$ 軸に平行な直線 $y = a$ との共有点の個数に一致する．

例題 **6.6**　$a$ を定数とするとき，$x$ についての方程式 $-x^3 + 12x = a$ が異なる 3 個の実数解をもつような $a$ のとる値の範囲を求めよ．

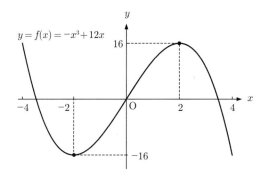

図 **6.3**　$f(x) = -x^3 + 12x$ のグラフ

[解答]　$f(x) = -x^3 + 12x$ とおくと，$f'(x) = -3(x + 2)(x - 2)$ だから，$x = -2, 2$ のとき $f'(x) = 0$ であり，増減表は次のようになる.

| $x$ | $\cdots$ | $-2$ | $\cdots$ | $2$ | $\cdots$ |
|---|---|---|---|---|---|
| $f'(x)$ | $-$ | $0$ | $+$ | $0$ | $-$ |
| $f(x)$ | $\searrow$ | $-16$ | $\nearrow$ | $16$ | $\searrow$ |

したがって，$y = f(x)$ のグラフの概形から，このグラフと直線 $y = a$ との共有点の個数が 3 になるのは，$-16 < a < 16$ のとき.

[解説]　より正確なグラフを描くには，増減の他に凹凸や極限を調べる必要があるが，ここは増減がわかればよい.

**問 6.6**　$a$ を定数とするとき，$x$ についての方程式 $x^3 - 6x^2 + 9x - 1 = a$ が異なる 3 個の実数解をもつような $a$ のとる値の範囲を求めよ.

◆◆第 6 章の演習問題◆◆

## A

**6.1**　次の関数の導関数を求めよ.

(1)　$f(x) = 3x^4 - 2x^3 + 5x - 3$　　(2)　$f(x) = -5x^4 - 2$

(3)　$f(x) = x^3 - 12x + 8$　　(4)　$f(x) = (3x - 2)^2$

(5)　$f(x) = (2x + 1)(x - 3)$　　(6)　$f(x) = -(x^2 + 1)(3x - 1)$

**6.2**　次の曲線の, 与えられた点における接線の方程式を求めよ.

(1)　$f(x) = -x^2 + 4x,$　$(1, 3)$　　(2)　$f(x) = x^3 - 3x,$　$(-2, -2)$

**6.3**　次の関数の極値を調べよ.

(1)　$f(x) = 2x^3 - 3x^2 - 3$　　(2)　$f(x) = \dfrac{1}{4}x^4 + \dfrac{1}{3}x^3 - x^2 + 1$

**6.4**　与えられた区間での, 次の関数の最大値・最小値を求めよ.

(1)　$f(x) = 2x^3 + 6x^2 - 18x - 14,$　　$-2 \leq x \leq 2$

(2)　$f(x) = -x^3 + 6x^2 + 15x,$　　$-2 \leq x \leq 6$

**6.5**　$a$ を定数とするとき, $x$ についての方程式 $x^3 - 3x^2 - a = 0$ の異なる実数解の個数を調べよ.

## B

**6.1** 次の関数を，与えられた変数で微分せよ.

(1) $S = \pi r^2$, $(r)$　　　(2) $V = \dfrac{4}{3} \pi r^3$, $(r)$

(3) $S = \dfrac{\sqrt{3}}{4} k^2$, $(k)$　　(4) $U = vt - \dfrac{1}{2} at^2$, $(t)$

**6.2** 関数 $y = f(x)$ が $x = a$ $(a \neq 0)$ で微分可能であるとき,

$$\lim_{x \to a} \frac{a^2 f(x) - x^2 f(a)}{x - a}$$

を $a$, $f(a)$, $f'(a)$ で表せ.

**6.3** 曲線 $y = x^3 - x$ について，次の問いに答えよ.

(1) 傾きが 2 である接線の方程式を求めよ.

(2) 点 $(1, -1)$ から $y = x^3 - x$ にひいた接線の方程式を求めよ.

**6.4** 関数 $f(x) = x^4 - 6x^2 - 8x + 6$ について，次の問いに答えよ.

(1) 極値を調べよ.

(2) 区間 $-2 \leq x \leq 3$ での最大値・最小値を求めよ.

**6.5** 関数 $f(x) = x^3 + ax^2 + bx + 3$ が $x = 1$ で極小値 $-2$ をとるよう，定数 $a, b$ の値を定めよ.

# 問題と演習問題の解答

―――――――――――――第 1 章―――――――――――――

問 **1.1** (p.3)　(1)　$a^{19}$　(2)　$a^5$　(3)　$\dfrac{1}{a^8}$　(4)　$a^{20}b^{35}$　(5)　$a^2$　(6)　$a^4b$.

問 **1.2** (p.5)　(1)　$5x^3 - x^2 - 9x + 6$　(2)　$-x^3 + 3x^2 + 3x + 8$　(3)　$-x^3 - 4x^2 - 15$

(4)　$-2A - B = -8x^3 + 3x^2 + 15x - 5$.

問 **1.3** (p.6)　(1)　$3x^2 - 6xy$　(2)　$6ax + 3bx - 4ay - 2by$　(3)　$y^3 - 6y - 4$

(4)　$-a^2b - a^2c - ab^2 + ac^2 + b^2c + bc^2$.

問 **1.4** (p.7)　(1)　$4x^2 + 4xy + y^2$　(2)　$9x^2 - 30xy + 25y^2$　(3)　$4y^2 - z^2$　(4)　$x^2 - 6xy + 8y^2$

(5)　$6x^2 - 7xy - 3y^2$.

問 **1.5** (p.8)　(1)　$x^2 + y^2 + 4z^2 + 2xy + 4yz + 4zx$　(2)　$x^3 + 6x^2y + 12xy^2 + 8y^3$　(3)　$27x^3 - y^3$

問 **1.6** (p.8)　(1)　$4x(x + 3y)$　(2)　$8xy(2x - y)$　(3)　$(2x - 3)(y - 1)$　(4)　$(3x - 2)(y + 2)$

問 **1.7** (p.8)　(1)　$(2x + 3y)^2$　(2)　$(4x - y)^2$　(3)　$(2x + 3y)(2x - 3y)$　(4)　$(x + 3)(x + 5)$

(5)　$(x - 4y)(x - 6y)$　(6)　$(2x - 3y)(x - 3y)$　(7)　$(x + 2)(x^2 - 2x + 4)$.

問 **1.8** (p.10)　(1)　$\displaystyle\sum_{i=2}^{7}(3i + 1) = 7 + 10 + 13 + 16 + 19 + 22 = 87$

(2)　$f(x) = 1 + 2x + 3x^2 + \cdots + (n + 1)x^n = \displaystyle\sum_{i=0}^{n}(i + 1)x^i$

問 **1.9** (p.12)　(1)　商 $3x + 2$, 余り $7$, $9x^2 + 18x + 15 = (3x + 2)(3x + 4) + 7$

(2)　商 $3x^2 + 3x - 5$, 余り $2$, $3x^3 - 3x^2 - 11x + 12 = (3x^2 + 3x - 5)(x - 2) + 2$

(3)　商 $2x + 4$, 余り $x + 2$, $2x^3 + 10x^2 + 15x + 5 = (2x + 4)(x^2 + 3x + 1) + x + 2$

問 **1.10** (p.13)　(1)　$\dfrac{3x^2}{y^3}$　(2)　$\dfrac{x^3}{2x + 3}$　(3)　$\dfrac{x + 2y}{x - y}$　(4)　$\dfrac{3x + 1}{2x - 3}$

問 **1.11** (p.13)　(1)　$\dfrac{x - 1}{x + 1}$　(2)　$\dfrac{(x - 1)(x + 1)}{x - 2}$

問 **1.12** (p.14)　(1)　$\dfrac{7x + 2}{(x - 4)(x + 6)}$　(2)　$\dfrac{2x^2 + 15x + 29}{(x + 3)(x + 4)}$　(3)　$\dfrac{9x + 5}{(x - 8)(x - 1)(x + 3)}$

(4)　$\dfrac{4x - 8}{(x - 1)(x - 2)(x - 3)} = \dfrac{4}{(x - 1)(x - 3)}$

問 **1.13** (p.15)　(1)　$4 - \dfrac{9}{x + 2}$　(2)　$x + 1 + \dfrac{1}{x - 1}$　(3)　$2x + 2 + \dfrac{10}{x + 2}$

(4)　$2x + 1 + \dfrac{2x - 1}{x^2 - 4x + 5}$

問 **1.14** (p.17)　(1)　$a = \dfrac{1}{2}$, $b = -\dfrac{1}{2}$　(2)　$a = 3$, $b = -2$　(3)　$a = 1$, $b = -1$, $c = -1$

(4)　$a = 3$, $b = -6$, $c = 3$

問 **1.15** (p.18)　(1)　$x = y - 3$　(2)　$y = \dfrac{1 - 3x}{1 - x}$　(3)　$t = \dfrac{a}{1 + a}$　(4)　$x = \dfrac{ab + de}{ac + d}$

**演習問題**

*A-**1.1*** (p.19)　(1)　$x^2 + y^2 + 4z^2 - 2xy + 4yz - 4zx$　　(2)　$x^3 - 9x^2y + 27xy^2 - 27y^3$

(3)　$(x^2 + y^2)^2 - (xy)^2 = x^4 + x^2y^2 + y^4$

(4)　$(y + z)(x^2 + (y + z)x + yz) = x^2y + xy^2 + y^2z + yz^2 + z^2x + zx^2 + 2xyz$

(5)　$(z - y)(x^2 - (y + z)x + yz) = -x^2y + xy^2 - y^2z + yz^2 - z^2x + zx^2$　　(6)　$x^4 - y^4$

(7)　$2x^3 + 6xy^2$

*A-**1.2*** (p.19)　(1)　$(2x + 3)(4x^2 - 6x + 9)$

(2)　$(x^3 + 1)(x^3 - 1) = (x + 1)(x^2 - x + 1)(x - 1)(x^2 + x + 1)$

(3)　$(x + y)^2 - z^2 = (x + y + z)(x + y - z)$

(4)　$(x^2 + y^2)(x^2 - y^2) = (x^2 + y^2)(x + y)(x - y)$

(5)　$x + y = A$ とおくと，$A^2 + A - 2 = (A - 1)(A + 2) = (x + y - 1)(x + y + 2)$

(6)　$(4x - 3y)(2x - y)$

(7)　$x^3 - xz^2 + xy + yz = x(x^2 - z^2) + y(x + z) = x(x + z)(x - z) + y(x + z)$
$= (x + z)(x^2 - xz + y)$

(8)　$x^2 - x = A$ とおくと，$A^2 - 8A + 12 = (A - 2)(A - 6) = (x^2 - x - 2)(x^2 - x - 6)$
$= (x - 2)(x + 1)(x - 3)(x + 2)$

*A-**1.3*** (p.19)　(1)　商 $x^4 - x^3 + x^2 - x + 1$, 余り $0$

(2)　商 $x^2 - ax - 2a^2$, 余り $3a^3$　　(3)　商 $x^7 + x^6 + x^5 + x^4 + x^3 + x^2 + x + 1$, 余り $0$

*A-**1.4*** (p.19)　(1)　$\dfrac{3x + 18}{(x + 3)(x^2 + 3x + 9)}$　　(2)　$\dfrac{x^2 + 2x - 2}{x(x - 1)(x + 1)}$　　(3)　$\dfrac{x^2 + 4x + 3}{(x + 2)^2}$

*A-**1.5*** (p.19)　(1)　$\dfrac{\dfrac{x + 3}{x + 1}}{\dfrac{3x + 1}{x + 1}} = \dfrac{x + 3}{3x + 1}$

(2)　$1 - \dfrac{1}{1 - \dfrac{1}{\dfrac{x - 1}{x}}} = 1 - \dfrac{1}{1 - \dfrac{x}{x - 1}} = 1 - \dfrac{1}{\dfrac{-1}{x - 1}} = 1 + (x - 1) = x$

*A-**1.6*** (p.19)　(1)　$a = \dfrac{1}{5}$, $b = -\dfrac{1}{5}$　　(2)　$a = 2$, $b = 7$, $c = -2$

(3)　$a = -2$, $b = 1$, $c = 2$

*B-**1.1*** (p.20)　$(a + b + c)(a^2 + b^2 + c^2 - ab - bc - ca)$
$= (a^3 + ab^2 + ac^2 - a^2b - abc - ca^2) + (a^2b + b^3 + bc^2 - ab^2 - b^2c - bca)$
$+ (a^2c + b^2c + c^3 - abc - bc^2 - c^2a) = a^3 + b^3 + c^3 - 3abc$

*B-**1.2*** (p.20)　(1)　$a^2b + ab^2 + b^2c + bc^2 + c^2a + ca^2 + 2abc$
$= b(a^2 + 2ac + c^2) + b^2(a + c) + ca(a + c)$

$$= b^2(a+c) + b(a+c)^2 + ca(a+c)$$
$$= (a+c)(b^2 + (a+c)b + ca)$$
$$= (a+c)(b+a)(b+c)$$
$$= (a+b)(b+c)(c+a)$$

(2)  $a^2b - ab^2 + b^2c - bc^2 + c^2a - ca^2$

$$= b(a^2 - c^2) + b^2(c-a) + ca(c-a)$$
$$= b^2(c-a) - b(c-a)(c+a) + ca(c-a)$$
$$= (c-a)(b^2 - (c+a)b + ca)$$
$$= (c-a)(b-a)(b-c)$$
$$= (a-b)(b-c)(a-c)$$

*B-1.3* (p.20)   (1)  $0$    (2)  $\dfrac{\dfrac{2}{1+x}}{\dfrac{2x}{1+x}} + \dfrac{\dfrac{2x}{1+x}}{\dfrac{2}{1+x}} = \dfrac{1}{x} + x$

―――――――――――――――――第 2 章―――――――――――――――――

**問 2.1** (p.28)   (1)  $y = \dfrac{2}{3}x - 3$    (2)  $y = 2x - 6$

**問 2.2** (p.28)   (1)  最大値 $2$ ($x = 4$ のとき), 最小値 $-8$ ($x = -1$ のとき). $x$ 軸との交点の座標 $(3, 0)$, $y$ 軸との交点の座標 $(0, -6)$.

(2)  最大値 なし, 最小値 $-15$ ($x = 1$ のとき). $x$ 軸との交点の座標 $(-4, 0)$, $y$ 軸との交点の座標 $(0, -12)$. 【$x = -5$ は定義域に含まれていないことに注意】

**問 2.3** (p.31)   (1)  $-2 < x \leq 4$    (2)  $x = 2$  ($2 \leq x$ かつ $x \leq 2$)

**問 2.4** (p.35)   (1)  $y = (x+1)^2 - 1$, 軸の方程式：$x = -1$, 頂点の座標：$(-1, -1)$.    (2)  $y = -2(x+1)^2 + 4$, 軸の方程式：$x = -1$, 頂点の座標：$(-1, 4)$.    (3)  $y = -2\left(x + \dfrac{1}{2}\right)^2 + \dfrac{5}{2}$, 軸の方程式：$x = -\dfrac{1}{2}$, 頂点の座標：$\left(-\dfrac{1}{2}, \dfrac{5}{2}\right)$.    (4)  $y = \dfrac{1}{4}(x-2)^2$, 軸の方程式：$x = 2$, 頂点の座標：$(2, 0)$.

**問 2.5** (p.36)   (1)  $y = x^2 + 2x + 2$    (2)  $y = x^2 + 4x + 3$    (3)  $y = 2x^2 + 7x - 6$.

**問 2.6** (p.39)   (1)  $y = (x+1)^2$. 最大値 $8$ ($x = 2$ のとき), 最小値 $-1$ ($x = -1$ のとき).

(2)  $y = -2(x+1)^2 + 4$. 最大値 $4$ ($x = -1$ のとき), 最小値 $-14$ ($x = 2$ のとき).

(3)  $y = -2\left(x + \dfrac{1}{2}\right)^2 + \dfrac{5}{2}$. 最大値 $\dfrac{5}{2}$ ($x = -\dfrac{1}{2}$ のとき), 最小値 $-10$ ($x = 2$ のとき).

(4)  $y = \dfrac{1}{4}(x-2)^2$. 最大値 $4$ ($x = -2$ のとき), 最小値 $0$ ($x = 2$ のとき).

(5)  $y = \left(x - \dfrac{3}{2}\right)^2 - \dfrac{1}{4}$. 最大値 $12$ ($x = -2$ のとき), 最小値 $-\dfrac{1}{4}$ ($x = \dfrac{3}{2}$ のとき).

(6)  $y = -\dfrac{1}{3}(x-3)^2 + 2$. 最大値 $\dfrac{5}{3}$ ($x = 2$ のとき), 最小値 $-\dfrac{19}{3}$ ($x = -2$ のとき). 【軸と定義域

の位置関係に注意】

**問 2.7** (p.40)　$3 < c$　【判別式 $D = 4 - \dfrac{4}{3}c < 0$】

**問 2.8** (p.42)　(1)　$x$ 軸との共有点 $(0,0)$, $(3,0)$. 頂点の座標 $\left(\dfrac{3}{2}, -\dfrac{9}{4}\right)$.

(2)　$x$ 軸との共有点 $(2,0)$. 頂点の座標 $(2,0)$.

(3)　$x$ 軸との共有点 $(-3-\sqrt{3},0)$, $(-3+\sqrt{3},0)$. 頂点の座標 $\left(-3, -\dfrac{3}{2}\right)$.

(4)　$x$ 軸との共有点 なし. 頂点の座標 $\left(\dfrac{3}{4}, \dfrac{7}{8}\right)$.

**問 2.9** (p.43)　(1)　共有点をもたない.　(2)　$(-1,1)$　(3)　$(-2,2)$, $(-4,8)$

**問 2.10** (p.45)　(1)　$-2 < x < 4$　(2)　$x < \dfrac{1}{2}$, $1 < x$　(3)　$3 - 2\sqrt{2} \leq x \leq 3 + 2\sqrt{2}$

(4)　$-3 \leq x \leq 2$.

### 演習問題

***A*-2.1** (p.46)　(1)　$y = \dfrac{3}{2}x - \dfrac{1}{2}$. 最大値 7 ($x = 5$ のとき), 最小値 $-8$ ($x = -5$ のとき).

(2)　$y = -2x + 11$. 最大値 21 ($x = -5$ のとき), 最小値 1 ($x = 5$ のとき).

***A*-2.2** (p.46)　(1)　$\dfrac{5}{4} < x \leq 3$　(2)　$-\dfrac{2}{9} < x \leq \dfrac{3}{4}$.

***A*-2.3** (p.46)　(1)　この 2 次関数の標準形は $y = -(x+1)^2 + 3$. 軸の方程式：$x = -1$, 頂点の座標：$(-1,3)$. 最大値 3 ($x = -1$ のとき), 最小値 $-1$ ($x = 1$ のとき). グラフは図 K.1 左.

(2)　この 2 次関数の標準形は $y = 2(x-2)^2 - 5$. 軸の方程式：$x = 2$, 頂点の座標：$(2,-5)$. 最大値 3 ($x = 0, 4$ のとき), 最小値 $-5$ ($x = 2$ のとき). グラフは図 K.1 右.

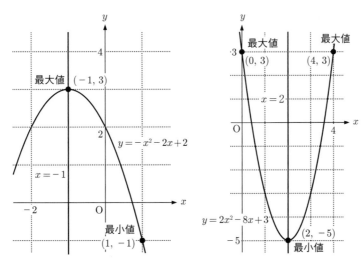

図 **K.1**　*A*-**2.3**

***A*-2.4** (p.46)　(1)　$y = 2(x+1)^2 - 3$　(2)　$y = x^2 - 2x + 2$　(3)　$y = x^2 - 8x + 5$

*A*-**2.5** (p.46)　$k > -2$.【$y = x^2 - 2x - (k+1)$ の判別式が $D = (-2)^2 - 4 \times 1 \times (-k-1) = 4(2+k) > 0$ のとき, 2 個の共有点をもつ.】

*A*-**2.6** (p.46)　(1) $(1,1)$, $(2,4)$　(2) $(-\sqrt{5},5)$, $(\sqrt{5},5)$　(3) $(-1,-4)$, $(2,5)$

*A*-**2.7** (p.46)　(1) $x \leq -5$, $2 \leq x$　(2) $x < \dfrac{-1 - \sqrt{21}}{2}$, $\dfrac{-1 + \sqrt{21}}{2} < x$　(3) $-2 < x < -1$
(4) $-1 < x < 3$

*B*-**2.1** (p.47)　(1) $k = 2$.【この 1 次関数は $y = -\dfrac{1}{2}x + \dfrac{3}{2}$】

(2) $y = \dfrac{1}{2}x + \dfrac{1}{2}$.【$y = \dfrac{1}{2}\{x - (-1)\} = \dfrac{1}{2}(x+1)$】

*B*-**2.2** (p.47)　$y = 2x^2 - 4x + 3$.

*B*-**2.3** (p.47)　$a = -1$ のとき $b = -2$, $a = 2$ のとき $b = 4$.

【2 次関数 $y = x^2 + 2ax + b$ のグラフが点 $(-1, 1)$ を通るから, $1 = 1 - 2a + b$, $b = 2a$. これより, $y = x^2 + 2ax + 2a = (x+a)^2 - a^2 + 2a$. この頂点の座標 $(-a, -a^2 + 2a)$ は $y = -x - 2$ 上にあるから, $-a^2 + 2a = a - 2$, $a^2 - a - 2 = (a+1)(a-2) = 0$. したがって, $a = -1, 2$ の 2 つの場合がある. (図 K.2)】

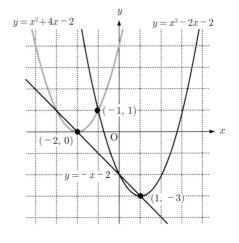

図 **K.2** *B*-*2.3*

*B*-**2.4** (p.47)　$k = -2$.【$x^2 - 4x - 1 = -2x + k$, すなわち $x^2 - 2x - 1 - k = 0$ の判別式が $D = (-2)^2 - 4 \times 1 \times (-1 - k) = 4(2+k) = 0$ となる $k$ を求める.】

*B*-**2.5** (p.47)　$k = -2$ のとき接点の座標は $(-2, 3)$, $k = 6$ のとき接点の座標は $(2, 11)$.

【$x^2 + 2x + 3 = kx - 1$, すなわち $x^2 + (2-k)x + 4 = 0$ の判別式が $D = (2-k)^2 - 4 \times 1 \times 4 = k^2 - 4k - 12 = 0$ となる $k$ を求め, その $k$ を代入した 2 次方程式 $x^2 + (2-k)x + 4 = 0$ の解 $x$ とそのときの $y$ が接点の座標である. (図 K.3)】

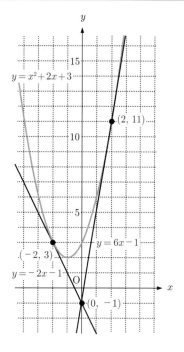

**図 K.3**　*B-2.5*

*B-*2.6 (p.47)　$a = 1$, $b = -1$. 【$y = ax^2 + bx - 2$ のグラフが $x < -1$, $2 < x$ で $x$ 軸より上側である. したがって, 下に凸の放物線 $(a > 0)$ で 2 点 $(-1, 0)$, $(2, 0)$ を通る. 例えば, $y = a(x+1)(x-2) = a(x^2 - x - 2) = ax^2 + bx - 2$ から $a$, $b$ が求まる.】

## 第 3 章

問 **3.1** (p.50)　(1) $a^{-6}b^6$　(2) $9xy^5$　(3) $-8x^6y^9$　(4) $a^2b^4$

問 **3.2** (p.51)　(1) $1$　(2) $\dfrac{1}{5}$　(3) $\dfrac{1}{27}$　(4) $\dfrac{1}{9}$

問 **3.3** (p.51)　(1) $2$　(2) $-5$　(3) $0.345$　(4) $5$　(5) $-5$　(6) $-12$

問 **3.4** (p.51)　(1) $a^{-2}$　(2) $a^{-3}$　(3) $1$　(4) $a^{-2}$　(5) $a^{-6}$　(6) $a^{-12}$　(7) $a^{15}b^{-6}$　(8) $a^6b^{-4}$

問 **3.5** (p.52)　(1) $3$　(2) $-10$　(3) $2$　(4) $-3$

問 **3.6** (p.52)　(1) $3$　(2) $\sqrt[3]{4}$　(3) $\sqrt{3}$.

問 **3.7** (p.52)　(1) $\sqrt{a}$　(2) $\sqrt[4]{a}$　(3) $\sqrt[3]{a^5}$

問 **3.8** (p.53)　(1) $\dfrac{9}{2}$　(2) $7 - 2\sqrt{10}$　(3) $\dfrac{\sqrt{6} - \sqrt{3}}{3}$　(4) $5\sqrt{2} + 2\sqrt{3}$　(5) $8 - 2\sqrt{3}$

(6) $-11 + \sqrt{6}$　(7) $2 - \sqrt{3}$　(8) $33 - 9\sqrt{3}$　(9) $\dfrac{\sqrt[3]{9} - \sqrt[3]{6} + \sqrt[3]{4}}{5}$

問 **3.9** (p.53)　(1) $8$　(2) $9$　(3) $\dfrac{1}{2}$　(4) $\dfrac{1}{3}$

問 **3.10** (p.53)　(1) $a^{\frac{1}{3}}$　(2) $a^{\frac{1}{5}}$　(3) $a^{\frac{5}{2}}$　(4) $a^{\frac{3}{5}}$　(5) $a^{-1}$　(6) $a^{-\frac{3}{4}}$　(7) $a^{-\frac{5}{3}}$

(8) $a^{-\frac{7}{6}}$

**問 3.11** (p.54)　(1) 2　(2) 27　(3) 4　(4) 5　(5) $\dfrac{1}{7}$　(6) 2

**問 3.12** (p.54)　(1) $2^{\frac{5}{2}}5^1$　(2) $3^{\frac{1}{2}}7^{\frac{1}{3}}$　(3) $2^{\frac{1}{35}}3^{-\frac{18}{35}}$　(4) $2^{-\frac{7}{24}}5^{-\frac{1}{12}}$　(5) $3^{\frac{2}{3}}7^{\frac{17}{30}}$　(6) $2^1 3^1$

**問 3.13** (p.55)　(1) $2^{3\sqrt{3}}$　(2) $3^2 = 9$　(3) $5^{\sqrt{2}}$

**問 3.14** (p.55)

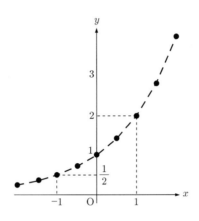

**問 3.15** (p.57)

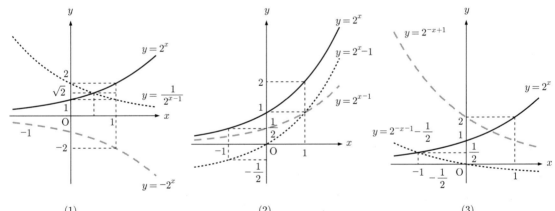

(1)　　　　　　　　　　(2)　　　　　　　　　　(3)

**問 3.16** (p.57)　(1) $3^{-1} < 3^{\sqrt{2}} < 3^2$　(2) $\left(\dfrac{1}{2}\right)^2 < 1 < \left(\dfrac{1}{2}\right)^{-2}$　(3) $\sqrt{3} < \sqrt[3]{3^2} < \sqrt[4]{3^3}$

**問 3.17** (p.58)　(1) $x = 3$　(2) $x = -2$　(3) $x = \dfrac{4}{5}$

**問 3.18** (p.58)　(1) $x > \dfrac{4}{3}$　(2) $x \geq 11$　(3) $x > 2$

**問 3.19** (p.59)　(1) 水深 30 [m] での明るさは $\left(\dfrac{1}{2}\right)^{\frac{30}{10}} = \dfrac{1}{8} = 0.125$ 倍になる. よって, 7.75 割減少する. また, 明るさが $\dfrac{1}{128}$ となる水深は $\left(\dfrac{1}{2}\right)^{\frac{x}{10}} = \dfrac{1}{128}$ より 70 [m] である.
(2) $5730 \times 3 = 1790$ 年

**問 3.20** (p.60)　(1) $2 = \log_3 9$　(2) $3 = \log_4 64$　(3) $-2 = \log_5 \dfrac{1}{25}$　(4) $\dfrac{1}{2} = \log_9 3$

問 **3.21** (p.60)　(1) 2　(2) $-2$　(3) $\dfrac{1}{3}$　(4) $\dfrac{3}{2}$

問 **3.22** (p.61)　(1) 5　(2) $-2$　(3) $\dfrac{1}{2}$　(4) $\dfrac{1}{3}$　(5) $\dfrac{3}{4}$.

問 **3.23** (p.61)　(1) 2　(2) 3

問 **3.24** (p.62)　(1) 1　(2) 1　(3) 1　(4) $-2$

問 **3.25** (p.62)　(1) $\dfrac{2}{3}$　(2) $\dfrac{5}{3}$　(3) 3　(4) $\dfrac{1}{2}$　(5) 3.

問 **3.26** (p.63)　(1) $3p + 2q$　(2) $p - q + 1$　(3) $\dfrac{q}{p}$　(4) $\dfrac{2p}{q}$.

問 **3.27** (p.64)　グラフは省略

(1) $y = \dfrac{1}{3}x - \dfrac{5}{3}$　(2) $y = 4x - 4$　(3) $y = -\dfrac{1}{2}x + \dfrac{1}{2}$　(4) $y = -\dfrac{3}{2}x + \dfrac{15}{2}$.

問 **3.28** (p.66)

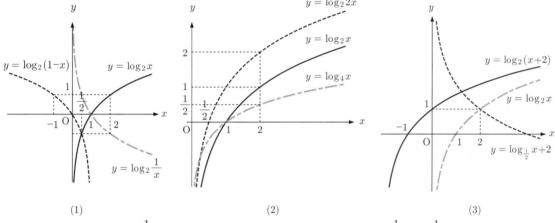

問 **3.29** (p.67)　(1) $\log_3 \dfrac{1}{2} < \log_3 2 < \log_3 4$　(2) $\log_2 3^{-1} < -1 < \dfrac{1}{2}\log_2 \dfrac{1}{3}$

問 **3.30** (p.67)　(1) $x = 32$　(2) $x = \dfrac{1}{16}$　(3) $x = 8$　(4) $x = 6$　(5) $x = 0,\ -3$.

問 **3.31** (p.68)　(1) $8 < x$　(2) $\dfrac{1}{16} < x$　(3) $1 < x < 9$.

問 **3.32** (p.69)　(1) 3.6355　(2) 7.4983　(3) $-3.0655$

問 **3.33** (p.69)　2 倍をこえるのは 24 年後. 10 倍をこえるのは 79 年後

問 **3.34** (p.70)　(1) 8 桁　(2) 20 桁　] (3) 小数点以下第 7 位　(4) 小数点以下第 6 位

問 **3.35** (p.70)　$n = 27, 28, 29$

問 **3.36** (p.70)　7 枚以上.

## 演習問題

*A-***3.1** (p.71)　(1) 2　(2) 5　(3) 2　(4) 2　(5) $a$　(6) $a^2$

*A-***3.2** (p.71)　(1) $\dfrac{2}{3},\ \dfrac{17}{30}$　(2) 1, 1

*A-3.3* (p.71)　(1)　$\sqrt{2} < \sqrt[7]{2^4} < \sqrt[5]{2^3}$　(2)　$\left(\dfrac{1}{5}\right)^{\frac{3}{2}} < \left(\dfrac{1}{5}\right)^{\frac{4}{3}} < \left(\dfrac{1}{5}\right)^{\frac{5}{4}}$

*A-3.4* (p.71)　$2^{30} = (2^{10})^3 = (1024)^3 = (1.024 \times 10^3)^3 \sim 10^9$. すなわち，約 10 億円

*A-3.5* (p.71)　$2^{\frac{9.0-8.4}{0.2}} = 8$ (倍)

*A-3.6* (p.71)　(1)　2　(2)　3　(3)　$-1$　(4)　2

*A-3.7* (p.71)　(1)　$x = 3$　(2)　$x = \dfrac{1}{2},\ 4$　(3)　$2 < x < 3$　(4)　$0 < x < 2$

*A-3.8* (p.71)　(1)　$y = \log_3 x$ を $x$ 軸方向に $+2$ だけ平行移動.　(2)　$y = \log_3 x$ を $y$ に関して対称移動.　(3)　$y = \log_3 x$ を $y$ 軸方向に $+2$ だけ平行移動.　(4)　$y = \log_3 x$ を $x$ に関して対称移動.

*A-3.9* (p.71)　10 回

*B-3.1* (p.72)　(1)　7　(2)　18

*B-3.2* (p.72)　$x = 1$ のとき，最大値 4

*B-3.3* (p.72)　(1)　$x = 3$　(2)　$x = -4,\ 8$　(3)　$x = 2,\ 2 - 2\log_2 3$

*B-3.4* (p.72)　(1)　$c(x)c(y) + s(x)s(y) = \dfrac{1}{4}\{(a^x + a^{-x})(a^y + a^{-y}) + (a^x - a^{-x})(a^y - a^{-y})\} = \dfrac{1}{2}(a^{x+y} + a^{-x-y}) = c(x+y)$　(2)　$s(x)c(y) + c(x)s(y) = \dfrac{1}{4}\{(a^x - a^{-x})(a^y + a^{-y}) + (a^x + a^{-x})(a^y - a^{-y})\} = \dfrac{1}{2}(a^{x+y} - a^{-x-y}) = s(x+y)$　(3)　省略　(4)　省略

*B-3.5* (p.72)　51

*B-3.6* (p.72)　$x = 2,\ y = 3$

*B-3.7* (p.72)　$3^a = 5^b = 15^c$ より各辺の常用対数をとる. $a\log_{10} 3 = b\log_{10} 5 = c(\log_{10} 3 + \log_{10} 5)$ となり，各辺の値を $t$ とおくと $\dfrac{1}{a} + \dfrac{1}{b} = \dfrac{1}{t}(\log_{10} 3 + \log_{10} 5) = \dfrac{1}{c}$ となり証明された.

*B-3.8* (p.72)　2 式は $\alpha = 3\log_a 2 - \log_a 3$, $\beta = 4\log_a 2 - \log_a 3$ と変形でき $\log_a 2$ を消去するとえられる. $\log_a 3 = -4\alpha + 3\beta$

---
## 第 4 章
---

問 *4.1* (p.74)　(1)　$\cos\theta = \dfrac{3}{\sqrt{13}}$, $\sin\theta = \dfrac{2}{\sqrt{13}}$, $\tan\theta = \dfrac{2}{3}$　(2)　$\cos\theta = \dfrac{4}{\sqrt{65}}$, $\sin\theta = \dfrac{7}{\sqrt{65}}$, $\tan\theta = \dfrac{7}{4}$　(3)　$\cos\theta = \dfrac{4}{7}$, $\sin\theta = \dfrac{\sqrt{33}}{7}$, $\tan\theta = \dfrac{\sqrt{33}}{4}$.

問 *4.2* (p.75)　(1)　$AB = 3$, $BC = \sqrt{7}$　(2)　$AC = 8$, $BC = 2\sqrt{7}$　(3)　$BC = 4$, $AB = 2\sqrt{5}$　(4)　$AC = \dfrac{9}{2}$, $AB = \dfrac{3\sqrt{5}}{2}$.

問 *4.3* (p.77)　(1)　$\dfrac{\pi}{12}$　(2)　$\dfrac{5}{12}\pi$　(3)　$\dfrac{2}{3}\pi$　(4)　$\dfrac{3}{4}\pi$　(5)　$\dfrac{5}{6}\pi$　(6)　$\dfrac{11}{6}\pi$　(7)　$\dfrac{2}{15}\pi$　(8)　$\dfrac{\pi}{8}$　(9)　$\dfrac{\pi}{5}$　(10)　$\dfrac{13}{45}\pi$.

問 *4.4* (p.77)　(1)　$210°$　(2)　$105°$　(3)　$72°$　(4)　$100°$　(5)　$\left(\dfrac{30}{\pi}\right)^{\circ}$.

問 *4.5* (p.80)　(1)　$\cos\theta = -\dfrac{1}{2}$, $\sin\theta = \dfrac{\sqrt{3}}{2}$, $\tan\theta = -\sqrt{3}$　(2)　$\cos\theta = -\dfrac{\sqrt{3}}{2}$, $\sin\theta = -\dfrac{1}{2}$,

$\tan\theta = \dfrac{1}{\sqrt{3}}$　(3)　$\cos\theta = \dfrac{1}{\sqrt{2}},\ \sin\theta = -\dfrac{1}{\sqrt{2}},\ \tan\theta = -1$　(4)　$\cos\theta = \dfrac{1}{\sqrt{2}},\ \sin\theta = -\dfrac{1}{\sqrt{2}},$

$\tan\theta = -1$　(5)　$\cos\theta = -\dfrac{1}{2},\ \sin\theta = -\dfrac{\sqrt{3}}{2},\ \tan\theta = \sqrt{3}$　(6)　$\cos\theta = -\dfrac{\sqrt{3}}{2},\ \sin\theta = \dfrac{1}{2},$

$\tan\theta = -\dfrac{1}{\sqrt{3}}$　(7)　$\cos\theta = -\dfrac{1}{2},\ \sin\theta = \dfrac{\sqrt{3}}{2},\ \tan\theta = -\sqrt{3}$　(8)　$\cos\theta = \dfrac{\sqrt{3}}{2},\ \sin\theta = -\dfrac{1}{2},$

$\tan\theta = -\dfrac{1}{\sqrt{3}}$　(9)　$\cos\theta = \dfrac{1}{\sqrt{2}},\ \sin\theta = \dfrac{1}{\sqrt{2}},\ \tan\theta = 1$　(10)　$\cos\theta = \dfrac{\sqrt{3}}{2},\ \sin\theta = -\dfrac{1}{2},$

$\tan\theta = -\dfrac{1}{\sqrt{3}}$.

**問 4.6** (p.81)　(1)　$\theta = \dfrac{\pi}{3}, \dfrac{2}{3}\pi$　(2)　$\dfrac{\pi}{3} < \theta < \dfrac{2}{3}\pi$　(3)　$\theta = \dfrac{\pi}{3}, \dfrac{5}{3}\pi$　(4)　$\dfrac{\pi}{6} \leq \theta \leq \dfrac{11}{6}\pi$

(5)　$\theta = \pm\dfrac{3}{4}\pi$　(6)　$-\pi \leq \theta \leq -\dfrac{3}{4}\pi,\ -\dfrac{\pi}{4} \leq \theta \leq \pi$　(7)　$\theta = \dfrac{\pi}{4}, \dfrac{5}{4}\pi$　(8)　$0 \leq \theta < \dfrac{\pi}{2},$

$\dfrac{3}{4}\pi \leq \theta < \dfrac{3}{2}\pi,\ \dfrac{7}{4}\pi \leq \theta \leq 2\pi$.

**問 4.7** (p.82)　(1)　$\sin\theta = \dfrac{\sqrt{15}}{4},\ \tan\theta = \sqrt{15}$　(2)　$\cos\theta = -\dfrac{\sqrt{5}}{3},\ \tan\theta = -\dfrac{2}{\sqrt{5}}$　(3)　$\sin\theta = \dfrac{4}{5},$

$\tan\theta = \dfrac{4}{3}$　(4)　$\cos\theta = \dfrac{1}{\sqrt{5}},\ \sin\theta = \dfrac{2}{\sqrt{5}}$.

**問 4.8** (p.84)　(1)　$\sin\dfrac{2}{7}\pi$　(2)　$-\cos\dfrac{2}{5}\pi$　(3)　$-\sin\dfrac{\pi}{5}$　(4)　$\cos\dfrac{\pi}{7}$　(5)　$-\sin\dfrac{\pi}{9}$　(6)　$\cos\dfrac{\pi}{9}$

(7)　$\tan\dfrac{3}{7}\pi$　(8)　$\tan\dfrac{\pi}{7}$.

**問 4.9** (p.87)

(1)

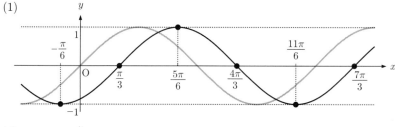

(2)

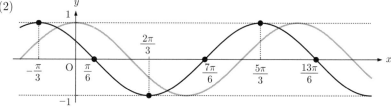

(3)

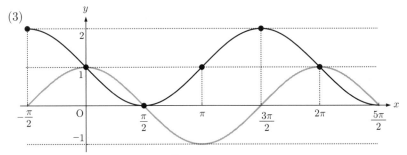

**問 4.10** (p.88) (1) $2\pi$ (2) $\dfrac{2}{3}\pi$ (3) $4\pi$ (4) $\pi$ (5) $\pi$ (6) $3\pi$ (7) $6\pi$.

**問 4.11** (p.90)

(1)

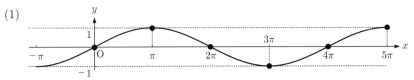

(2) (3)

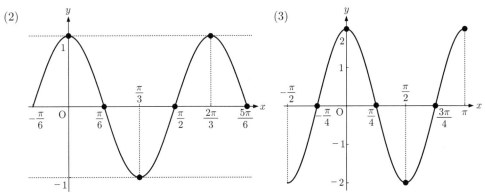

(4) (5)

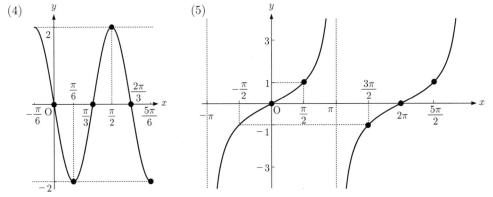

**問 4.12** (p.91) (1) $\dfrac{\sqrt{3}}{2}$. (2) 等しくない.

**問 4.13** (p.92) (1) $\sin\dfrac{\pi}{12} = \sin\left(\dfrac{\pi}{4} - \dfrac{\pi}{6}\right) = \sin\dfrac{\pi}{4}\cos\dfrac{\pi}{6} - \cos\dfrac{\pi}{4}\sin\dfrac{\pi}{6} = \dfrac{1}{\sqrt{2}} \times \dfrac{\sqrt{3}}{2} - \dfrac{1}{\sqrt{2}} \times \dfrac{1}{2} =$

$\dfrac{\sqrt{3}-1}{2\sqrt{2}} = \dfrac{\sqrt{6}-\sqrt{2}}{4}$.

(2) $\cos\dfrac{\pi}{12} = \cos\left(\dfrac{\pi}{4} - \dfrac{\pi}{6}\right) = \cos\dfrac{\pi}{4}\cos\dfrac{\pi}{6} + \sin\dfrac{\pi}{4}\sin\dfrac{\pi}{6} = \dfrac{1}{\sqrt{2}} \times \dfrac{\sqrt{3}}{2} + \dfrac{1}{\sqrt{2}} \times \dfrac{1}{2} = \dfrac{\sqrt{3}+1}{2\sqrt{2}} = \dfrac{\sqrt{6}+\sqrt{2}}{4}.$

(3) $\tan\dfrac{5}{12}\pi = \tan\left(\dfrac{\pi}{4} + \dfrac{\pi}{6}\right) = \dfrac{\tan\frac{\pi}{4} + \tan\frac{\pi}{6}}{1 - \tan\frac{\pi}{4}\tan\frac{\pi}{6}} = \dfrac{\frac{1}{\sqrt{2}} + \frac{1}{2}}{1 - \frac{1}{\sqrt{2}} \times \frac{1}{2}} = \dfrac{\frac{1}{\sqrt{2}} + \frac{1}{2}}{1 - \frac{1}{\sqrt{2}} \times \frac{1}{2}} \times \dfrac{2\sqrt{2}}{2\sqrt{2}} = \dfrac{2+\sqrt{2}}{2\sqrt{2}-1} = \dfrac{2+\sqrt{2}}{2\sqrt{2}-1} \times \dfrac{2\sqrt{2}+1}{2\sqrt{2}+1} = \dfrac{6+5\sqrt{2}}{7}$

**問 4.14** (p.93)　(1) $\cos^2\alpha = 1 - \sin^2\alpha = 1 - \left(\dfrac{4}{5}\right)^2 = \dfrac{9}{25}$ より, $\cos\alpha = \pm\dfrac{3}{5}$ である. こ

こで, $-\dfrac{\pi}{2} \le \alpha \le \dfrac{\pi}{2}$ であるから $\cos\alpha \ge 0$ である. したがって, $\cos\alpha = \dfrac{3}{5}$ である. また,

$\sin^2\beta = 1 - \cos^2\beta = 1 - \left(\dfrac{5}{13}\right)^2 = \dfrac{144}{169}$ より, $\sin\beta = \pm\dfrac{12}{13}$ である. ここで, $0 \le \beta \le \pi$ であるか

ら $\sin\beta \ge 0$ である. したがって, $\sin\beta = \dfrac{12}{13}$ である.

(2) $\cos(\alpha - \beta) = \cos\alpha\cos\beta + \sin\alpha\sin\beta = \dfrac{3}{5} \times \dfrac{1}{2} - \dfrac{4}{5} \times \dfrac{\sqrt{3}}{2} = \dfrac{3-4\sqrt{3}}{10}$

**問 4.15** (p.93)　$\cos^2\alpha = 1 - \sin^2\alpha = 1 - \dfrac{16}{25} = \dfrac{9}{25}$ ゆえ, $\cos\alpha = \pm\dfrac{3}{5}$. ここで, $-\dfrac{\pi}{2} \le \alpha \le \dfrac{\pi}{2}$ で

あるから $\cos\alpha = \dfrac{3}{5}$ である.

(1) $\cos\left(\alpha + \dfrac{\pi}{3}\right) = \cos\alpha\cos\dfrac{\pi}{3} - \sin\alpha\sin\dfrac{\pi}{3} = \dfrac{3}{5} \times \dfrac{1}{2} - \dfrac{4}{5} \times \dfrac{\sqrt{3}}{2} = \dfrac{3-4\sqrt{3}}{10}.$

(2) $\sin\left(\alpha - \dfrac{\pi}{4}\right) = \sin\alpha\cos\dfrac{\pi}{4} - \cos\alpha\sin\dfrac{\pi}{4} = \dfrac{4}{5} \times \dfrac{\sqrt{2}}{2} - \dfrac{3}{5} \times \dfrac{\sqrt{2}}{2} = \dfrac{\sqrt{2}}{10}$

**問 4.16** (p.94)　(1) $\cos 2\alpha = 2 \times \left(\dfrac{5}{13}\right)^2 - 1 = \dfrac{50}{169} - 1 = -\dfrac{119}{169}$ である.

(2) $\cos 2\alpha = 1 - 2\sin^2\alpha = 1 - 2 \times \left(\dfrac{5}{13}\right)^2 = \dfrac{119}{169}$ である.

(3) $\cos^2\alpha = 1 - \sin^2\alpha = 1 - \left(\dfrac{5}{13}\right)^2 = \dfrac{144}{169}$ より, $\cos\alpha = \pm\dfrac{12}{13}$ である. ここで, $-\dfrac{\pi}{2} \le \alpha \le \dfrac{\pi}{2}$

であるから $\cos\alpha \ge 0$ である. したがって, $\cos\alpha = \dfrac{12}{13}$ である. 以上より, $\sin 2\alpha = 2\sin\alpha\cos\alpha =$

$2 \times \dfrac{5}{13} \times \dfrac{12}{13} = \dfrac{60}{169}.$

**問 4.17** (p.95)　$\cos^2\left(\dfrac{1}{2} \times \dfrac{3\pi}{4}\right) = \dfrac{1 + \cos\frac{3\pi}{4}}{2} = \dfrac{1 - \frac{\sqrt{2}}{2}}{2} = \dfrac{\sqrt{2-\sqrt{2}}}{4}$ である. ここで, $-\dfrac{\pi}{2} <$

$\dfrac{3\pi}{8} < \dfrac{\pi}{2}$ より $\cos\dfrac{3\pi}{8} > 0$ であるから, $\cos\dfrac{3\pi}{8} = \dfrac{\sqrt{2-\sqrt{2}}}{2}$

**問 4.18** (p.96)　(1) 半角の公式より, $\cos^2\dfrac{\theta}{2} = \dfrac{1 + \frac{3}{5}}{2} = \dfrac{1 + \frac{3}{5}}{2} \times \dfrac{5}{5} = \dfrac{5+3}{10} = \dfrac{8}{10} = \dfrac{4}{5}$ である.

また，$\sin^2\dfrac{\theta}{2} = \dfrac{1-\frac{3}{5}}{2} = \dfrac{1-\frac{3}{5}}{2}\times\dfrac{5}{5} = \dfrac{5-3}{10} = \dfrac{2}{10} = \dfrac{1}{5}$ である．

(2) (1) より，$\cos\dfrac{\theta}{2} = \pm\dfrac{2}{\sqrt{5}}$ である．ここで $-\pi \leq \theta \leq \pi$ であるから，$-\dfrac{\pi}{2} \leq \dfrac{\theta}{2} \leq \dfrac{\pi}{2}$ より，$\cos\dfrac{\theta}{2} \geq 0$ である．したがって，$\cos\dfrac{\theta}{2} = \dfrac{2}{\sqrt{5}}$ である．

(3) (1) より，$\sin\dfrac{\theta}{2} = \pm\dfrac{1}{\sqrt{5}}$ である．ここで $0 \leq \theta \leq 2\pi$ であるから，$0 \leq \dfrac{\theta}{2} \leq \pi$ より，$\sin\dfrac{\theta}{2} \geq 0$ である．したがって，$\sin\dfrac{\theta}{2} = \dfrac{1}{\sqrt{5}}$ である．

**問 4.19** (p.98)　(1) $f(x) = \cos x - \sin x = -\sin x + \cos x = \sqrt{(-1)^2+1^2}\sin(x+\alpha) = \sqrt{2}\sin(x+\alpha)$ が成立する．つまり，$r = \sqrt{2}$ である．ここで，$\alpha$ は $\cos\alpha = -\dfrac{1}{\sqrt{2}}$，$\sin\alpha = \dfrac{1}{\sqrt{2}}$ をみたす角度であるから，$-\pi < \alpha \leq \pi$ の範囲にあるものは $\alpha = \dfrac{3\pi}{4}$ である．

(2) $0 \leq x \leq \pi$ より，$\dfrac{3\pi}{4} \leq x+\dfrac{3\pi}{4} \leq \dfrac{7\pi}{4}$ であるから，$f(x) = \sqrt{2}\sin\left(x+\dfrac{3\pi}{4}\right)$ の最大値は 1 ($\sin\left(x+\dfrac{3\pi}{4}\right)$ がこの範囲における最大である $\dfrac{1}{\sqrt{2}}$ となるとき，すなわち，$x+\dfrac{3\pi}{4} = \dfrac{3\pi}{4}$ となるとき)，最小値は $-\sqrt{2}$ ($\sin\left(x+\dfrac{3\pi}{4}\right)$ が最小である $-1$ となるとき，すなわち，$x+\dfrac{3\pi}{4} = \dfrac{3\pi}{2}$ となるとき) である．以上まとめると，$x=0$ のとき最大値 1 をとり，$x = \dfrac{3\pi}{4}$ のとき最小値 $-\sqrt{2}$ をとる．

**問 4.20** (p.100)　加法定理より $\sin\left(3x+\dfrac{\pi}{6}\right) = \dfrac{\sqrt{3}}{2}\sin 3x + \dfrac{1}{2}\cos 3x$，$\sin\left(3x-\dfrac{\pi}{3}\right) = \dfrac{1}{2}\sin 3x - \dfrac{\sqrt{3}}{2}\cos 3x$ であるから，$\sin\left(3x+\dfrac{\pi}{6}\right) + \sqrt{3}\sin\left(3x-\dfrac{\pi}{3}\right) = \dfrac{\sqrt{3}+\sqrt{3}}{2}\sin 3x + \dfrac{1-\sqrt{3}\cdot\sqrt{3}}{2}\cos 3x = \sqrt{3}\sin 3x - \cos 3x$ となる．ここで，三角関数の合成公式を用いると

$$\sqrt{3}\sin 3x - \cos 3x = 2\sin(3x+\alpha)$$

が成立する．ただし，$\alpha$ は $\cos\alpha = \dfrac{\sqrt{3}}{2}$，$\sin\alpha = -\dfrac{1}{2}$ をみたす角度であるから，$-\pi < \alpha \leq \pi$ の範囲にあるものは $\alpha = -\dfrac{\pi}{6}$ である．以上より，

$$\sin\left(3x+\dfrac{\pi}{6}\right) + \sqrt{3}\sin\left(3x-\dfrac{\pi}{3}\right) = \sqrt{3}\sin 3x - \cos 3x = 2\sin\left(3x-\dfrac{\pi}{6}\right)$$

がどんな $x$ でも成立する．すなわち，$r = 2$，$\alpha = -\dfrac{\pi}{6}$ である．

【別解】 $\sin\left(3x+\dfrac{\pi}{6}\right) = \sin\left(3x-\dfrac{\pi}{3}+\dfrac{\pi}{2}\right) = \cos\left(3x-\dfrac{\pi}{3}\right)$ であるから，三角関数の合成公式より $\sin\left(3x+\dfrac{\pi}{6}\right) + \sqrt{3}\sin\left(3x-\dfrac{\pi}{3}\right) = \sqrt{3}\sin\left(3x-\dfrac{\pi}{3}\right) + \cos\left(3x-\dfrac{\pi}{3}\right) = 2\sin\left(3x-\dfrac{\pi}{3}+\alpha\right)$ が成立する．ただし，$\alpha$ は $\cos\alpha = \dfrac{\sqrt{3}}{2}$，$\sin\alpha = \dfrac{1}{2}$ をみたす角度であるから，$\alpha = \dfrac{\pi}{6}$ ととれば上記等式は成立している．以上より，

$$\sin\left(3x+\dfrac{\pi}{6}\right) + \sqrt{3}\sin\left(3x-\dfrac{\pi}{3}\right) = 2\sin\left(3x-\dfrac{\pi}{3}+\dfrac{\pi}{6}\right) = 2\sin\left(3x-\dfrac{\pi}{6}\right)$$

がどんな $x$ でも成立する．したがって，$r = 1$ であり，$\alpha$ は $-\pi < \alpha \leq \pi$ の範囲にある角度であるから，$\alpha = -\dfrac{\pi}{6}$ である．

**問 4.21** (p.102)　(1) $f(x) = \cos\left(x + \dfrac{\pi}{4}\right)\cos\left(x + \dfrac{5\pi}{12}\right) =$

$\dfrac{1}{2}\left\{\cos\left(x + \dfrac{\pi}{4} + x + \dfrac{5\pi}{12}\right) + \cos\left(x + \dfrac{\pi}{4} - x - \dfrac{5\pi}{12}\right)\right\} =$

$\dfrac{1}{2}\left(\cos\left(2x + \dfrac{2\pi}{3}\right) + \cos\left(-\dfrac{\pi}{6}\right)\right) = \dfrac{1}{2}\cos\left(2x + \dfrac{2\pi}{3}\right) + \dfrac{\sqrt{3}}{4} =$

$\dfrac{1}{2}\sin\left(2x + \dfrac{2\pi}{3} + \dfrac{\pi}{2}\right) + \dfrac{\sqrt{3}}{4} = \dfrac{1}{2}\sin\left(2x + \dfrac{7\pi}{6}\right) + \dfrac{\sqrt{3}}{4}$ が成立する．よって，$c = \dfrac{\sqrt{3}}{4}$，$r = \dfrac{1}{2}$ である．$\alpha$ は $-\pi < \alpha \leq \pi$ の範囲にある角であるから，$\alpha = \dfrac{7\pi}{6}$ である．

(2) $0 \leq x \leq \dfrac{\pi}{2}$ より，$\dfrac{7\pi}{6} \leq 2x + \dfrac{7\pi}{6} \leq \dfrac{13\pi}{6}$ であるから，$f(x) = \dfrac{1}{2}\sin\left(2x + \dfrac{7\pi}{6}\right) + \dfrac{\sqrt{3}}{4}$ の最大値は $\dfrac{1 + \sqrt{3}}{4}$ $\left(\sin\left(2x + \dfrac{7\pi}{6}\right)\right.$ が最大である $\dfrac{1}{2}$ となるとき，すなわち，$2x + \dfrac{7\pi}{6} = \dfrac{13\pi}{6}$ となるとき$\left.\right)$，最小値は $\dfrac{-2 + \sqrt{3}}{4}$ $\left(\sin\left(2x + \dfrac{7\pi}{6}\right)\right.$ がこの範囲における最小である $-1$ となるとき，すなわち，$2x + \dfrac{7\pi}{6} = \dfrac{3\pi}{2}$ となるとき$\left.\right)$ である．以上まとめると，$x = \pi$ のとき最大値 $\dfrac{1 + \sqrt{3}}{4}$ をとり，$x = \dfrac{\pi}{6}$ のとき最小値 $\dfrac{-2 + \sqrt{3}}{4}$ をとる．

**問 4.22** (p.103)　(1) $f(x) = \cos\left(x + \dfrac{\pi}{3}\right) + \cos x = 2\cos\dfrac{x + \frac{\pi}{3} + x}{2}\cos\dfrac{x + \frac{\pi}{3} - x}{2}$

$= 2\cos\dfrac{2x + \frac{\pi}{3}}{2}\cos\dfrac{\pi}{6} = \sqrt{3}\cos\left(x + \dfrac{\pi}{6}\right) = \sqrt{3}\sin\left(x + \dfrac{\pi}{6} + \dfrac{\pi}{2}\right) = \sqrt{3}\sin\left(x + \dfrac{2\pi}{3}\right)$ が成立する．よって，$r = \sqrt{3}$ である．$\alpha$ は $-\pi < \alpha \leq \pi$ の範囲にある角度であるから，$\alpha = \dfrac{2\pi}{3}$ である．

(2) $0 \leq x \leq \pi$ より，$\dfrac{2\pi}{3} \leq x + \dfrac{2\pi}{3} \leq \dfrac{5\pi}{3}$ であるから，$f(x) = \sqrt{3}\sin\left(x + \dfrac{2\pi}{3}\right)$ の最大値は $\dfrac{3}{2}$ $\left(x + \dfrac{2\pi}{3} = \dfrac{2\pi}{3}\right.$ となるとき$\left.\right)$，最小値は $-\sqrt{3}$ $\left(x + \dfrac{2\pi}{3} = \dfrac{3\pi}{2}\right.$ となるとき$\left.\right)$ である．以上まとめると，$x = 0$ のとき最大値 $\dfrac{3}{2}$ をとり，$x = \dfrac{5\pi}{6}$ のとき最小値 $-\sqrt{3}$ をとる．

**問 4.23** (p.104)　$\cos x = \sin\left(x + \dfrac{\pi}{2}\right)$ であるから，$\sin 3x + \cos x = \sin 3x + \sin\left(x + \dfrac{\pi}{2}\right)$

$= 2\sin\dfrac{3x + x + \frac{\pi}{2}}{2}\cos\dfrac{3x - x - \frac{\pi}{2}}{2} = 2\sin\dfrac{8x + \pi}{4}\cos\dfrac{4x - \pi}{4}$ が $0$ となればよい．したがって，

(i) $\sin\dfrac{8x + \pi}{4} = 0$ または (ii) $\cos\dfrac{4x - \pi}{4} = 0$

(i) $\dfrac{\pi}{4} \leq \dfrac{8x + \pi}{4} \leq \dfrac{17}{4}\pi$ の範囲で $\sin\dfrac{8x + \pi}{4} = 0$ となるのは，$\dfrac{8x + \pi}{4} = \pi, 2\pi, 3\pi, 4\pi$，すなわち，$x = \dfrac{3}{8}\pi, \dfrac{7}{8}\pi, \dfrac{11}{8}\pi, \dfrac{15}{8}\pi$ のとき．

(ii) $-\dfrac{1}{4}\pi \leq \dfrac{4x - \pi}{4} \leq \dfrac{7\pi}{4}$ の範囲で $\cos\dfrac{4x - \pi}{4} = 0$ となるのは，$\dfrac{4x - \pi}{4} = \dfrac{\pi}{2}, \dfrac{3\pi}{2}$，すなわち

$x = \dfrac{3}{4}\pi, \dfrac{7}{4}\pi$ のとき.

以上より, $x = \dfrac{3}{8}\pi, \dfrac{3}{4}\pi, \dfrac{7}{8}\pi, \dfrac{11}{8}\pi, \dfrac{7}{4}\pi, \dfrac{15}{8}\pi$

**問 4.24** (p.105)　【以下では $n$ は任意整数を表す】　(1)　最大値は $3$ $(x = 2n\pi)$, 最小値は $\dfrac{3}{4}$ $(x = \dfrac{2}{3}\pi + 2n\pi, \dfrac{4}{3}\pi + 2n\pi)$　　(2)　最大値は $4$ $(x = \dfrac{\pi}{2} + 2n\pi)$, 最小値は $-2$ $(x = \dfrac{3}{2}\pi + 2n\pi)$.

**問 4.25** (p.106)　(1)　$\omega = 4(\text{rad/s})$, $\nu = \dfrac{2}{\pi}(\text{Hz})$, $T = \dfrac{\pi}{2}(\text{s})$　　(2)　$\omega = 3(\text{rad/s})$, $\nu = \dfrac{3}{2\pi}(\text{Hz})$, $T = \dfrac{2\pi}{3}(\text{s})$.

## 演習問題

**A-4.1** (p.109)　(1)　$\cos\theta = \dfrac{2}{\sqrt{29}}$, $\sin\theta = \dfrac{5}{\sqrt{29}}$, $\tan\theta = \dfrac{5}{2}$　　(2)　$\cos\theta = \dfrac{7}{\sqrt{58}}$, $\sin\theta = \dfrac{3}{\sqrt{58}}$, $\tan\theta = \dfrac{3}{7}$　　(3)　$\cos\theta = \dfrac{3}{8}$, $\sin\theta = \dfrac{\sqrt{55}}{8}$, $\tan\theta = \dfrac{\sqrt{55}}{3}$　　(4)　$\cos\theta = \dfrac{4}{\sqrt{41}}$, $\sin\theta = \dfrac{5}{\sqrt{41}}$, $\tan\theta = \dfrac{5}{4}$　　(5)　$\cos\theta = \dfrac{3}{\sqrt{34}}$, $\sin\theta = \dfrac{5}{\sqrt{34}}$, $\tan\theta = \dfrac{5}{3}$　　(6)　$\cos\theta = \dfrac{3}{7}$, $\sin\theta = \dfrac{2\sqrt{10}}{7}$, $\tan\theta = \dfrac{2\sqrt{10}}{3}$.

**A-4.2** (p.109)　(1)　$AB = \dfrac{12}{7}$, $BC = \dfrac{8\sqrt{10}}{7}$　　(2)　$AC = \dfrac{21}{2}$, $BC = \dfrac{3\sqrt{33}}{2}$　　(3)　$BC = \dfrac{15}{4}$, $AB = \dfrac{5\sqrt{7}}{4}$　　(4)　$AC = \dfrac{20}{3}$, $AB = \dfrac{5\sqrt{7}}{3}$.

**A-4.3** (p.109)　(1)　$\dfrac{7}{6}\pi$　　(2)　$\dfrac{4}{3}\pi$　　(3)　$\dfrac{19}{12}\pi$　　(4)　$\dfrac{8}{3}\pi$　　(5)　$\dfrac{13}{12}\pi$　　(6)　$\dfrac{\pi}{10}$　　(7)　$\dfrac{\pi}{36}$　　(8)　$\dfrac{26}{45}\pi$.

**A-4.4** (p.109)　(1)　$300°$　　(2)　$330°$　　(3)　$405°$　　(4)　$80°$　　(5)　$105°$　　(6)　$252°$　　(7)　$67.5°$　　(8)　$\left(\dfrac{72}{\pi}\right)^{\circ}$.

**A-4.5** (p.109)　(1)　$\cos\theta = -\dfrac{1}{\sqrt{2}}$, $\sin\theta = \dfrac{1}{\sqrt{2}}$, $\tan\theta = -1$　　(2)　$\cos\theta = -\dfrac{1}{2}$, $\sin\theta = -\dfrac{\sqrt{3}}{2}$, $\tan\theta = \sqrt{3}$　　(3)　$\cos\theta = -\dfrac{1}{\sqrt{2}}$, $\sin\theta = \dfrac{1}{\sqrt{2}}$, $\tan\theta = -1$　　(4)　$\cos\theta = -\dfrac{\sqrt{3}}{2}$, $\sin\theta = -\dfrac{1}{2}$, $\tan\theta = \dfrac{1}{\sqrt{3}}$　　(5)　$\cos\theta = \dfrac{1}{2}$, $\sin\theta = \dfrac{\sqrt{3}}{2}$, $\tan\theta = \sqrt{3}$　　(6)　$\cos\theta = \dfrac{1}{2}$, $\sin\theta = -\dfrac{\sqrt{3}}{2}$, $\tan\theta = -\sqrt{3}$　　(7)　$\cos\theta = \dfrac{1}{\sqrt{2}}$, $\sin\theta = -\dfrac{1}{\sqrt{2}}$, $\tan\theta = -1$　　(8)　$\cos\theta = -\dfrac{\sqrt{3}}{2}$, $\sin\theta = \dfrac{1}{2}$, $\tan\theta = -\dfrac{1}{\sqrt{3}}$　　(9)　$\cos\theta = -\dfrac{1}{2}$, $\sin\theta = -\dfrac{\sqrt{3}}{2}$, $\tan\theta = \sqrt{3}$.

**A-4.6** (p.109)　(1)　$\theta = \dfrac{\pi}{4}, \dfrac{3}{4}\pi$　　(2)　$\theta = \dfrac{\pi}{6}, \dfrac{11}{6}\pi$　　(3)　$\theta = \dfrac{4}{3}\pi, \dfrac{5}{3}\pi$　　(4)　$\theta = \dfrac{3}{4}\pi, \dfrac{5}{4}\pi$

(5) $0 \le \theta < \dfrac{\pi}{3}, \ \dfrac{2}{3}\pi < \theta \le 2\pi$　　(6) $0 \le \theta \le \dfrac{2}{3}\pi, \ \dfrac{4}{3}\pi \le \theta \le 2\pi$　　(7) $\theta = -\dfrac{2}{3}\pi, \ -\dfrac{\pi}{3}$

(8) $-\pi \le \theta \le -\dfrac{5}{6}\pi, \ \dfrac{5}{6}\pi \le \theta \le \pi$　　(9) $\theta = \dfrac{\pi}{6}, \ \dfrac{7}{6}\pi$　　(10) $0 \le \theta < \dfrac{\pi}{2}, \ \dfrac{5}{6}\pi < \theta <$

$\dfrac{3}{2}\pi, \ \dfrac{11}{6}\pi < \theta \le 2\pi$.

*A-4.7* (p.110)　(1) $\sin x = \dfrac{\sqrt{5}}{3}, \ \tan x = \dfrac{\sqrt{5}}{2}$　　(2) $\cos x = \dfrac{\sqrt{21}}{5}, \ \tan x = \dfrac{2}{\sqrt{21}}$　　(3) $\sin x =$

$-\dfrac{\sqrt{7}}{4}, \ \tan x = \dfrac{\sqrt{7}}{3}$　　(4) $\cos x = \dfrac{1}{\sqrt{10}}, \ \sin x = \dfrac{3}{\sqrt{10}}$　　(5) $\cos x = \dfrac{1}{\sqrt{5}}, \ \sin x = -\dfrac{2}{\sqrt{5}}$.

*A-4.8* (p.110)　(1) $\cos \dfrac{2}{7}\pi$　　(2) $-\sin \dfrac{2}{5}\pi$　　(3) $-\cos \dfrac{\pi}{5}$　　(4) $\sin \dfrac{\pi}{7}$　　(5) $-\cos \dfrac{\pi}{9}$

(6) $\sin \dfrac{\pi}{9}$　　(7) $\tan \dfrac{2}{7}\pi$　　(8) $\tan \dfrac{3}{7}\pi$.

*A-4.9* (p.110)

(1)
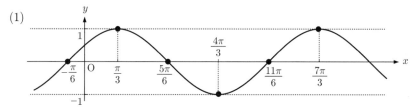

(2)
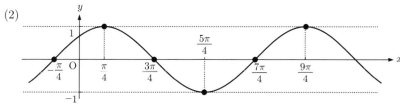

(3)
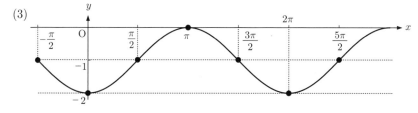

*A-4.10* (p.110)

(1)
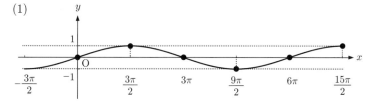

(2)

(3)

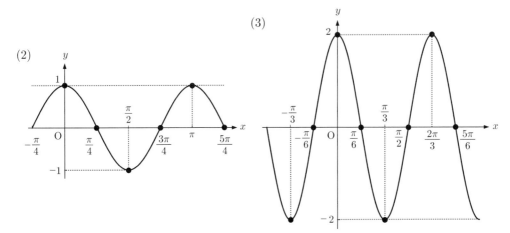

(4)

(5)

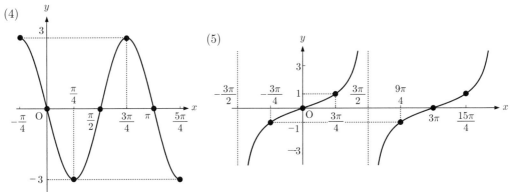

**A-4.11** (p.110)　(1) $2\pi$　(2) $\pi$　(3) $4\pi$　(4) $6\pi$　(5) $\dfrac{\pi}{2}$　(6) $3\pi$.

**A-4.12** (p.110)　等しくない.

**A-4.13** (p.110)　$\sin 105° = \sin(\dfrac{\pi}{3}+45°) = \sin\dfrac{\pi}{3}\cos\dfrac{\pi}{4} + \cos\dfrac{\pi}{3}\sin\dfrac{\pi}{4} = \dfrac{\sqrt{3}}{2}\times\dfrac{\sqrt{2}}{2} + \dfrac{1}{2}\times\dfrac{\sqrt{2}}{2} = \dfrac{\sqrt{6}+\sqrt{2}}{4}$.

**A-4.14** (p.110)　$\cos^2\alpha = 1 - \sin^2\alpha = 1 - \left(\dfrac{1}{3}\right)^2 = \dfrac{8}{9}$ より, $\cos\alpha = \pm\dfrac{2\sqrt{2}}{3}$ である. ここで, $-\dfrac{\pi}{2} \le \alpha \le \dfrac{\pi}{2}$ であるから $\cos\alpha \ge 0$ である. したがって, $\cos\alpha = \dfrac{2\sqrt{2}}{3}$ である. また, $\sin^2\beta = 1 - \cos^2\beta = 1 - \left(\dfrac{1}{4}\right)^2 = \dfrac{15}{16}$ より, $\sin\beta = \pm\dfrac{\sqrt{15}}{4}$ である. ここで, $0 \le \beta \le \pi$ であるから $\sin\beta \ge 0$ である. したがって, $\sin\beta = \dfrac{\sqrt{15}}{4}$ である. 以上より,

$$\sin(\alpha + \beta) = \sin\alpha\cos\beta + \cos\alpha\sin\beta = \dfrac{1}{3}\times\dfrac{1}{4} - \dfrac{2\sqrt{2}}{3}\times\dfrac{\sqrt{15}}{4} = \dfrac{1 - 2\sqrt{30}}{12}$$

**A-4.15** (p.110)　(1) $\cos 2\alpha = 1 - 2\sin^2\alpha = 1 - 2\times\left(\dfrac{1}{5}\right)^2 = \dfrac{23}{25}$ である.

(2) $\cos^2\alpha = 1 - \sin^2\alpha = 1 - \left(\dfrac{1}{5}\right)^2 = \dfrac{24}{25}$ より, $\cos\alpha = \pm\dfrac{2\sqrt{6}}{5}$ である. ここで, $-\dfrac{\pi}{2} \le \alpha \le \dfrac{\pi}{2}$ であるから $\cos\alpha \ge 0$ である. したがって, $\cos\alpha = \dfrac{2\sqrt{6}}{5}$ である. 以上より, $\sin 2\alpha = 2\sin\alpha\cos\alpha = 2 \times \dfrac{1}{5} \times \dfrac{2\sqrt{6}}{5} = \dfrac{4\sqrt{6}}{25}$

**A-4.16** (p.110)　(1) 半角の公式より, $\cos^2\dfrac{\theta}{2} = \dfrac{1+\frac{1}{3}}{2} = \dfrac{3+1}{6} = \dfrac{2}{3}$ であるから $\cos\dfrac{\theta}{2} = \pm\dfrac{\sqrt{6}}{3}$ である. ここで $-\pi \le \theta \le \pi$ であるから, $-\dfrac{\pi}{2} \le \dfrac{\theta}{2} \le \dfrac{\pi}{2}$ より, $\cos\dfrac{\theta}{2} \ge 0$ である. したがって, $\cos\dfrac{\theta}{2} = \dfrac{\sqrt{6}}{3}$ である.

(2) 半角の公式より, $\sin^2\dfrac{\theta}{2} = \dfrac{1-\frac{1}{3}}{2} = \dfrac{3-1}{6} = \dfrac{1}{3}$ であるから $\sin\dfrac{\theta}{2} = \pm\dfrac{\sqrt{3}}{3}$ である. ここで $0 \le \theta \le 2\pi$ であるから, $0 \le \dfrac{\theta}{2} \le \pi$ より, $\sin\dfrac{\theta}{2} \ge 0$ である. したがって, $\sin\dfrac{\theta}{2} = \dfrac{\sqrt{3}}{3}$ である.

**A-4.17** (p.110)　(1) $f(x) = \sqrt{3}\cos x - \sin x = -\sin x + \sqrt{3}\cos x = \sqrt{(-1)^2+(\sqrt{3})^2}\sin(x+\alpha) = 2\sin(x+\alpha)$ が成立する. つまり, $r = 2$ である. ここで, $\alpha$ は $\cos\alpha = -\dfrac{1}{2}$, $\sin\alpha = \dfrac{\sqrt{3}}{2}$ をみたす角であるから, $-\pi < \alpha \le \pi$ の範囲にあるものは $\alpha = \dfrac{2\pi}{3}$ である.

(2) $0 \le x \le \pi$ より, $\dfrac{2\pi}{3} \le x + \dfrac{2\pi}{3} \le \dfrac{5\pi}{3}$ であるから, $f(x) = 2\sin\left(x+\dfrac{2\pi}{3}\right)$ の最大値は $\sqrt{3}$ ($\sin\left(x+\dfrac{2\pi}{3}\right)$ がこの範囲における最大である $\dfrac{\sqrt{3}}{2}$ となるとき, すなわち, $x + \dfrac{2\pi}{3} = \dfrac{2\pi}{3}$ となるとき), 最小値は $-2$ ($\sin\left(x+\dfrac{2\pi}{3}\right)$ が最小である $-1$ となるとき, すなわち, $x + \dfrac{2\pi}{3} = \dfrac{3\pi}{2}$ となるとき) である. 以上まとめると, $x = 0$ のとき最大値 $\sqrt{3}$ をとり, $x = \dfrac{5\pi}{6}$ のとき最小値 $-2$ をとる.

**A-4.18** (p.111)　(1) $f(x) = \cos\left(\dfrac{x}{2}+\dfrac{2\pi}{3}\right)\sin\left(\dfrac{x}{2}+\dfrac{\pi}{6}\right) = \dfrac{1}{2}\left\{\sin\left(\dfrac{x}{2}+\dfrac{2\pi}{3}+\dfrac{x}{2}+\dfrac{\pi}{6}\right) - \sin\left(\dfrac{x}{2}+\dfrac{2\pi}{3}-\dfrac{x}{2}-\dfrac{\pi}{6}\right)\right\} = \dfrac{1}{2}\left(\sin\left(x+\dfrac{5\pi}{6}\right) - \sin\dfrac{\pi}{2}\right) = \dfrac{1}{2}\sin\left(x+\dfrac{5\pi}{6}\right) - \dfrac{1}{2}$ が成立する. よって, $a = -\dfrac{1}{2}$, $r = \dfrac{1}{2}$ である. $\alpha$ は $-\pi < \alpha \le \pi$ の範囲にある角であるから, $\alpha = \dfrac{5\pi}{6}$ である.

(2) $0 \le x \le \pi$ より, $\dfrac{5\pi}{6} \le x + \dfrac{5\pi}{6} \le \dfrac{11\pi}{6}$ であるから, $f(x) = \dfrac{1}{2}\sin\left(x+\dfrac{5\pi}{6}\right) - \dfrac{1}{2}$ の最大値は $-\dfrac{1}{4}$ ($\sin\left(x+\dfrac{5\pi}{6}\right)$ がこの範囲における最大である $\dfrac{1}{2}$ となるとき, すなわち, $x + \dfrac{5\pi}{6} = \dfrac{5\pi}{6}$ となるとき), 最小値は $-\dfrac{3}{2}$ ($\sin\left(2x+\dfrac{\pi}{6}\right)$ が最小である $-1$ となるとき, すなわち, $x + \dfrac{5\pi}{6} = \dfrac{3\pi}{2}$ となるとき) である. 以上まとめると, $x = 0$ のとき最大値 $-\dfrac{1}{4}$ をとり, $x = \dfrac{2\pi}{3}$ のとき最小値 $-\dfrac{3}{2}$ をとる.

**A-4.19** (p.111)　(1) $f(x) = \sin\left(\dfrac{x}{3}+\dfrac{\pi}{4}\right) + \cos\left(\dfrac{x}{3}+\dfrac{\pi}{12}\right) = \sin\left(\dfrac{x}{3}+\dfrac{\pi}{4}\right) + \sin\left(\dfrac{x}{3}+\dfrac{\pi}{12}+\dfrac{\pi}{2}\right)$

$$= 2\sin\frac{\frac{x}{3}+\frac{\pi}{4}+\frac{x}{3}+\frac{\pi}{12}+\frac{\pi}{2}}{2}\cos\frac{\frac{x}{3}+\frac{\pi}{4}-\frac{x}{3}-\frac{\pi}{12}-\frac{\pi}{2}}{2} = 2\sin\left(\frac{x}{3}+\frac{5}{12}\pi\right)\cos\left(-\frac{\pi}{6}\right)$$

$$= \sqrt{3}\sin\left(\frac{x}{3}+\frac{5\pi}{12}\right)$$ が成立する. よって, $r=\sqrt{3}$ である. $\alpha$ は $-\pi < \alpha \le \pi$ の範囲にある角である

から, $\alpha = \dfrac{5\pi}{12}$ である.

(2) $0 \le x \le \pi$ より, $\dfrac{5\pi}{12} \le \dfrac{x}{3}+\dfrac{5\pi}{12} \le \dfrac{3\pi}{4}$ であるから, $f(x) = \sqrt{3}\sin\left(\dfrac{x}{3}+\dfrac{5\pi}{12}\right)$ の最大値は

$\sqrt{3}$ ($\dfrac{x}{3}+\dfrac{5\pi}{12}=\dfrac{\pi}{2}$ となるとき), 最小値は $\dfrac{1}{\sqrt{2}}$ ($\dfrac{x}{3}+\dfrac{5\pi}{12}=\dfrac{3\pi}{4}$ となるとき) である. 以上まとめ

ると, $x=\dfrac{\pi}{4}$ のとき最大値 $\sqrt{3}$ をとり, $x=\pi$ のとき最小値 $\dfrac{1}{\sqrt{2}}$ をとる.

*A-4.20* (p.111) $\sin x + \sin 3x = 2\sin\dfrac{x+3x}{2}\cos\dfrac{x-3x}{2} = 2\sin 2x\cos(-x) = 2\sin 2x\cos x$ が $0$ と

なればよい. したがって, (i) $\sin 2x = 0$ または (ii) $\cos x = 0$.

(i) $0 \le 2x \le 4\pi$ の範囲で $\sin 2x = 0$ となるのは, $2x = 0, \pi, 2\pi, 3\pi, 4\pi$, すなわち, $x = 0, \dfrac{1}{2}\pi, \pi, \dfrac{3}{2}\pi, 2\pi$

のとき.

(ii) $0 \le x \le 2\pi$ の範囲で $\cos x = 0$ となるのは, $x = \dfrac{\pi}{2}, \dfrac{3\pi}{2}$ のとき.

以上より, $x = 0, \dfrac{1}{2}\pi, \pi, \dfrac{3}{2}\pi, 2\pi$.

*B-4.1* (p.112) 【以下では $n$ は任意整数を表す】 (1) $\theta = -\dfrac{\pi}{3}+2n\pi, -\dfrac{2}{3}\pi+2n\pi$ (2) $-\dfrac{4}{3}\pi+2n\pi <$

$\theta < \dfrac{\pi}{3}+2n\pi$ (3) $\theta = \pm\dfrac{2}{3}\pi+2n\pi$ (4) $\dfrac{5}{6}\pi+2n\pi \le \theta \le \dfrac{7}{6}\pi+2n\pi$ (5) $\theta = \pm\dfrac{\pi}{4}+2n\pi$

(6) $\dfrac{\pi}{4}+2n\pi \le \theta \le \dfrac{3}{4}\pi+2n\pi$ (7) $-\dfrac{3}{4}\pi+2n\pi \le \theta < -\dfrac{\pi}{2}+2n\pi$, $\dfrac{\pi}{4}+2n\pi \le \theta < \dfrac{\pi}{2}+2n\pi$.

*B-4.2* (p.112) $\cos(\pi - x) = \cos(-x + \pi) = -\cos(-x) = -\cos x$. $\sin(\pi - x) = \sin(-x + \pi) =$

$-\sin(-x) = \sin x$. $\tan(\pi - x) = \tan(-x + \pi) = \tan(-x) = -\tan x$.

*B-4.3* (p.112) (1) $\sin x = \pm\dfrac{\sqrt{7}}{4}, \tan x = \pm\dfrac{\sqrt{7}}{3}$ (複号同順) (2) $\cos x = \pm\dfrac{2\sqrt{2}}{3}, \tan x = \pm\dfrac{1}{2\sqrt{2}}$

(複号同順) (3) $\sin x = \pm\dfrac{3}{5}, \tan x = \pm\dfrac{3}{4}$ (複号同順) (4) $\cos x = \pm\dfrac{\sqrt{5}}{3}, \tan x = \mp\dfrac{2}{\sqrt{5}}$ (複号

同順) (5) $\cos x = \pm\dfrac{2}{\sqrt{5}}, \sin x = \mp\dfrac{1}{\sqrt{5}}$ (複号同順) (6) $\cos x = -\dfrac{1}{\sqrt{10}}, \sin x = \dfrac{3}{\sqrt{10}}$.

*B-4.4* (p.112) (1) $(\cos x, \sin x) = (1, 0), \left(-\dfrac{3}{5}, -\dfrac{4}{5}\right)$ (2) $(\cos x, \sin x) = (0, -1), \left(\dfrac{1}{\sqrt{2}}, \dfrac{1}{\sqrt{2}}\right)$

(3) $(\cos x, \sin x) = \left(\dfrac{2\sqrt{2}\pm\sqrt{3}}{5}, \dfrac{-\sqrt{2}\pm 2\sqrt{3}}{5}\right)$ (複号同順)

(4) $(\cos x, \sin x) = \left(\dfrac{-1\pm\sqrt{7}}{4}, \dfrac{1\pm\sqrt{7}}{4}\right)$ (複号同順).

*B-4.5* (p.112) $\sin x \cos x = -\dfrac{3}{8}, \sin^4 x + \cos^4 x = \dfrac{23}{32}$.

*B-4.6* (p.112)

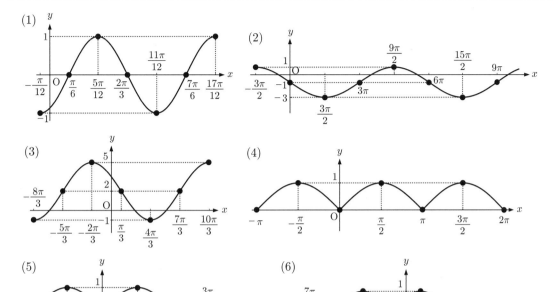

$B$-**4.7** (p.112)　$\cos^2\alpha = 1-\sin^2\alpha = 1-a^2$ より, $\cos\alpha = \pm\sqrt{1-a^2}$ であり, $\sin^2\beta = 1-\cos^2\beta = 1-b^2$ より, $\sin\beta = \pm\sqrt{1-b^2}$ である.

(1)　$-\dfrac{\pi}{2} \leq \alpha \leq \dfrac{\pi}{2}$ であるから $\cos\alpha \geq 0$ である. したがって, $\cos\alpha = \sqrt{1-a^2}$ である. また, $0 \leq \beta \leq \pi$ であるから $\sin\beta \geq 0$ である. したがって, $\sin\beta = \sqrt{1-b^2}$ である. 以上より,

$$\sin(\alpha+\beta) = \sin\alpha\cos\beta + \cos\alpha\sin\beta = ab + \sqrt{1-a^2}\sqrt{1-b^2}$$

(2)　$\dfrac{\pi}{2} \leq \alpha \leq \dfrac{3\pi}{2}$ であるから $\cos\alpha \leq 0$ である. したがって, $\cos\alpha = -\sqrt{1-a^2}$ である. また, $0 \leq \beta \leq \pi$ であるから $\sin\beta \geq 0$ である. したがって, $\sin\beta = \sqrt{1-b^2}$ である. 以上より,

$$\sin(\alpha+\beta) = \sin\alpha\cos\beta + \cos\alpha\sin\beta = ab - \sqrt{1-a^2}\sqrt{1-b^2}$$

(3)　$\dfrac{\pi}{2} \leq \alpha \leq \dfrac{3\pi}{2}$ であるから $\cos\alpha \leq 0$ である. したがって, $\cos\alpha = -\sqrt{1-a^2}$ である. また, $\pi \leq \beta \leq 2\pi$ であるから $\sin\beta \leq 0$ である. したがって, $\sin\beta = -\sqrt{1-b^2}$ である. 以上より,

$$\sin(\alpha+\beta) = \sin\alpha\cos\beta + \cos\alpha\sin\beta = ab + \sqrt{1-a^2}\sqrt{1-b^2}$$

(4)　$-\dfrac{\pi}{2} \leq \alpha \leq \dfrac{\pi}{2}$ であるから $\cos\alpha \geq 0$ である. したがって, $\cos\alpha = \sqrt{1-a^2}$ である. また, $\pi \leq \beta \leq 2\pi$ であるから $\sin\beta \leq 0$ である. したがって, $\sin\beta = -\sqrt{1-b^2}$ である. 以上より,

$$\sin(\alpha+\beta) = \sin\alpha\cos\beta + \cos\alpha\sin\beta = ab - \sqrt{1-a^2}\sqrt{1-b^2}$$

$B$-**4.8** (p.112)　(1)　$\cos 2\alpha = 1 - 2\sin^2\alpha = 1 - 2a^2$ である.

(2)　$\cos^2\alpha = 1-\sin^2\alpha = 1-a^2$ より, $\cos\alpha = \pm\sqrt{1-a^2}$ である. ここで, $-\dfrac{\pi}{2} \leq \alpha \leq \dfrac{\pi}{2}$ であるから

$\cos\alpha \geq 0$ である．したがって，$\cos\alpha = \sqrt{1-a^2}$ である．以上より，$\sin 2\alpha = 2\sin\alpha\cos\alpha = 2a\sqrt{1-a^2}$

(3) $\cos\alpha = \pm\sqrt{1-a^2}$ である．ここで，$\dfrac{\pi}{2} \leq \alpha \leq \dfrac{3\pi}{2}$ であるから $\cos\alpha \leq 0$ である．したがって，$\cos\alpha = -\sqrt{1-a^2}$ である．以上より，$\sin 2\alpha = 2\sin\alpha\cos\alpha = -2a\sqrt{1-a^2}$

*B-4.9* (p.113)　(1) 半角の公式より，$\cos^2\dfrac{\theta}{2} = \dfrac{1+a}{2}$ であるから $\cos\dfrac{\theta}{2} = \pm\sqrt{\dfrac{1+a}{2}}$ である．ここで $-\pi \leq \theta \leq \pi$ であるから，$-\dfrac{\pi}{2} \leq \dfrac{\theta}{2} \leq \dfrac{\pi}{2}$ より，$\cos\dfrac{\theta}{2} \geq 0$ である．したがって，$\cos\dfrac{\theta}{2} = \sqrt{\dfrac{1+a}{2}}$ である．

(2) 半角の公式より，$\sin^2\dfrac{\theta}{2} = \dfrac{1-a}{2}$ であるから $\sin\dfrac{\theta}{2} = \pm\sqrt{\dfrac{1-a}{2}}$ である．ここで $0 \leq \theta \leq 2\pi$ であるから，$0 \leq \dfrac{\theta}{2} \leq \pi$ より，$\sin\dfrac{\theta}{2} \geq 0$ である．したがって，$\sin\dfrac{\theta}{2} = \sqrt{\dfrac{1-a}{2}}$ である．

(3) $\cos\dfrac{\theta}{2} = \pm\sqrt{\dfrac{1+a}{2}}$ である．ここで $\pi \leq \theta \leq 3\pi$ であるから，$\dfrac{\pi}{2} \leq \dfrac{\theta}{2} \leq \dfrac{3\pi}{2}$ より，$\cos\dfrac{\theta}{2} \leq 0$ である．したがって，$\cos\dfrac{\theta}{2} = -\sqrt{\dfrac{1+a}{2}}$ である．

(4) $\sin\dfrac{\theta}{2} = \pm\sqrt{\dfrac{1-a}{2}}$ である．ここで $-2\pi \leq \theta \leq 0$ であるから，$-\pi \leq \dfrac{\theta}{2} \leq 0$ より，$\sin\dfrac{\theta}{2} \leq 0$ である．したがって，$\sin\dfrac{\theta}{2} = -\sqrt{\dfrac{1-a}{2}}$ である．

*B-4.10* (p.113)　和を積になおす公式より $\sin(\omega t + \alpha) + \sin(\omega t + \beta) =$
$2\sin\dfrac{\omega t + \alpha + \omega t + \beta}{2}\cos\dfrac{\omega t + \alpha - \omega t - \beta}{2} = 2\sin\left(\omega t + \dfrac{\alpha+\beta}{2}\right)\cos\dfrac{\alpha-\beta}{2}$
$= 2\cos\dfrac{\alpha-\beta}{2}\sin\left(\omega t + \dfrac{\alpha+\beta}{2}\right)$ が成立するので，$r = 2\cos\dfrac{\alpha-\beta}{2},\ \phi = \dfrac{\alpha+\beta}{2}$ ととればよい．

*B-4.11* (p.113)　公式 (I) $\sin\left(\theta + \dfrac{\pi}{2}\right) = \cos\theta$, (II) $\cos\left(\theta + \dfrac{\pi}{2}\right) = -\sin\theta$ を用いる．

$$\begin{aligned}
\cos(\alpha + \beta) &= \sin\left(\alpha + \beta + \frac{\pi}{2}\right) && \theta = \alpha + \beta \text{ の場合に公式 (I) を適用}\\
&= \sin\alpha\cos\left(\beta + \frac{\pi}{2}\right) + \cos\alpha\sin\left(\beta + \frac{\pi}{2}\right) && \text{加法定理より}\\
&= \sin\alpha \times (-\sin\beta) + \cos\alpha\cos\beta && \theta = \beta \text{ の場合に公式 (II) を適用}\\
&= \cos\alpha\cos\beta - \sin\alpha\sin\beta
\end{aligned}$$

*B-4.12* (p.113)

$$\begin{aligned}
\sin 2\alpha &= \sin(\alpha + \alpha)\\
&= \sin\alpha\cos\alpha + \cos\alpha\sin\alpha && \text{加法定理より}\\
&= 2\sin\alpha\cos\alpha
\end{aligned}$$

*B-4.13* (p.113)

$$\sin(\alpha + \beta) = \sin\alpha\cos\beta + \cos\beta\sin\alpha$$

$$\sin(\alpha - \beta) = \sin\alpha\cos\beta - \cos\beta\sin\alpha$$

の辺々を足せば,

$$左辺 = \sin(\alpha + \beta) + \sin(\alpha - \beta), \quad 右辺 = 2\sin\alpha\cos\beta$$

であるから,

$$2\sin\alpha\cos\beta = \sin(\alpha + \beta) + \sin(\alpha - \beta)$$

$$\sin\alpha\cos\beta = \frac{1}{2}\left(\sin(\alpha + \beta) + \sin(\alpha - \beta)\right)$$

**B-4.14** (p.113)　$2\sin\dfrac{A+B}{2}\cos\dfrac{A-B}{2} = \sin\left(\dfrac{A+B}{2} + \dfrac{A-B}{2}\right) + \sin\left(\dfrac{A+B}{2} - \dfrac{A-B}{2}\right)$　【積を和になおす公式より】$= \sin A + \sin B$

**B-4.15** (p.113)　$r\sin(x + \alpha) = r\left(\sin x\cos\alpha + \cos x\sin\alpha\right) = r\left\{(\sin x)\dfrac{a}{r} + (\cos x)\dfrac{b}{r}\right\} = a\cos x + b\sin x.$

---
## 第5章
---

問 **5.1** (p.116)　$x = -6, y = -4$

問 **5.2** (p.117)　(1) $-3\sqrt{5}$　(2) $-2i$　(3) $2i$

問 **5.3** (p.118)　(1) $4 + 4i$　(2) $-1 + i$　(3) $-1 + 7i$　(4) $5 + i$　(5) $13$　(6) $5 - 12i$　(7) $\dfrac{6}{5} - \dfrac{3}{5}i$

(8) $-i$　(9) $\dfrac{3}{5} + \dfrac{4}{5}i$　(10) $\dfrac{5}{13} + \dfrac{i}{13}$.

問 **5.4** (p.119)　(1) $2 - i$　(2) $-2 + 5i$　(3) $2i$　(4) $-3$.

問 **5.5** (p.119)　(1) $1$　(2) $\sqrt{53}$　(3) $5$　(4) $2$　(5) $5$.

問 **5.6** (p.120)　$z = \pm 3 - 4i$

問 **5.7** (p.121)　(1) $D = 17 > 0$ より異なる2つの実数解.　(2) $D = 0$ より重解.　(3) $D = -23 < 0$ より異なる2つの虚数解.

問 **5.8** (p.121)　(1) $\dfrac{-3 \pm \sqrt{31}i}{2}$　(2) $2 \pm 2i$　(3) $\dfrac{-1 \pm \sqrt{11}i}{6}$　(4) $\dfrac{5 \pm \sqrt{11}i}{6}$　(5) $\dfrac{1 \pm \sqrt{14}i}{3}$.

問 **5.9** (p.122)　(1) $\pi$　(2) $\dfrac{\pi}{2}$　(3) $\dfrac{2}{3}\pi$　(4) $\dfrac{11}{6}\pi$.

問 **5.10** (p.124)　(1) $\sqrt{2}\left(\cos\dfrac{\pi}{4} + i\sin\dfrac{\pi}{4}\right)$　(2) $2\left(\cos\dfrac{\pi}{6} + i\sin\dfrac{\pi}{6}\right)$　(3) $2\left(\cos\pi + i\sin\pi\right)$

(4) $2\left(\cos\dfrac{2}{3}\pi + i\sin\dfrac{2}{3}\pi\right)$　(5) $3\left(\cos\dfrac{3}{2}\pi + i\sin\dfrac{3}{2}\pi\right)$　(6) $2\sqrt{2}\left(\cos\dfrac{3}{4}\pi + i\sin\dfrac{3}{4}\pi\right)$

(7) $4\left(\cos\dfrac{5}{6}\pi + i\sin\dfrac{5}{6}\pi\right)$　(8) $2\sqrt{2}\left(\cos\dfrac{5}{3}\pi + i\sin\dfrac{5}{3}\pi\right)$.

問 **5.11** (p.126)　(1) $zw = 2\left(\cos\dfrac{5}{6}\pi + i\sin\dfrac{5}{6}\pi\right)$,　$\dfrac{z}{w} = 2\left(\cos\dfrac{11}{6}\pi + i\sin\dfrac{11}{6}\pi\right)$,

$\dfrac{w}{z} = \dfrac{1}{2}\left(\cos\dfrac{\pi}{6} + i\sin\dfrac{\pi}{6}\right)$

(2) $\ zw = 2\sqrt{2}\left(\cos\dfrac{23}{12}\pi + i\sin\dfrac{23}{12}\pi\right),\quad \dfrac{z}{w} = 2\sqrt{2}\left(\cos\dfrac{17}{12}\pi + i\sin\dfrac{17}{12}\pi\right),$

$\dfrac{w}{z} = \dfrac{1}{\sqrt{2}}\left(\cos\dfrac{7}{12}\pi + i\sin\dfrac{7}{12}\pi\right)$

(3) $\ zw = 2\sqrt{2}\left(\cos\dfrac{5}{12}\pi + i\sin\dfrac{5}{12}\pi\right),\quad \dfrac{z}{w} = \sqrt{2}\left(\cos\dfrac{11}{12}\pi + i\sin\dfrac{11}{12}\pi\right),$

$\dfrac{w}{z} = \dfrac{1}{\sqrt{2}}\left(\cos\dfrac{13}{12}\pi + i\sin\dfrac{13}{12}\pi\right).$

**問 5.12** (p.127) (1) $\dfrac{1+\sqrt{3}i}{2} = \cos\dfrac{\pi}{3} + i\sin\dfrac{\pi}{3}$ より, 点 $\alpha$ は点 $z$ を原点のまわりに $\dfrac{\pi}{3}$ だけ回転した点である.

(2) $\beta = 2\alpha$ より, 点 $\beta$ は点 $z$ を原点を中心に 2 倍だけ拡大し, 原点のまわりに $\dfrac{\pi}{3}$ だけ回転した点である.

**問 5.13** (p.128) (1) $-64$ (2) $\dfrac{-\sqrt{3}-i}{64}$ (3) $-32i$ (4) $\dfrac{1-i}{64}$.

**問 5.14** (p.129) $z = 1, \dfrac{1+i}{\sqrt{2}}, i, \dfrac{-1+i}{\sqrt{2}}, -1, \dfrac{-1-i}{\sqrt{2}}, -i, \dfrac{1-i}{\sqrt{2}}$

**問 5.15** (p.131) (1) $z = \dfrac{\sqrt{3}+i}{2}, i, \dfrac{-\sqrt{3}+i}{2}, \dfrac{-\sqrt{3}-i}{2}, -i, \dfrac{\sqrt{3}-i}{2}$

(2) $z = \sqrt[8]{2}\left(\cos\dfrac{\pi}{16} + i\sin\dfrac{\pi}{16}\right), \sqrt[8]{2}\left(\cos\dfrac{9\pi}{16} + i\sin\dfrac{9\pi}{16}\right), \sqrt[8]{2}\left(\cos\dfrac{17\pi}{16} - i\sin\dfrac{17\pi}{16}\right),$

$\sqrt[8]{2}\left(\cos\dfrac{25\pi}{16} + i\sin\dfrac{25\pi}{16}\right).$

**問 5.16** (p.132) (1) $\sqrt{2}e^{\frac{\pi}{4}i}$ (2) $2e^{\frac{\pi}{6}i}$ (3) $2e^{\pi i}$ (4) $2e^{\frac{2\pi}{3}i}$ (5) $3e^{\frac{3\pi}{2}i}$ (6) $2\sqrt{2}e^{\frac{3\pi}{4}i}$ (7) $4e^{\frac{5\pi}{6}i}$

(8) $2\sqrt{2}e^{\frac{5\pi}{3}i}$.

**問 5.17** (p.133) (1) $2\sqrt{2}e^{\frac{5\pi}{12}i}$ (2) $\sqrt{2}e^{\frac{\pi}{12}i}$ (3) $128\sqrt{2}e^{\frac{\pi}{3}i}$ (4) $\dfrac{1}{\sqrt{2}}e^{\frac{\pi}{12}i}$.

## 演習問題

**A-5.1** (p.134) (1) $9+3i$ (2) $-6+20i$ (3) $26-8i$ (4) $3-4i$ (5) $\dfrac{1-7i}{5}$ (6) $4-22i$

(7) $-i$ (8) $-6$ (9) $1$.

**A-5.2** (p.134) (1) $z = \sqrt{3} - \dfrac{1-i}{1+i}$ とおくと, $z = \sqrt{3} - (-i) = \sqrt{3} + i$ より, $|z| = 2$, $\arg(z) = \dfrac{\pi}{6}$ である. したがって, $z = 2\left(\cos\dfrac{\pi}{6} + i\sin\dfrac{\pi}{6}\right)$.

(2) $z = \dfrac{-3+i}{1-2i}$ とおくと, $z = -1 - i$ より $|z| = \sqrt{2}$, $\arg(z) = \dfrac{5}{4}\pi$ である. したがって, $z = \sqrt{2}\left(\cos\dfrac{5}{4}\pi + i\sin\dfrac{5}{4}\pi\right).$

**A-5.3** (p.134) $\left(\dfrac{1-\sqrt{3}i}{\sqrt{3}+3i}\right)^{10} = \left(\dfrac{1-\sqrt{3}i}{\sqrt{3}(1+\sqrt{3}i)}\right)^{10} = \dfrac{1}{3^5}\left(\dfrac{1-\sqrt{3}i}{1+\sqrt{3}i}\right)^{10} = \dfrac{1}{243}\left(\dfrac{2e^{\frac{5}{3}\pi}}{2e^{\frac{\pi}{3}}}\right)^{10} =$

$$\frac{e^{\frac{40}{3}\pi}}{243} = \frac{e^{\frac{4}{3}\pi}}{243} = \frac{1}{243} \cdot \frac{-1-\sqrt{3}i}{2} = \frac{-1-\sqrt{3}i}{486}.$$

**A-5.4** (p.134)　(1) $z^2 - \sqrt{3}z + 1 = 0$ と変形し解くと, $z = \frac{\sqrt{3}\pm i}{2} = \cos\left(\frac{\pi}{6}\right) + i\sin\left(\frac{\pi}{6}\right), \cos\left(\frac{11}{6}\pi\right) + i\sin\left(\frac{11}{6}\pi\right)$.

(2)　$z = \cos\left(\pm\frac{\pi}{6}\right) + i\sin\left(\pm\frac{\pi}{6}\right)$ と表示しておくと, $z^{12} = \cos(\pm 2\pi) + i\sin(\pm 2\pi) = \cos(2\pi) \pm i\sin(2\pi) = 1$, $z^{15} = \cos\left(\pm\frac{5}{2}\pi\right) + i\sin\left(\pm\frac{5}{2}\pi\right) = \cos\left(\frac{5}{2}\pi\right) \pm i\sin\left(\frac{5}{2}\pi\right) = \cos\left(\frac{\pi}{2}\right) \pm i\sin\left(\frac{\pi}{2}\right) = \pm i$ より, $z^{12} + \frac{1}{z^{15}} = 1 + \frac{1}{\pm i} = 1 \mp i$.

**A-5.5** (p.134)　(1)　$x = \frac{3\pm\sqrt{3}i}{3}$　(2)　$x^2 + (2+i)x + 1 + i = (x+1)(x+1+i) = 0$ より, $x = -1, -1 - i$.

**A-5.6** (p.134)　(1) $\cos\frac{\pi}{2} + i\sin\frac{\pi}{2} = i$ より, $z\cdot\left(\cos\frac{\pi}{2} + i\sin\frac{\pi}{2}\right) = z\cdot i = (\sqrt{3}+i)\cdot i = -1 + \sqrt{3}i$.

(2) $\cos\frac{\pi}{3} + i\sin\frac{\pi}{3} = \frac{1+\sqrt{3}i}{2}$ より, $z\cdot\left(\cos\frac{\pi}{3} + i\sin\frac{\pi}{3}\right) = z\cdot\frac{1+\sqrt{3}i}{2} = (\sqrt{3}+i)\cdot\frac{1+\sqrt{3}i}{2} = 2i$.

(3)　$\cos\frac{\pi}{4} + i\sin\frac{\pi}{4} = \frac{1+i}{\sqrt{2}}$ より, $z\cdot\left(\cos\frac{\pi}{4} + i\sin\frac{\pi}{4}\right) = z\cdot\frac{1+i}{\sqrt{2}} = (\sqrt{3}+i)\cdot\frac{1+i}{\sqrt{2}} = \frac{(\sqrt{3}-1)+(\sqrt{3}+1)i}{\sqrt{2}} = \frac{(\sqrt{6}-\sqrt{2})+(\sqrt{6}+\sqrt{2})i}{2}.$

(4)　$\cos\frac{2}{3}\pi + i\sin\frac{2}{3}\pi = \frac{-1+\sqrt{3}i}{2}$ より, $z\cdot\left(\cos\frac{2}{3}\pi + i\sin\frac{2}{3}\pi\right) = z\cdot\frac{-1+\sqrt{3}i}{2} = (\sqrt{3}+i)\cdot\frac{-1+\sqrt{3}i}{2} = \frac{-2\sqrt{3}+2i}{2} = -\sqrt{3}+i$ .

(5)　$\cos\frac{3}{4}\pi + i\sin\frac{3}{4}\pi = \frac{-1+i}{\sqrt{2}}$ より, $z\cdot\left(\cos\frac{3}{4}\pi + i\sin\frac{3}{4}\pi\right) = z\cdot\frac{-1+i}{\sqrt{2}} = (\sqrt{3}+i)\cdot\frac{-1+i}{\sqrt{2}} = \frac{(-\sqrt{3}-1)+(\sqrt{3}-1)i}{\sqrt{2}} = \frac{(-\sqrt{6}-\sqrt{2})+(\sqrt{6}-\sqrt{2})i}{2}.$

**B-5.1** (p.135)　(1)　$(5-\sqrt{-9})(2-\sqrt{-9}) = (5-3i)(2-3i) = 1 - 21i$

(2)　$\frac{1+i}{1-i} + \frac{1-i}{1+i} = \frac{2i}{2} + \frac{-2i}{2} = 0$

(3)　通分すると, $\frac{2+3i}{4-5i} + \frac{4+5i}{2-3i} = \frac{54}{-7-22i}$ であり, さらに分母の実数化をすると $\frac{54}{-7-22i} = \frac{-378+1188i}{533}$.

(4)　$-2 - 2i$.

**B-5.2** (p.135)　(1)　$z^2 = \frac{a}{\overline{a}} = \frac{a^2}{a\overline{a}} = \frac{a^2}{5} = \left(\pm\frac{a}{\sqrt{5}}\right)^2$ より, $z = \pm\frac{\sqrt{2}+\sqrt{3}i}{\sqrt{5}} = \pm\frac{\sqrt{10}+\sqrt{15}i}{5}$.

(2)　$\frac{a}{\overline{a}} + \frac{\overline{a}}{a} = \frac{a^2 + \overline{a}^2}{\overline{a}a} = \frac{(a+\overline{a})^2 - 2a\overline{a}}{\overline{a}a} = -\frac{2}{5}$.

**B-5.3** (p.135)　分母の実数化をおこなうと, $\frac{1+i}{\sqrt{3}+i} = \frac{(\sqrt{3}+1)+(\sqrt{3}-1)i}{4}$ である. 一方, 極形式

を用いて計算すると, $\dfrac{1+i}{\sqrt{3}+i} = \dfrac{\sqrt{2}\left(\cos\frac{\pi}{4}+i\sin\frac{\pi}{4}\right)}{2\left(\cos\frac{\pi}{6}+i\sin\frac{\pi}{6}\right)} = \dfrac{1}{\sqrt{2}}\left(\cos\dfrac{\pi}{12}+i\sin\dfrac{\pi}{12}\right)$ である. これら

の実部を比較することで $\cos\dfrac{\pi}{12} = \dfrac{\sqrt{6}+\sqrt{2}}{4}$, 虚部を比較することで $\sin\dfrac{\pi}{12} = \dfrac{\sqrt{6}-\sqrt{2}}{4}$ を得る.

**B-5.4** (p.135)  $z = a+bi$ とおくと, $a^2-b^2+2abi+6\sqrt{a^2+b^2}-5 = 0$ であるので, 両辺の虚部を比較すると $ab = 0$, したがって $a = 0$ または $b = 0$ である. $b = 0$ のとき, $a^2+6|a|-5 = |a|^2+6|a|-5 = 0$ より $|a| = -3\pm\sqrt{14}$, $|a| > 0$ より $|a| = -3+\sqrt{14}$ である. よって, $z = a = \pm\left(-3+\sqrt{14}\right)$ を得る. $a = 0$ のとき, $-b^2+6|b|-5 = 0$ つまり $b^2-6|b|+5 = 0$ より $(|b|-1)(|b|-5) = 0$ となる. よって $z = bi = \pm i, \pm 5i$ を得る. 以上より, $z = \mp 3\pm\sqrt{14}$ (複合同順), $\pm i, \pm 5i$.

**B-5.5** (p.135)  $\beta = \alpha\cdot\left(\cos\dfrac{\pi}{2}+i\sin\dfrac{\pi}{2}\right)$, $\gamma = \alpha+\beta$, $\delta-\alpha = \beta\left\{\cos\left(-\dfrac{\pi}{3}\right)+i\sin\left(-\dfrac{\pi}{3}\right)\right\}$ なので, $\beta = (\sqrt{3}+i)\cdot i = -1+\sqrt{3}i$, $\gamma = (\sqrt{3}+i)+(-1+\sqrt{3}i) = (-1+\sqrt{3})+i(1+\sqrt{3})$, $\delta = (1+\sqrt{3})+i(1+\sqrt{3})$.

---

## 第6章

**問 6.1** (p.140)  (1) $6x^2+2x-5$  (2) $-6x+4$  (3) $-8x$  (4) $18x-30$  (5) $2x^3-9x^2+4$  (6) $-3x^2+18x-27$.

**問 6.2** (p.141)  (1) $y = 7x-4$  (2) $y = -3x-2$.

**問 6.3** (p.141)  $y = 6x-12$,  $y = -2x-4$.

**問 6.4** (p.143)  (1) $f'(x) = 3x^2-12 = 3(x+2)(x-2)$

| $x$ | $\cdots$ | $-2$ | $\cdots$ | $2$ | $\cdots$ |
|---|---|---|---|---|---|
| $f'(x)$ | $+$ | $0$ | $-$ | $0$ | $+$ |
| $f(x)$ | $\nearrow$ | $24$ | $\searrow$ | $-8$ | $\nearrow$ |

$x = -2$ で極大となり, 極大値は $24$. $x = 2$ で極小となり, 極小値は $-8$.

(2) $f'(x) = 4x^3-4x = 4x(x+1)(x-1)$

| $x$ | $\cdots$ | $-1$ | $\cdots$ | $0$ | $\cdots$ | $1$ | $\cdots$ |
|---|---|---|---|---|---|---|---|
| $f'(x)$ | $-$ | $0$ | $+$ | $0$ | $-$ | $0$ | $+$ |
| $f(x)$ | $\searrow$ | $1$ | $\nearrow$ | $2$ | $\searrow$ | $1$ | $\nearrow$ |

したがって $x = 0$ で極大となり, 極大値は $2$. また $x = -1, 1$ で極小となり, 極小値はどちらも $1$.

**問 6.5** (p.144)  (1) $f'(x) = x^2-2x = x(x-2)$

| $x$ | $1$ | $\cdots$ | $2$ | $\cdots$ | $3$ |
|---|---|---|---|---|---|
| $f'(x)$ | | $-$ | $0$ | $+$ | |
| $f(x)$ | $\dfrac{1}{3}$ | $\searrow$ | $-\dfrac{1}{3}$ | $\nearrow$ | $1$ |

$x = 3$ で最大値 $1$, $x = 2$ で最小値 $-\dfrac{1}{3}$.

(2)　$f'(x) = 3(x-3)(x-1)$

| $x$ | 0 | $\cdots$ | 1 | $\cdots$ | 2 |
|---|---|---|---|---|---|
| $f'(x)$ | | $+$ | 0 | $-$ | |
| $f(x)$ | 0 | $\nearrow$ | 4 | $\searrow$ | 2 |

$x = 1$ で最大値 4, $x = 0$ で最小値 0.

**問 6.6** (p.145)　$f(x) = x^3 - 6x^2 + 9x - 1$ とおくと, $f'(x) = 3x^2 - 12x + 9 = 3(x-1)(x-3)$.

| $x$ | $\cdots$ | 1 | $\cdots$ | 3 | $\cdots$ |
|---|---|---|---|---|---|
| $f'(x)$ | $+$ | 0 | $-$ | 0 | $+$ |
| $f(x)$ | $\nearrow$ | 3 | $\searrow$ | $-1$ | $\nearrow$ |

(グラフ略)

グラフより $-1 < a < 3$

## 演習問題

**A-6.1** (p.146)　(1) $12x^3 - 6x^2 + 5$　(2) $-20x^3$　(3) $3x^2 - 12$　(4) $18x - 12$　(5) $4x - 5$　(6) $-9x^2 + 2x - 3$.

**A-6.2** (p.146)　(1) $f'(x) = -2x + 4$ より, 傾きは $f'(1) = 2$. よって $y = 2x + 1$　(2) $f'(x) = 3x^2 - 3$ より, 傾きは $f'(-2) = 9$. よって $y = 9x + 16$.

**A-6.3** (p.146)　(1) $f'(x) = 6x(x-1)$

| $x$ | $\cdots$ | 0 | $\cdots$ | 1 | $\cdots$ |
|---|---|---|---|---|---|
| $f'(x)$ | $+$ | 0 | $-$ | 0 | $+$ |
| $f(x)$ | $\nearrow$ | $-3$ | $\searrow$ | $-4$ | $\nearrow$ |

$x = -3$ で極大となり, 極大値は $-3$. $x = 1$ で極小となり, 極小値は $-4$.

(2)　$f'(x) = x(x+2)(x-1)$

| $x$ | $\cdots$ | $-2$ | $\cdots$ | 0 | $\cdots$ | 1 | $\cdots$ |
|---|---|---|---|---|---|---|---|
| $f'(x)$ | $-$ | 0 | $+$ | 0 | $-$ | 0 | $+$ |
| $f(x)$ | $\searrow$ | $-\dfrac{5}{3}$ | $\nearrow$ | 1 | $\searrow$ | $\dfrac{7}{12}$ | $\nearrow$ |

したがって, $x = 0$ で極大となり, 極大値は 1. $x = -2, 1$ で極小となり, 極小値は $x = -2$ のとき $-\dfrac{5}{3}$, $x = 1$ のとき $\dfrac{7}{12}$.

**A-6.4** (p.146)　(1) $f'(x) = 6(x+3)(x-1)$

| $x$ | $-2$ | $\cdots$ | 1 | $\cdots$ | 2 |
|---|---|---|---|---|---|
| $f'(x)$ | | $-$ | 0 | $+$ | |
| $f(x)$ | 30 | $\searrow$ | $-24$ | $\nearrow$ | $-10$ |

$x = -2$ で最大値 30, $x = 1$ で最小値 $-24$.

(2) $f'(x) = -3(x+1)(x-5)$

| $x$ | $-2$ | $\cdots$ | $-1$ | $\cdots$ | $5$ | $\cdots$ | $6$ |
|---|---|---|---|---|---|---|---|
| $f'(x)$ | | $-$ | $0$ | $+$ | $0$ | $-$ | |
| $f(x)$ | $2$ | $\searrow$ | $-8$ | $\nearrow$ | $100$ | $\searrow$ | $90$ |

$x = 5$ で最大値 100, $x = -1$ で最小値 $-8$.

**A-6.5** (p.146)  $f(x) = x^3 - 3x^2$ とおき, $y = f(x)$ と直線 $y = a$ との共有点の個数を調べればよい. $f'(x) = 3x^2 - 6x = 3x(x-2)$ より, $x = 0, 2$ のとき $f'(x) = 0$ であり, 増減表は次の通り.

| $x$ | $\cdots$ | $0$ | $\cdots$ | $2$ | $\cdots$ |
|---|---|---|---|---|---|
| $f'(x)$ | $+$ | $0$ | $-$ | $0$ | $+$ |
| $f(x)$ | $\nearrow$ | $0$ | $\searrow$ | $-4$ | $\nearrow$ |

(グラフ略) $a < -4, 0 < a$ のとき 1 個, $a = -4, 0$ のとき 2 個, $-4 < a < 0$ のとき 3 個.

**B-6.1** (p.147)  (1) $2\pi r$  (2) $4\pi r^2$  (3) $\dfrac{\sqrt{3}}{2}k$  (4) $v - at$.

**B-6.2** (p.147)  $\dfrac{a^2\{f(x) - f(a)\}}{x - a} + \dfrac{f(a)(a^2 - x^2)}{x - a} = \dfrac{a^2\{f(x) - f(a)\}}{x - a} - f(a)(x + a)$ より, $x \to a$ のとき $a^2 f'(a) - 2af(a)$.

**B-6.3** (p.147)  (1) 接点を $(t, f(t))$ とすると, 接線の傾きは $3t^2 - 1$. これが 2 だから $t = \pm 1$. 接点は $(-1, 0)$, $(1, 0)$ なので, $y = 2x + 2$, $y = 2x - 2$.

(2) 接点を $(t, t^3 - t)$ としたときの接線の方程式 $y = (3t^2 - 1)x - 2t^3$ が $(1, -1)$ を通ることから, $t^2(2t - 3) = 0$. したがって $t = 0, \dfrac{3}{2}$ より, $y = -x$, $y = \dfrac{23}{4}x - \dfrac{27}{4}$.

**B-6.4** (p.147)  (1) $f'(x) = 4(x+1)^2(x-2)$

| $x$ | $\cdots$ | $-1$ | $\cdots$ | $2$ | $\cdots$ |
|---|---|---|---|---|---|
| $f'(x)$ | $-$ | $0$ | $-$ | $0$ | $+$ |
| $f(x)$ | $\searrow$ | $9$ | $\searrow$ | $-18$ | $\nearrow$ |

$x = 2$ で極小値 $-18$ をとる (極大値は存在しない).

(2)

| $x$ | $-2$ | $\cdots$ | $-1$ | $\cdots$ | $2$ | $\cdots$ | $3$ |
|---|---|---|---|---|---|---|---|
| $f'(x)$ | | $-$ | $0$ | $-$ | $0$ | $+$ | |
| $f(x)$ | $14$ | $\searrow$ | $9$ | $\searrow$ | $-18$ | $\nearrow$ | $9$ |

$x = -2$ で最大値 14, $x = 2$ で最小値 $-18$.

**B-6.5** (p.147)  $f(1) = -2$ と $f'(1) = 0$ から $a = 3$, $b = -9$. またこのとき $f'(x) = 3(x+1)(x-1)$ で,

増減表は

| $x$ | $\cdots$ | $-3$ | $\cdots$ | $1$ | $\cdots$ |
|---|---|---|---|---|---|
| $f'(x)$ | $+$ | $0$ | $-$ | $0$ | $+$ |
| $f(x)$ | $\nearrow$ | 極大 | $\searrow$ | 極小 | $\nearrow$ |

となるので，確かに $x = 1$ で極小になる．

## 常用対数表 (1)

| 数 | 0 | 1 | 2 | 3 | 4 | 5 | 6 | 7 | 8 | 9 |
|---|---|---|---|---|---|---|---|---|---|---|
| 1.0 | .0000 | .0043 | .0086 | .0128 | .0170 | .0212 | .0253 | .0294 | .0334 | .0374 |
| 1.1 | .0414 | .0453 | .0492 | .0531 | .0569 | .0607 | .0645 | .0682 | .0719 | .0755 |
| 1.2 | .0792 | .0828 | .0864 | .0899 | .0934 | .0969 | .1004 | .1038 | .1072 | .1106 |
| 1.3 | .1139 | .1173 | .1206 | .1239 | .1271 | .1303 | .1335 | .1367 | .1399 | .1430 |
| 1.4 | .1461 | .1492 | .1523 | .1553 | .1584 | .1614 | .1644 | .1673 | .1703 | .1732 |
| 1.5 | .1761 | .1790 | .1818 | .1847 | .1875 | .1903 | .1931 | .1959 | .1987 | .2014 |
| 1.6 | .2041 | .2068 | .2095 | .2122 | .2148 | .2175 | .2201 | .2227 | .2253 | .2279 |
| 1.7 | .2304 | .2330 | .2355 | .2380 | .2405 | .2430 | .2455 | .2480 | .2504 | .2529 |
| 1.8 | .2553 | .2577 | .2601 | .2625 | .2648 | .2672 | .2695 | .2718 | .2742 | .2765 |
| 1.9 | .2788 | .2810 | .2833 | .2856 | .2878 | .2900 | .2923 | .2945 | .2967 | .2989 |
| 2.0 | .3010 | .3032 | .3054 | .3075 | .3096 | .3118 | .3139 | .3160 | .3181 | .3201 |
| 2.1 | .3222 | .3243 | .3263 | .3284 | .3304 | .3324 | .3345 | .3365 | .3385 | .3404 |
| 2.2 | .3424 | .3444 | .3464 | .3483 | .3502 | .3522 | .3541 | .3560 | .3579 | .3598 |
| 2.3 | .3617 | .3636 | .3655 | .3674 | .3692 | .3711 | .3729 | .3747 | .3766 | .3784 |
| 2.4 | .3802 | .3820 | .3838 | .3856 | .3874 | .3892 | .3909 | .3927 | .3945 | .3962 |
| 2.5 | .3979 | .3997 | .4014 | .4031 | .4048 | .4065 | .4082 | .4099 | .4116 | .4133 |
| 2.6 | .4150 | .4166 | .4183 | .4200 | .4216 | .4232 | .4249 | .4265 | .4281 | .4298 |
| 2.7 | .4314 | .4330 | .4346 | .4362 | .4378 | .4393 | .4409 | .4425 | .4440 | .4456 |
| 2.8 | .4472 | .4487 | .4502 | .4518 | .4533 | .4548 | .4564 | .4579 | .4594 | .4609 |
| 2.9 | .4624 | .4639 | .4654 | .4669 | .4683 | .4698 | .4713 | .4728 | .4742 | .4757 |
| 3.0 | .4771 | .4786 | .4800 | .4814 | .4829 | .4843 | .4857 | .4871 | .4886 | .4900 |
| 3.1 | .4914 | .4928 | .4942 | .4955 | .4969 | .4983 | .4997 | .5011 | .5024 | .5038 |
| 3.2 | .5051 | .5065 | .5079 | .5092 | .5105 | .5119 | .5132 | .5145 | .5159 | .5172 |
| 3.3 | .5185 | .5198 | .5211 | .5224 | .5237 | .5250 | .5263 | .5276 | .5289 | .5302 |
| 3.4 | .5315 | .5328 | .5340 | .5353 | .5366 | .5378 | .5391 | .5403 | .5416 | .5428 |
| 3.5 | .5441 | .5453 | .5465 | .5478 | .5490 | .5502 | .5514 | .5527 | .5539 | .5551 |
| 3.6 | .5563 | .5575 | .5587 | .5599 | .5611 | .5623 | .5635 | .5647 | .5658 | .5670 |
| 3.7 | .5682 | .5694 | .5705 | .5717 | .5729 | .5740 | .5752 | .5763 | .5775 | .5786 |
| 3.8 | .5798 | .5809 | .5821 | .5832 | .5843 | .5855 | .5866 | .5877 | .5888 | .5899 |
| 3.9 | .5911 | .5922 | .5933 | .5944 | .5955 | .5966 | .5977 | .5988 | .5999 | .6010 |
| 4.0 | .6021 | .6031 | .6042 | .6053 | .6064 | .6075 | .6085 | .6096 | .6107 | .6117 |
| 4.1 | .6128 | .6138 | .6149 | .6160 | .6170 | .6180 | .6191 | .6201 | .6212 | .6222 |
| 4.2 | .6232 | .6243 | .6253 | .6263 | .6274 | .6284 | .6294 | .6304 | .6314 | .6325 |
| 4.3 | .6335 | .6345 | .6355 | .6365 | .6375 | .6385 | .6395 | .6405 | .6415 | .6425 |
| 4.4 | .6435 | .6444 | .6454 | .6464 | .6474 | .6484 | .6493 | .6503 | .6513 | .6522 |
| 4.5 | .6532 | .6542 | .6551 | .6561 | .6571 | .6580 | .6590 | .6599 | .6609 | .6618 |
| 4.6 | .6628 | .6637 | .6646 | .6656 | .6665 | .6675 | .6684 | .6693 | .6702 | .6712 |
| 4.7 | .6721 | .6730 | .6739 | .6749 | .6758 | .6767 | .6776 | .6785 | .6794 | .6803 |
| 4.8 | .6812 | .6821 | .6830 | .6839 | .6848 | .6857 | .6866 | .6875 | .6884 | .6893 |
| 4.9 | .6902 | .6911 | .6920 | .6928 | .6937 | .6946 | .6955 | .6964 | .6972 | .6981 |
| 5.0 | .6990 | .6998 | .7007 | .7016 | .7024 | .7033 | .7042 | .7050 | .7059 | .7067 |
| 5.1 | .7076 | .7084 | .7093 | .7101 | .7110 | .7118 | .7126 | .7135 | .7143 | .7152 |
| 5.2 | .7160 | .7168 | .7177 | .7185 | .7193 | .7202 | .7210 | .7218 | .7226 | .7235 |
| 5.3 | .7243 | .7251 | .7259 | .7267 | .7275 | .7284 | .7292 | .7300 | .7308 | .7316 |
| 5.4 | .7324 | .7332 | .7340 | .7348 | .7356 | .7364 | .7372 | .7380 | .7388 | .7396 |

常用対数表 (2)

| 数 | 0 | 1 | 2 | 3 | 4 | 5 | 6 | 7 | 8 | 9 |
|---|---|---|---|---|---|---|---|---|---|---|
| 5.5 | .7404 | .7412 | .7419 | .7427 | .7435 | .7443 | .7451 | .7459 | .7466 | .7474 |
| 5.6 | .7482 | .7490 | .7497 | .7505 | .7513 | .7520 | .7528 | .7536 | .7543 | .7551 |
| 5.7 | .7559 | .7566 | .7574 | .7582 | .7589 | .7597 | .7604 | .7612 | .7619 | .7627 |
| 5.8 | .7634 | .7642 | .7649 | .7657 | .7664 | .7672 | .7679 | .7686 | .7694 | .7701 |
| 5.9 | .7709 | .7716 | .7723 | .7731 | .7738 | .7745 | .7752 | .7760 | .7767 | .7774 |
| 6.0 | .7782 | .7789 | .7796 | .7803 | .7810 | .7818 | .7825 | .7832 | .7839 | .7846 |
| 6.1 | .7853 | .7860 | .7868 | .7875 | .7882 | .7889 | .7896 | .7903 | .7910 | .7917 |
| 6.2 | .7924 | .7931 | .7938 | .7945 | .7952 | .7959 | .7966 | .7973 | .7980 | .7987 |
| 6.3 | .7993 | .8000 | .8007 | .8014 | .8021 | .8028 | .8035 | .8041 | .8048 | .8055 |
| 6.4 | .8062 | .8069 | .8075 | .8082 | .8089 | .8096 | .8102 | .8109 | .8116 | .8122 |
| 6.5 | .8129 | .8136 | .8142 | .8149 | .8156 | .8162 | .8169 | .8176 | .8182 | .8189 |
| 6.6 | .8195 | .8202 | .8209 | .8215 | .8222 | .8228 | .8235 | .8241 | .8248 | .8254 |
| 6.7 | .8261 | .8267 | .8274 | .8280 | .8287 | .8293 | .8299 | .8306 | .8312 | .8319 |
| 6.8 | .8325 | .8331 | .8338 | .8344 | .8351 | .8357 | .8363 | .8370 | .8376 | .8382 |
| 6.9 | .8388 | .8395 | .8401 | .8407 | .8414 | .8420 | .8426 | .8432 | .8439 | .8445 |
| 7.0 | .8451 | .8457 | .8463 | .8470 | .8476 | .8482 | .8488 | .8494 | .8500 | .8506 |
| 7.1 | .8513 | .8519 | .8525 | .8531 | .8537 | .8543 | .8549 | .8555 | .8561 | .8567 |
| 7.2 | .8573 | .8579 | .8585 | .8591 | .8597 | .8603 | .8609 | .8615 | .8621 | .8627 |
| 7.3 | .8633 | .8639 | .8645 | .8651 | .8657 | .8663 | .8669 | .8675 | .8681 | .8686 |
| 7.4 | .8692 | .8698 | .8704 | .8710 | .8716 | .8722 | .8727 | .8733 | .8739 | .8745 |
| 7.5 | .8751 | .8756 | .8762 | .8768 | .8774 | .8779 | .8785 | .8791 | .8797 | .8802 |
| 7.6 | .8808 | .8814 | .8820 | .8825 | .8831 | .8837 | .8842 | .8848 | .8854 | .8859 |
| 7.7 | .8865 | .8871 | .8876 | .8882 | .8887 | .8893 | .8899 | .8904 | .8910 | .8915 |
| 7.8 | .8921 | .8927 | .8932 | .8938 | .8943 | .8949 | .8954 | .8960 | .8965 | .8971 |
| 7.9 | .8976 | .8982 | .8987 | .8993 | .8998 | .9004 | .9009 | .9015 | .9020 | .9025 |
| 8.0 | .9031 | .9036 | .9042 | .9047 | .9053 | .9058 | .9063 | .9069 | .9074 | .9079 |
| 8.1 | .9085 | .9090 | .9096 | .9101 | .9106 | .9112 | .9117 | .9122 | .9128 | .9133 |
| 8.2 | .9138 | .9143 | .9149 | .9154 | .9159 | .9165 | .9170 | .9175 | .9180 | .9186 |
| 8.3 | .9191 | .9196 | .9201 | .9206 | .9212 | .9217 | .9222 | .9227 | .9232 | .9238 |
| 8.4 | .9243 | .9248 | .9253 | .9258 | .9263 | .9269 | .9274 | .9279 | .9284 | .9289 |
| 8.5 | .9294 | .9299 | .9304 | .9309 | .9315 | .9320 | .9325 | .9330 | .9335 | .9340 |
| 8.6 | .9345 | .9350 | .9355 | .9360 | .9365 | .9370 | .9375 | .9380 | .9385 | .9390 |
| 8.7 | .9395 | .9400 | .9405 | .9410 | .9415 | .9420 | .9425 | .9430 | .9435 | .9440 |
| 8.8 | .9445 | .9450 | .9455 | .9460 | .9465 | .9469 | .9474 | .9479 | .9484 | .9489 |
| 8.9 | .9494 | .9499 | .9504 | .9509 | .9513 | .9518 | .9523 | .9528 | .9533 | .9538 |
| 9.0 | .9542 | .9547 | .9552 | .9557 | .9562 | .9566 | .9571 | .9576 | .9581 | .9586 |
| 9.1 | .9590 | .9595 | .9600 | .9605 | .9609 | .9614 | .9619 | .9624 | .9628 | .9633 |
| 9.2 | .9638 | .9643 | .9647 | .9652 | .9657 | .9661 | .9666 | .9671 | .9675 | .9680 |
| 9.3 | .9685 | .9689 | .9694 | .9699 | .9703 | .9708 | .9713 | .9717 | .9722 | .9727 |
| 9.4 | .9731 | .9736 | .9741 | .9745 | .9750 | .9754 | .9759 | .9763 | .9768 | .9773 |
| 9.5 | .9777 | .9782 | .9786 | .9791 | .9795 | .9800 | .9805 | .9809 | .9814 | .9818 |
| 9.6 | .9823 | .9827 | .9832 | .9836 | .9841 | .9845 | .9850 | .9854 | .9859 | .9863 |
| 9.7 | .9868 | .9872 | .9877 | .9881 | .9886 | .9890 | .9894 | .9899 | .9903 | .9908 |
| 9.8 | .9912 | .9917 | .9921 | .9926 | .9930 | .9934 | .9939 | .9943 | .9948 | .9952 |
| 9.9 | .9956 | .9961 | .9965 | .9969 | .9974 | .9978 | .9983 | .9987 | .9991 | .9996 |

# 索　引

## 執筆者一覧

伊藤公毅

伊藤祥司

岩瀬謙一

木村和広

中村拓司

松田真実

萬代武史

柳田達雄

若林徳子

新編 基礎解析

2021 年 10 月 31 日　第 1 版　第 1 刷　発行
2023 年 5 月 1 日　第 1 版　第 2 刷　発行

編　　者　　岩　瀬　謙　一
発　行　者　　発　田　和　子
発　行　所　　株式会社　学術図書出版社

〒113-0033　東京都文京区本郷 5 丁目 4 の 6
TEL 03-3811-0889　振替　00110-4-28454
印刷　三和印刷 (株)

.